TURING 图灵程序设计丛书

CSS Mastery
Advanced Web Standards Solutions, Third Edition

精通CSS
高级Web标准解决方案
（第3版）

[英] 安迪·巴德 [瑞典] 埃米尔·比约克隆德 著

李松峰 译

U0265092

人民邮电出版社

北 京

图书在版编目（CIP）数据

精通CSS：高级Web标准解决方案：第3版 ／（英）
安迪·巴德（Andy Budd），（瑞典）埃米尔·比约克隆德
（Emil Björklund）著；李松峰译. -- 北京：人民邮
电出版社，2019.2（2023.2重印）
　　（图灵程序设计丛书）
　　ISBN 978-7-115-50690-0

　　Ⅰ. ①精… Ⅱ. ①安… ②埃… ③李… Ⅲ. ①网页制
作工具 Ⅳ. ①TP393.092.2

中国版本图书馆CIP数据核字(2019)第020503号

内 容 提 要

本书是 CSS 设计经典图书升级版，结合 CSS 近年来的发展，尤其是 CSS3 和 HTML5 的特性，对内容进行了全面改写。本书介绍了涉及字体、网页布局、响应式 Web 设计、表单、动画等方面的实用技巧，并讨论了如何实现稳健、灵活、无障碍访问的 Web 设计，以及在技术层面如何实现跨浏览器方案和后备方案。本书还介绍了一些鲜为人知的高级技巧，让你的 Web 设计脱颖而出。

本书适合具备 HTML 和 CSS 基础知识的读者阅读。

　　◆　著　　　　[英] 安迪·巴德
　　　　　　　　　[瑞典] 埃米尔·比约克隆德
　　　　译　　　　李松峰
　　　　责任编辑　温 雪
　　　　责任印制　周昇亮
　　◆　人民邮电出版社出版发行　　北京市丰台区成寿寺路11号
　　　　邮编　100164　电子邮件　315@ptpress.com.cn
　　　　网址　http://www.ptpress.com.cn
　　　　北京七彩京通数码快印有限公司印刷
　　◆　开本：800×1000　1/16
　　　　印张：24.25　　　　　　　2019年2月第1版
　　　　字数：573千字　　　　　 2023 年 2 月北京第 12 次印刷
　　　　　　　　著作权合同登记号　图字：01-2016-8299号

定价：99.00元
读者服务热线：(010)84084456-6009　印装质量热线：(010)81055316
反盗版热线：(010)81055315
广告经营许可证：京东市监广登字 20170147 号

版 权 声 明

本书献给我在 Clearleft 的同事——过去的，还有现在的。没有他们的支持和智慧，就没有这本书。

——安迪·巴德（Andy Budd）

献给我最怀念的祖父 Sven Forsberg（1919—2016），一位工程师、艺术家、终身手艺人。

——埃米尔·比约克隆德（Emil Björklund）

前　言

回想 2004 年，在写本书第 1 版的时候，市面上已经有两本 CSS 方面的书了。当时，我对读者是否需要第三本并没有把握。毕竟，CSS 那时候还算小众技术，只有博主和 Web 标准的狂热粉丝才会研究。当时的大部分网站用的还是表格和框架。本地开发者邮件列表中的小伙伴都说我疯了，他们认为 CSS 只是一个美丽的梦。他们并没有想到，那时候 Web 标准运动的序幕即将拉开，而本书的出版恰逢这个领域爆发之际。在接下来的几年里，本书一直名列出版商最畅销图书榜单。

等到本书第 2 版出来的时候，CSS 的地位已经无法撼动。本书的作用也从向人们展示 CSS 的魅力，转变成帮人们更有效地使用 CSS。于是，我们找到各种新技术、解决方案，还有"黑科技"，希望打造出一本 Web 设计师和前端开发者的权威指南。当时 CSS 的发展似乎已经趋于稳定，而本书好像也能卖相当长一段时间。事实证明，我们错了。

CSS 的发展并未停滞，近几年的情况表明，CSS 最终兑现了其最初的承诺。我们进入了 Web 标准的黄金时代，即浏览器支持程度已经足够好的时代。因此，我们终于可以放弃原来那些"黑科技"，转而把时间和精力花在为最大、最复杂的网站编写优雅、巧妙、容易维护的代码上。

于是，本书第 3 版应运而生：该把所有新工具、新技术和新思路写成一本新书了。为了完成这个任务，我把好朋友埃米尔·比约克隆德拉了进来。他是一位技术与才能俱佳的开发高手，为本书加入了对现代 CSS 实践的深刻理解，还会告诉大家怎么利用新技术写出高度灵活的代码，并且让这些代码以最优雅的方式在不同浏览器、不同屏幕和不同平台上跑起来。

应该说，我们俩通力合作，基本上完全重写了本书，并且添加了覆盖 Web 排版、动画、布局、响应式设计、组织代码等主题的新章节。这一版仍然继承了前两版的写法，整合了实例、语言解读和跨浏览器的巧妙解决方案。谙熟各路"黑科技"或者任意属性都能信手拈来，这些不再是精通 CSS 的标志。今天的 CSS 已经分化为几十个规范，演化出了几百个属性，恐怕没有谁能够对其无所不知！因此，这一版不追求让读者对 CSS 无所不知，而是强调灵活性、稳健性，并确保代码在花样不断翻新的浏览器、设备和使用场景下都能欢快地跑起来。虽然本书不会一一介绍所有语言特性，但会让你知道有什么可用，告诉你一些鲜为人知的基本技术，还有对 CSS 未来的展望。

要想真正看懂这本书，读者至少应该懂得 CSS 的基本原理，比如自己写过 CSS，甚至用它设计过一两个网站。本书前三章是科普性质的，讲了一些给网页添加样式的最基础的知识，也算是照顾一下基础不牢的读者吧。从第 4 章开始，每一章都会介绍不同的 CSS 新特性，给出的例子也会越来越复杂。相信即使是 CSS 的老手，也能从本书中学到解决常见问题的实用技术。当然，这样的读者就不用按部就班地从头看到尾了，感觉哪一章有意思就看哪一章吧。

最后，我们希望无论读者的基础如何、经验多寡，都能够借助本书领略到 CSS 的无穷魅力，最终成为真正精通 CSS 的大师。

本书源代码地址：https://github.com/Apress/css-mastery-16。①

---

① 读者可前往本书图灵社区页面（http://www.ituring.com.cn/book/1910）下载源代码，查看本书更多信息，并提交中文版勘误。——编者注

致　　谢

我们要感谢 Jeffrey Zeldman、Eric Meyer 和 Tantek Çelik 的不懈努力，如果没有他们，"Web 标准运动"就永远不会发生。我们还要感谢后来参与这场运动的人，比如 John Allsopp、Rachel Andrew、Mark Boulton、Doug Bowman、Dan Cederholm、Andy Clarke、Simon Collison、Jon Hicks、Molly E. Holzschlag、Aaron Gustafson、Shaun Inman、Jeremy Keith、Peter-Paul Koch、Ethan Marcotte、Drew McLellan、Cameron Moll、Dave Shea、Nicole Sullivan 和 Jason Santa-Maria，他们迎接挑战并齐心协力将 CSS 变成今天的主流。最后，我们要感谢所有坚持不懈的设计师和开发者，他们接过了接力棒，并让 CSS 成为我们今天所知道的现代设计语言。虽然难免挂一漏万，但这里还是要提几位近年来对我们的实践产生了极大影响的人，包括 Chris Coyier、Vasilis van Gemert、Stephen Hay、Val Head、Paul Lewis、Rachel Nabors、Harry Roberts、Lea Verou、Ryan Seddon、Jen Simmons、Sara Soueidan、Trent Walton 和 Estelle Weyl。我们还要感谢那些在 Twitter 和 Slack 小组中给过我们帮助和启发的设计师和开发者。

我们要感谢帮助这本书冲过终点的每一个人，包括为写作本书提供赞助的 inUse 公司。特别感谢技术编辑 Anna Debenham，如果书中存在任何错误，那么一定是我们没搞好，并且导致她没有发现。我们还要感谢 Andy Hume，他在本书开始写作时提供了专业的意见，为这个新版本确定了方向。此外，我们要感谢 Charlotte Jackson、Peter-Paul Koch、Paul Lloyd、Mark Perkins 和 Richard Rutter，感谢他们审校本书草稿、贡献想法，并提供宝贵的反馈意见。

书中或示例中的照片多数是我们自己制作或者从公共领域搜集的。以下图片获得了 Creative Commons Attribution 2.0 许可授权：*Portrait*，由 Jeremy Keith 提供；*A Long Night Falls on Saturn's Rings*，由美国国家航空和航天局戈达德太空飞行中心提供。

最后，我们俩都想感谢各自的伴侣，写那么多页花了太长时间，感谢她们的耐心和支持。

目　　录

第 1 章

基础知识

人类天生好奇，喜欢摆弄东西。那天在办公室收到了新的遥控四轴飞行器 Parrot AR Drone，我们都没看说明书，就开始动手组装起来。我们喜欢自己琢磨，喜欢按照自己认为的事物运作方式来思考和解决问题。零件只要能拼上就行，除非拼不上了，或者事实跟我们的想法相背离，才不得已去翻翻安装指南。

学习层叠样式表（CSS，cascading style sheets）最好的方法也一样，就是不管三七二十一，直接上手写代码。事实上，可能很多人都是这么学习编程的。比如在某个博客上看到了一些建议，又比如通过开源代码库研究自己喜欢的设计师创造的某个特效的源代码。几乎没人是在完整地看了一遍规范全文之后才开始动手写代码的，因为那样的话，人也早睡着了。

自己动手写代码是最好的开始方式，只是如果不够细心，可能会误解某个重要概念，或者给以后写代码埋下隐患。我们对此深有体会，因为自己给自己挖坑的事儿已经干了不是一回两回了。因此，这一章就来回顾一些基础但容易误解的概念，讲一讲怎么让 HTML 和 CSS 保持组织分明且结构良好。

本章内容：

❑ 可维护性的重要意义
❑ HTML 和 CSS 的不同版本
❑ 未来友好的代码与向后兼容的代码
❑ 使用新的 HTML5 元素为 HTML 赋予意义
❑ 在 HTML 中为添加样式设置恰当的接入点
❑ 通过 ARIA、微格式、微数据扩展 HTML 的语义
❑ 浏览器引擎模式与验证

1.1 组织代码

人们通常不会注意到建筑物的基础。可是，没有坚实的基础，建筑物的主体就不可能稳固。虽然本书讲的是 CSS 的技术和概念，但这些内容的讲解与实现必须以结构良好且有效的 HTML 文档为前提。

本节会介绍结构良好且有意义的 HTML 文档对基于标准的 Web 开发的重要性，以及如何让文档更有意义、更灵活，从而减轻开发者的工作负担。但首先我们要讲一个对任何语言都同样重要的概念。

1.1.1　可维护性

可维护性可以说是所有优秀代码最重要的特点。如果你的代码已经看不出结构，变得难以阅读，那么很多问题就会接踵而至。开发新功能、修复 bug、提升性能，所有这些操作都会因为代码可读性差以及代码脆弱而变得复杂，而且结果难料。这最终会导致开发人员一点代码也不敢改，因为每次只要改一点，就会出问题。于是，没人愿意再维护这个网站，更糟糕的情况是只能走严格的变更控制流程，每周发布一次，甚至每月才能发布一次！

如果你开发的网站最终要交付给客户或者另一个开发团队，那么可维护性就更重要了。这时候，代码是否容易看懂，是否意图明确，是否**为将来的修改做过优化**，都至关重要。哪个项目没有持续不断的变更需求？哪个项目不需要一直开发新功能？哪个项目不需要不断修复 bug？因此，"唯一不变的就是变化"。

相对来说，CSS 是随着代码量增加而最难保持可维护性的语言之一。即使网站规模不大，样式表也会很快变得难以控制。现代编程语言都有内置的变量、函数和命名空间等特性，这些特性都有利于保持代码的结构和模块化。这些特性 CSS 都没有，所以要按照使用这种语言和组织代码的特殊方式来管理它。本书后面在讨论各种主题时，大都会涉及可维护性。

1.1.2　HTML 简史

> Web 的威力源自其普适性。即使残障用户也能使用是题中应有之义。
>
> ——Tim Berners-Lee

Tim Berners-Lee 在 1990 年发明了 HTML，当时是为了规范科研文档的格式。HTML 是一种简单的标记语言，为文本赋予了基本的结构和意义，比如标题、列表、定义等。这些文档通常没有什么装饰性的元素，可以方便地通过计算机来检索，而人类可以使用文本终端、Web 浏览器，或者必要时使用屏幕阅读器来阅读它们。

然而，人类是视觉发达的生物。随着万维网被越来越多的人所接受，HTML 也逐渐增加了对展示效果的支持。除了用标题元素标记文档标题，还可以使用粗体标签和不同的字体来创建特殊的视觉效果。本来用于展示数据的表格（table），却成了页面布局的手段；块引用（blockquote）也经常被用来缩进文本，而不是只用来标记引文。HTML 很快就偏离了为内容赋予结构和意义的初衷，变成了一堆字体和表格标签。Web 设计者给这种标记起了个名字，叫"标签汤"（见图 1-1）。

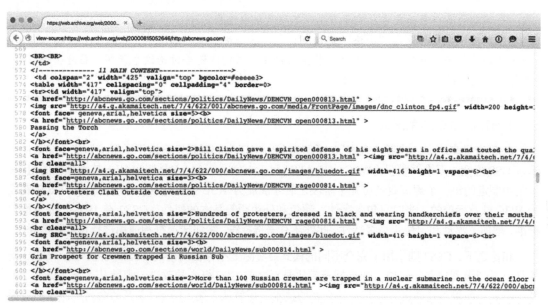

图 1-1　ABC News 网站 2000 年 8 月 14 日头条新闻的标记，使用了表格布局，标题为
　　　　大号粗体文本；代码没有结构，难以理解

正当 Web 变得一团糟之际，CSS 作为解决方案面世了。CSS 的初衷是把跟 HTML 混在一起的表现性标记提取出来，使其自成体系，达到**结构与表现分离**的目的。这就让有意义的标签或者说语义悄悄返回了 HTML 文档。font 之类的表现性标签可以不用了，而表格布局也可以被逐步取代。对大多数网站而言，CSS 都能提升其可访问性和加载速度。不仅如此，CSS 还给 Web 设计和开发人员带来了更多好处：

- ❏ 一种专用于控制视觉样式和布局的语言；
- ❏ 在同一网站中更易于重用的样式；
- ❏ 通过关注点分离得到了良好的代码结构。

关注点分离

关注点分离（separation of concerns）是软件开发行业的一个常见概念。对 Web 开发而言，关注点分离不仅适用于标记和样式，同样也适用于编写样式的方式。事实上，关注点分离也是确保代码可维护性的一种主要方法。

UNIX 开发社区有一句话很好地诠释了关注点分离的思想，即"分成小块，松散结合"（small pieces, loosely joined）。其中，每一"小块"都是一个模块，专注于做好一件事。而且，因为这个模块跟其他组件是"松散结合"的，所以它可以方便地在系统的其他部分中重用。UNIX 中的一"小块"可能是一个字数统计函数，可以应用于传入的任何文本片段。而在Web 开发中，这一"小块"可能就是一个商品列表组件，如果能做到"松散结合"，就可以在一个网站的多个页面或者在同一布局的不同区块中重用。

可以把代码中的这些"小块"想象成积木。每一块积木都很简单，但把很多块积木以不同方式组装起来，就可以创造出无比复杂的东西。第12章还会讨论这个话题，届时会讲一讲怎样以结构化的方式应用这个策略。

1. HTML 和 CSS 的版本

CSS 有很多版本，或者"级别"。了解这些版本产生的背景，有助于了解应该或不应该使用哪些 CSS 特性。万维网联盟（W3C，World Wide Web Consortium）是制定 Web 技术标准的组织，该组织制定的每一个规范要经历几个阶段之后才能成为 W3C 推荐标准。CSS1 是在 1996 年底成为 W3C 推荐标准的，当时只包含字体、颜色和外边距等基本的属性。CSS2 在 1998 年成为推荐标准，增加了浮动和定位等高级特性，此外还有子选择符、相邻选择符和通用选择符等新选择符。

相比之下，CSS3 则采用了完全不同的模式。实际上**不存在**所谓的 CSS3 规范，因为 CSS3 指的是一系列**级别**独立的模块。如果规范模块是对之前 CSS 概念的改进，那就从 3 级（level 3）开始命名。如果不是改进，而是一种全新的技术，那就从 1 级（level 1）开始命名。而我们所提到的 CSS3，则是指所有足够新的 CSS 规范模块，比如 CSS Backgrounds and Borders Level 3、Selectors Level 4 和 CSS Grid Layout Level 1。这种模块化的方式可以让不同的规范有自己的演进速度。有些 3 级规范，比如 CSS Color Level 3，已经成为推荐标准。而另外一些可能还处于候选推荐阶段，很多甚至还处于工作草案阶段。

虽然 CSS3 的制定工作在 CSS2 发布后就开始了，但这些新规范一开始的制定速度很缓慢。为此，W3C 在 2002 年发布了 CSS2 Revision 1。CSS 2.1 修正了 CSS2 中的一些错误，删掉了支持度不高或者并非所有浏览器都实现了的一些特性，总体来说就是把 CSS 规范做了一番清理，好为浏览器实现提供更精准的蓝图。CSS 2.1 在 2011 年 6 月成为推荐标准，此时距离 CSS3 启动已经有 10 多年了。由此可见，标准制定主体和浏览器开发商为了确保相应的特性得以原原本本地实现，需要花多长的时间。不过，浏览器开发商经常会在标准还处于草案阶段时，就发布一些实验性的实现。这样，等到了候选推荐阶段，相应的实现就已经非常稳定了。换句话说，很多 CSS 特性早在相应模块成为推荐标准前就可以使用了。

HTML 的历史也很复杂。HTML 4.01 在 1999 年成为推荐标准，与此同时 W3C 也把注意力转向了 XHTML 1.0。本来接着要发布 XHTML 1.1，但其严格程度在实践中暴露了无法落地的问题，最终被 Web 开发社区抛弃。于是，这个 Web 主要语言的发展停滞了。

2004 年，有几家公司共同组建了 Web 超文本应用技术工作组（WHATWG，Web Hypertext Application Technology Working Group），并致力于开发新的规范。2006 年，W3C 肯定了它们工作的必要性，并欣然加入该工作组。2009 年，W3C 完全放弃 XHTML，正式接纳 WHATWG 制定的新标准，这就是后来的 HTML5。起初，WHATWG 和 W3C 都基于标准调整自己的工作，但后来它们的关系又变得复杂起来。今天，它们分别在编辑两份标准。WHATWG 那份就叫 HTML，而 W3C 那份则称为 HTML5。没错，这种分裂确实不好。但万幸的是，这两份标准的内容相当接近，因此只讲 HTML5 是没有问题的。

2. 应该使用哪个版本

设计者和开发者经常问的一个问题就是应该使用 HTML 或 CSS 的哪个版本。这个问题不好回答。虽然规范反映了标准和 Web 技术开发的进度和焦点，但它其实跟设计者和开发者日常的工作关系不大。真正重要的是知道 HTML 和 CSS 的哪些部分已经在浏览器中实现了，以及这些实现是否稳健，有没有 bug。比如，浏览器提供的这些特性是不是实验性特性，使用时需谨慎？或者，这些特性到底靠不靠谱，是不是已经得到了多数浏览器的支持？

今天，使用 CSS 和 HTML 就要了解浏览器对其中特性的支持程度。有时候我们会觉得技术发展太快，必须拼命追赶才不会落伍；有时候我们又会觉得技术发展太慢。本书会随时提示不同 HTML 和 CSS 特性的浏览器支持情况，还会给出在什么情况下可以使用它们的建议。不过显而易见的是，印在纸上的东西注定会过时，所以你得学会自己更新这方面的信息。

要了解浏览器支持情况，推荐几个不错的地方。对于 CSS 属性，可以访问 "Can I use" 网站（https://caniuse.com）。这个网站可以搜索属性或属性组，结果配有统计信息，显示支持它们的浏览器百分比，包括桌面浏览器和移动浏览器。另一个非常有想法的项目是 https://webplatform. github.io/，是 W3C 和几家浏览器厂商及行业巨头合作搞出来的，目标是收集合并它们所有关于 CSS、HTML、JavaScript API 等支持情况的文档。不过，就跟很多大型项目一样，最终要完成那么庞大的 Web 技术文档的聚合，需要花很长时间。此外，Mozilla 的开发者文档，即 MDN，也是一个非常好的参考。

说到浏览器支持，关键要明白，并非所有浏览器都一样，实际上从来就没有完全一样的浏览器。某些 CSS3 特性只得到了少数浏览器的支持。比如，Internet Explorer 11 和 Safari 6.1 之前的版本都没有正确支持 Flexbox（Flexible Box Layout）。不过，就算需要支持老版本的浏览器，也不意味着不能使用 Flexbox。核心布局上可以不用 Flexbox，但对于某些特定的组件，Flexbox 可能就非常合适。只要为不支持它的浏览器准备好可以接受的后备代码就行了。判断一个人是不是 CSS 大师，很大程度上要看他能否游刃有余地处理向后兼容的代码与未来友好的代码。

1.1.3 渐进增强

平衡向后兼容性与最新的 HTML 和 CSS 特性，涉及一种叫作**渐进增强**（progressive enhancement）的策略。所谓渐进增强，大意就是 "首先为最小公分母准备可用的内容，然后再为支持新特性的浏览器添加更多交互优化"。使用渐进增强策略，意味着代码要分层，每一层增强代码都只会在相应特性被支持或被认为适当的情况下应用。听起来有点复杂，而实际上 HTML 和 CSS 的实现已经部分内置了这一策略。

对 HTML 而言，这意味着浏览器在遇到未知元素或属性时并不会报错，而且也不会对页面产生什么影响。比如，可以在页面里使用 HTML5 定义的新 input 元素。假设表单中有一个电子邮件字段的标记如下：

```
<input type="text" id="field-email" name="field-email">
```

要使用新的 input 元素，应该把 type 属性改成这样：

```
<input type="email" id="field-email" name="field-email">
```

尚未实现这个新字段类型的浏览器碰到它只会想："这是啥意思呀？不明白。"然后回退为默认的 text 类型，结果和上面的第一行代码一样。而实现了这个类型的新浏览器则知道 email 想让用户在这里填写什么样的数据。而在很多移动设备中，相应的软键盘还会针对输入电子邮件地址调整界面布局。假如你还在这里使用了内置的表单验证，那么支持它的新浏览器也会帮你做验证。这样，我们既**渐进增强**了页面，也不会对旧版本浏览器产生不好的影响。

另外一个简单的变化就是，HTML5 把文档类型声明更新为新的简短形式。所谓文档类型，就是位于 HTML 文档第一行的代码，供机器识别当前文档使用的标记语言版本。以往的 HTML 和 XHTML 版本中，这行代码很长很复杂，但在 HTML5 中，它已经简化成了下面这样：

```
<!DOCTYPE html>
```

今后，只要这样声明 HTML 文档类型就好了，因为这个 HTML5 语法的 doctype 是向后兼容的。后面几节我们会再介绍一些 HTML5 中出现的新元素，但如果要更深入地学习如何使用 HTML5 标记，建议看一看 Jeremy Keith 的 *HTML5 for Web Designers*。

CSS 中的渐进增强同样也反映在浏览器如何对待新属性上。任何浏览器无法识别的属性或值都会导致浏览器丢弃相应的声明。因此，只要同时提供合理的后备声明，使用新属性就不会带来不良后果。

举个例子，很多现代浏览器支持以 rgba 函数方式表示的颜色值。这种方式可以分别传入红、绿、蓝通道，以及阿尔法（alpha，即透明度）通道的值。我们可以这样使用它：

```
.overlay {
  background-color: #000;
  background-color: rgba(0, 0, 0, 0.8);
}
```

这条规则定义了类名为 overlay 的元素背景为黑色，但随后又用 rgba 声明背景色应稍微透明。如果浏览器不支持 rgba，那么相应元素的背景色就是不透明的黑色。如果浏览器支持 rgba，那么第二条声明就会覆盖第一条。也就是说，即使并非所有浏览器都支持 rgba，我们也可以使用它，只是要先为它声明合适的后备代码。

1. 厂商前缀

浏览器厂商也基于相同的原理为自家浏览器引入实验性特性。实验性特性的标准名称前面会加上一个特殊字符串，这样他们自己的浏览器就能识别该特性，而其他浏览器则会忽略该特性。有了这个方案，浏览器厂商就可以添加规范中没有或者尚不成熟的新特性，样式表作者也可以安心地试用这些新属性，不用担心浏览器因不认识它们而破坏页面。比如：

```
.myThing {
  -webkit-transform: translate(0, 10px);
  -moz-transform: translate(0, 10px);
  -ms-transform: translate(0, 10px);
  transform: translate(0, 10px);
}
```

这里使用了几个不同的前缀，给相应的元素应用了变换（第 10 章会介绍）。以 -webkit- 开头的适用于基于 WebKit 的浏览器，如 Safari。Chrome 和 Opera 都基于 Blink 引擎，而 Blink 最初也是基于 WebKit 开发的，所以 -webkit- 前缀通常也适用于这 3 个浏览器。-moz- 前缀适用于基于 Mozilla 的浏览器，如 Firefox。-ms- 前缀则适用于微软的 Internet Explorer。

最后我们又加了一条不带前缀的声明，这样那些支持标准属性名称的浏览器就不会漏网了。过去经常出现开发人员漏加不带前缀的标准声明的情况。为此，有些浏览器厂商也开始支持竞争对手引擎特定的前缀，以便让流行的网站能在自己的浏览器上打开。但这样做也造成了混乱，于是多数浏览器厂商抛弃了厂商前缀。那实验性特性呢？有的厂商选择把它们隐藏在 chrome://flags 中，有的选择只在特定的预览版中提供。

本书中绝大多数示例都使用不带前缀的标准属性名称，因此建议大家经常查一查 http://caniuse.com，以了解相应的支持情况。

2. 条件规则与检测脚本

如果希望根据浏览器是否支持某个 CSS 特性来提供完全不同的样式，那么可以选择 @supports 块。这个特殊的代码块称为条件规则，它会检测括号中的声明，并且仅在浏览器支持该声明的情况下，才会应用块中的规则：

```
@supports (display: grid) {
  /* 在支持网格布局的浏览器中要应用的规则 */
}
```

条件规则的问题是其自身也很新，只能将它应用于新的浏览器中，因为旧版本浏览器不支持（比如第 7 章要介绍的网格布局）。此外，还可以通过 JavaScript 来检测支持情况，比如使用 Modernizr 这个库。Modernizr 的原理是为 HTML 添加支持提示信息，然后可以依据这些信息来编写 CSS。

随后几章还会更详细地介绍类似的策略和工具，这里关键是要知道：渐进增强可以让我们放下对版本号和规范的很多担忧。只要加点小心，就可以在适当的时候使用一些簇新的特性，同时又不会丢掉使用旧版浏览器的用户。

1.2 创建结构化、语义化富 HTML

语义化标记是优秀 HTML 文档的基础。**语义**就是以系统方式表示的含义。对于根据一个形式符号的集合人工创造出的语言（比如 HTML 语言，及其元素和属性）来说，语义指的就是通过使用某个符号想要表示的含义。简而言之，**语义化标记**意味着在正确的地方使用正确的元素，从而得到有意义的文档。

有意义的文档可以确保尽可能多的人都能够使用，无论他们用的是最新版本的 Chrome，还是 Lynx 这样只能处理文本的浏览器，甚至是屏幕阅读器或盲文点触设备之类的辅助技术。无论将来项目中会增加多么花哨的图形或交互，文档的基础语义都应该永远——而且必须永远——不打折扣。

结构良好的标记也意味着内容更对机器的胃口。机器？对，特别是 Googlebot 这种搜索引擎爬虫，对它胃口的内容可以让你的页面在 Google 搜索结果中排名更靠前。这是因为，Googlebot 从你的页面中获得的相关数据越多，它对你的页面的索引和排名可能就越准确。于是，你的页面在搜索结果中出现的位置就可能更靠前。

对于 CSS 来说更重要的是，有意义的标记本身为添加样式提供了方便。这些标记不仅描述了文档的结构，而且还为我们继续装扮它提供了底层的框架。

实际上，编写 CSS 的最新实践都建议先给网站一组"基础"样式。图 1-2 是 Paul Lloyd 的样式指南，包括他个人博客中可能用到的所有元素的样式说明。每个元素都有使用的方式和情境。他的样式表可以确保，无论以后他给页面添加什么元素，都无须再另写样式。

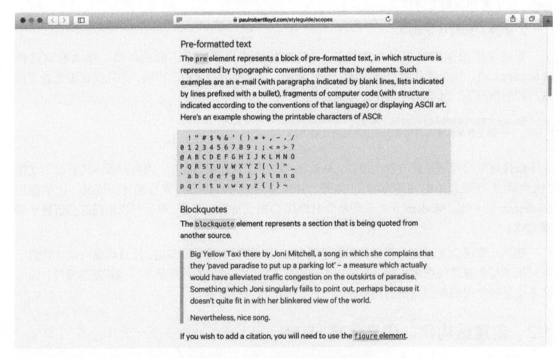

图 1-2   Paul Lloyd 网站的样式指南

Paul 的样式指南包含所有语义明确的元素，比如：

- ☐ h1、h2 等
- ☐ p、ul、ol 和 dl
- ☐ strong 和 em
- ☐ blockquote 和 cite
- ☐ pre 和 code
- ☐ time、figcaption 和 caption

其中还包括表单、表格及其相关元素的基础样式，比如：

- ☐ fieldset、legend 和 label
- ☐ caption、thead、tbody 和 tfoot

设立这么一套基础样式的价值非常之大。虽然实际设计和开发中，它们很快会被继承和覆盖，但有了这么一套基础样式，将来的工作就会有条不紊。这套样式也可以作为校准样式来使用。在不断修改 CSS 的过程中，可以时不时对照一下样式指南中的组件，检查自己是否无意中覆盖了某些不该覆盖的样式。

1.2.1 ID 和 class 属性

有意义的元素提供了不错的基础，却没有提供应用视觉效果所必需的全部"接入点"。我们几乎总是要根据上下文来调整基础元素的样式。除了元素本身，我们还需要一种方式把样式"接入"到文档上，这就是 ID 和 class 属性。

为元素添加 ID 和 class 属性**不一定**能给文档增加含义或结构。这两个属性只是一种让其他因素来操作与解析文档的通用手段，CSS 也可以利用这一手段。我们可以设置这些属性的值，即为其起名字。

给属性起名字听起来简单，但在写代码时却是极其重要的（常常也是最难的）。"名不正则言不顺"，起什么名字意味着它**是**什么，或者应该怎么使用它。我们知道，写代码的时候，清晰和明确都是至关重要的原则。下面就以一个链接列表为例，看看怎么给它的 class 属性一个既容易辨识又好用的值：

```
<ul class="product-list">
  <li><a href="/product/1">Product 1</a></li>
  <li><a href="/product/2">Product 2</a></li>
  <li><a href="/product/3">Product 3</a></li>
</ul>
```

我们先利用 class 属性在文档中创造一个 product-list 模块。在 CSS 里，我们用类名来定义一类事物。这里的 product-list 就意味着它可以是任何商品列表。换句话说，为 product-list 写好样式后，不仅可以用在这里，还可以用在网站的其他地方，就像蓝图或者模板一样可以重用。

给元素添加类名时，即使类名明确用于样式，也不要体现出其视觉效果（第 12 章会详细讨论这一点，包括什么情况下类名可以体现视觉效果）。正确的做法是让类名表示组件的类型。比如，这里的类名是 product-list，而非泛泛的 large-centered-list。

前面的例子只给元素添加了 class 属性，并没有添加 ID 属性。对于添加样式而言，ID 与 class 属性有一些重要的区别，但针对这个例子而言，最主要的区别是一个 ID 只能应用到页面中的一个元素。也就是说，不能像 product-list 那样使用 ID 把页面中的模块定义为可重用的"模板"。如果使用了 ID，那么相应的 product-list 在每个页面中只能出现一次。

本书提倡使用 ID 来标识特定模块的**特定实例**。比如，下面就是 product-list 模块的一个特定实例：

```
<ul id="primary-product-list" class="product-list">
  <li><a href="/product/1">Product 1</a></li>
  <li><a href="/product/2">Product 2</a></li>
  <li><a href="/product/3">Product 3</a></li>
</ul>
```

这是 product-list 的另外一个实例，它因为有同样的 class 属性而获得了相应的样式。但在这里，这个实例也被 ID 定义为 primary-product-list。每个页面通常只能有一个主要商品的列表，因此这个 ID 值还是比较恰当的。利用这个 ID，可以为这个模块实例添加额外的样式，可以增加一些 JavaScript 交互，还可以作为页内导航的目标。

实际开发中，一般不建议把 ID 属性作为 CSS 的"接入点"。利用类来添加样式往往能够让代码更简单也更容易维护。ID 可以用于在文档中标识元素，但通常不用于添加样式。第 12 章将详细介绍这方面内容。

1.2.2　结构化元素

HTML5 新增了一批结构化元素：

- ❑ section
- ❑ header
- ❑ footer
- ❑ nav
- ❑ article
- ❑ aside
- ❑ main

增加这些新元素是为了在 HTML 文档中创建逻辑性区块。它们可以用于包含独立内容（article）、导航组件（nav）、特定区块的头部（header），等等。其中，main 元素是最新增加的，用于高亮页面中包含主要内容的区域。关于如何正确使用这些新元素，建议看看这个网站：http://html5doctor.com。

除了 main 之外，所有其他新元素都可以在一个文档中多次出现，以便让机器和人更好地理解文档。在 HTML5 引入这些新元素以前，我们经常能够看到带有类似类名的 div 元素，比如下面这篇博客文章的标记：

```
<div class="article">
  <div class="header">
    <h1>How I became a CSS Master</h1>
  </div>
  <p>Ten-thousand hours.</p>
</div>
```

其中的 div 元素对文档而言并没有语义价值，只是借助类名作为添加样式的"接入点"而已。这段代码中只有 h1 和 p 是有含义的。现在有了 HTML5 的新元素，这段标记可以改写成这样：

```
<article>
  <header>
    <h1>How I became a CSS Master</h1>
  </header>
  <p>Ten-thousand hours.</p>
</article>
```

经过修改，这段 HTML 的语义得到了增强，但同时也产生了意外的副作用。此时，我们只能通过 article 和 header 元素来添加样式了。添加样式的 CSS 选择符可能会是这样：

```
article {
  /* 样式 */
}
article header {
  /* 其他样式 */
}
```

但 article 和 header 都可能在同一个页面中多次出现，不一定是展示博文内容。如果**确实**存在这种重用的情况，而我们又通过元素选择符直接把样式绑定到了元素上，那么本来给博客文章应用的样式也会被应用到其他相同的元素上，不管合不合适。此时，更灵活也更有远见的做法是把这两个例子结合起来：

```
<article class="post">
  <header class="post-header">
    <h1>How I became a CSS Master</h1>
  </header>
  <p>Ten-thousand hours.</p>
</article>
```

相应的 CSS 规则就可以使用类名为这段标记应用样式了：

```
.post {
  /* 样式 */
}
.post-header {
  /* 其他样式 */
}
```

以上变化反映出了一个非常重要的概念，那就是，我们已经解耦了文档的语义与为文档添加样式的方式，从而让文档更便于移植、更具有目的性，因此也更容易维护。假如我们有一天觉得 article 并不是包含内容的最合适元素，或者由于 CMS 系统的固有限制，必须把它替换成 div

元素，那么只要改这一处就行了。因为样式是通过类名来应用的，所以无论出于什么原因修改了标签，都不会影响样式。

旧版本IE与新元素

在多数浏览器中使用新元素都没问题，只是IE8及更早的IE不会给自己不认识的元素应用样式。不过好在我们可以使用一个JavaScript"垫片"或"腻子"脚本来解决这个问题。

这里给大家推荐一个这样的脚本：https://github.com/aFarkas/html5shiv。

这个脚本其实也包含在前面推荐过的Modernizr库里面，后面几章也会用到这个库。

假如你有很多用户在使用旧版本的浏览器，那么在使用这些新元素的时候务必小心。这是因为，要确保一切正常，有可能需要引入上述JavaScript依赖才行。

1.2.3   div 和 span

既然有了新语义元素，那么为我们效力多年的 div 元素是否就多余了呢？不是的。在没有合适的语义元素的情况下，div 仍然是给内容分组的一个不错的选择。有时候，我们会纯粹出于添加样式的目的而在文档中添加一个元素。比如，为实现居中布局而在整个页面外部包装一个元素。

如果有更具语义的结构化元素，那么务必使用它们，需要添加样式时再给它们一个适当的类名。但是，如果你只需要一个无语义的元素作为额外的样式接入点，那就使用 div。以前有一个说法，叫作"div 麻疹"，意思是有些人写的 HTML 里几乎全部都是 div，也不管用得合不合适。因此，请确保只在额外提供样式接入的情况下才使用 div，但也不要因为用了几个 div 就感到难为情。在后面介绍的几个具体的例子中，我们会看到，额外添加的无语义 div 元素对保证代码的清晰和可维护性非常重要。

与 div 元素类似的还有 span。同样，在无须表示语义、仅需添加样式的情况中，可以使用 span。与 div 不同，span 是**文本级元素**，可以用于在文本流中建立结构。不过在使用无语义的 span 之前，也一样要确保真的不需要使用任何语义元素。比如，使用 time 标记时间和日期，使用 q 标记引用，使用 em 标记需要强调的内容，使用 strong 标记需要重点强调的内容：

```
<p>At <time datetime="20:07">7 minutes past eight</time> Harry shouted, <q>Can we just end
this, now!</q> He was <strong>very</strong> angry.</p>
```

1.2.4   重新定义的表现性文本元素

时至今日，<b>和<i>可以算是幸存的表现性标记了，它们以前分别用于将文本标记为粗体（bold）和斜体（italic）。你是不是以为新的 HTML5 规范会把它们剔除掉？没有，它们还在。这是因为，在旧有 Web 内容中，或者通过低水平 WYSIWYG 编辑器创建的内容中，这两个元素随处可见。HTML5 的编辑最终决定保留它们，但改变了它们的含义。

1

今天，`<i>`元素用于标识与周围内容不一样的内容，一般在排版上会显示为斜体。HTML5 规范中给出的例子包括另一种语言中的习语，以及一艘船的名字。

`<b>`元素的含义和`<i>`几乎一样，只是针对习惯上标记为粗体的内容。相关的例子包括商品或品类名。

这样的定义确实不够明确，但关键是要知道，这两个元素与`<em>`及`<strong>`的区别在于，它们没有任何强调自己所包含内容的意味。多数情况下，应该选择`<em>`或`<strong>`，因为它们是用来强调及重点强调内容的语义正确的选择。

1.2.5　扩展 HTML 语义

长时间以来，Web 开发者一直在探索给 HTML 有限的词汇表添加新的语义和结构的方式。为内容添加更丰富的语义，对 Web 和基于其构建的工具而言意义重大。虽然建设语义 Web 王国任重而道远，但不管怎么说，还是有了实质性的进步。利用这些成果，HTML 编写者可以为自己的文档添加更细粒度、更具表达性的语义。

1. ARIA 的 role 属性

很多新的 HTML5 元素都考虑到了无障碍访问的场景。比如，如果屏幕阅读器能够理解页面中的 nav 元素，那么它就可以利用这个元素帮助用户定位到相应的内容，或者在必要时返回导航。

另一种实现这个目标的方式是利用无障碍富因特网应用（ARIA，accessible rich Internet application），它是对 HTML 规范的补充。ARIA 为我们提供了针对辅助访问设备添加更多语义的手段，方式就是为文档中的不同元素指定其包含什么内容，或者说它们提供什么功能。比如，`role="navigation"`这个"地标角色"属性用于声明一个元素具有导航的角色。其他角色有：

- ❏ banner
- ❏ form
- ❏ main
- ❏ search
- ❏ complementary
- ❏ contentinfo
- ❏ application

完整的 ARIA 角色及其定义，参见 ARIA 规范。

我们再推荐一个关于如何使用无障碍角色的简要分析，*Using WAI-ARIA Landmarks – 2013*，作者是来自 Paciello Group 的 Steve Faulkner。

ARIA 还支持让开发人员指定更复杂的内容片段和界面元素。例如，在使用 HTML 创建一个音量滑动条部件时，应该包含值为 slider 的 role 属性：

```
<div id="volume-label">Volume</div>
<div class="volume-rail">
  <a href="#" class="volume-handle" role="slider" aria-labelledby="volume-label"
  aria-valuemin="1" aria-valuemax="100" aria-valuenow="67" ></a>
</div>
```

属性 `aria-labelledby`、`aria-valuemin`、`aria-valuemax` 和 `aria-valuenow` 也分别提供了额外的信息，辅助阅读技术可以利用它们帮助残障用户使用这个滑动部件。

为 HTML 页面中的不同组件添加这些额外的语义属性，同样有助于为元素添加脚本和样式，是典型的多赢策略。

2. 微格式

目前最广泛采用的扩展 HTML 语义的方式是**微格式**。微格式是一组标准的命名约定和标记模式，可用于表示特定的数据类型。微格式的命名约定是基于 vCard 和 iCalendar 等已有的数据格式制定的。比如下面的联系人信息就是以 hCard 格式标记的：

```
<section class="h-card">
  <p><a class="u-url p-name" href="http://andybudd.com/">Andy Budd</a>
    <span class="p-org">Clearleft Ltd</span>
    <a class="u-email" href="mailto:info@andybudd.com">info@andybudd.com</a>
  </p>

  <p class="p-adr">
    <span class="p-locality">Brighton</span>,
    <span class="p-country-name">England</span>
  </p>
</section>
```

以微格式标记的联系人信息便于开发人员编写工具从中提取数据。比如可以编写一个浏览器插件，从你浏览的页面中发现微格式，然后让你把联系人信息下载到通讯录，或者把活动信息添加到你的日历应用。目前微格式支持的数据类型包括联系人、活动、菜谱、博文、简历，等等。微格式也可以用于表示关系，比如一段内容与链接到该内容的另一个 URL 之间的关系。

微格式得以流行的原因之一是容易实现，迄今已经被 Yahoo!和 Facebook 等内容平台采用，而且已经直接添加到了 WordPress 和 Drupal 等内容发布工具中。2012 年一项关于结构化数据实现的研究（http://microformats.org/2012/06/25/microformats-org-at-7）发现，微格式在 Web 上的应用最为广泛。不过最近微数据异军突起，也不容小觑。

3. 微数据

微数据是跟 HTML5 一起，作为给 HTML 添加结构化数据的另一种方式而推出的。它的目标与微格式非常相近，但在把微数据嵌入内容方面则有所不同。下面看一看用微数据标记同样的联系人信息会是什么样：

```
<section itemscope itemtype="http://schema.org/Person">
  <p><a itemprop="name" href="http://thatemil.com/">Emil Björklund</a></p>
    <span itemprop="affiliation" itemscope
```

```
      itemtype="http://schema.org/Organization">
        <span itemprop="name">inUse Experience AB</span>
      </span>
      <a itemprop="email" href="mailto:emil@thatemil.com">emil@thatemil.com</a>
    </p>
    <p itemprop="address" itemscope itemtype="http://schema.org/PostalAddress">
      <span class="addressLocality">Malm?</span>,
      <span class="addressCountry">Sweden</span>
    </p>
  </section>
```

通过这个例子可以看出，微数据的语法比微格式要烦琐一些，不过这是有原因的。由于微数据设计的时候考虑到了可扩展性，它可以用来表示任意类型的数据。微数据只定义一些语法来表示数据结构，但自身并未定义任何词汇表。相反，微格式则定义了具体的结构化数据，比如 hCard 和 hCalendar。

微数据把定义特定格式的事交给了使用者或第三方。上述例子中使用的格式就是由 Bing、Google 以及 Yahoo!等搜索引擎共同创建的 https://schema.org 中的一个词汇表。这几家搜索引擎使用它来辅助索引和排名页面，当然搜索爬虫也会使用这些词汇表，从你的内容中更高效地提取丰富的信息。

1.2.6　验证

即使经过深思熟虑，你的标记已经非常语义化了，其中也仍然存在输入或者格式错误的风险。这些隐患会带来无法预料的麻烦。这时候就要使用验证了。

现实中的多数 HTML 文档并不是真正有效的 HTML。用规范编写者的话说，就叫作"未遵行"（nonconformant）。这些文档中存在的问题有元素嵌套不对、包含未经编码的和号（&），以及缺少必要的属性等。浏览器对这类错误非常宽容，总会尝试猜测作者的意图。事实上，HTML 规范中也包含了如何处理无效 HTML 的规定，以确保浏览器厂商以一致的方式处理错误。

总体来说，浏览器如此大度地帮我们处理错误是个好事，但不代表我们可以因此而放弃自己的职守。我们都应该尽力写出有效的 HTML 文档，这样有利于更快地查找问题，避免错误泛滥。假如你碰到一个渲染或布局上的 bug，一时又找不出问题所在，最好先验证一下 HTML，以保证你的样式应用到了格式正确的文档上。

验证 HTML 的工具有很多。比如，可以使用 W3C 网站上的 HTML 验证器（http://validator.w3.org/），或者与之相关的插件。其中的 Web Developer 扩展，Firefox、Opera 和 Chrome 都支持。此外，如果你的项目有自动构建或测试环节，最好在其中加上 HTML 验证。

CSS 也是可以验证的。W3C 的 CSS 验证器地址是 http://jigsaw.w3.org/css-validator/。你可能认为验证 CSS 没有验证 HTML 那么重要，毕竟 CSS 中的错误一般不会导致 JavaScript 出错，或者导致屏幕阅读器无法打开页面。但是，我们还是建议你重视 CSS，保证其中没有什么低级错误，比如忘了写度量单位之类的。

根据你的 CSS 验证器设置而定，验证结果中可能包含很多关于厂商前缀的警告或错误。这些属性或值是浏览器厂商在实验性地支持某些 CSS 特性时使用的一种临时命名约定。比如，`-webkit-flex` 这个 `display` 属性的值，就是标准 `flex` 属性值在 WebKit 浏览器上的实验性版本。这些地方虽然会被验证器标记为警告甚至错误，但你的文件依然能正常使用。总之，只要明白验证器给出的这些标记的真正含义就行了。

验证并不是最终裁决，很多本身很好的页面也会验证失败，这是由于使用了来自第三方或低水准 CMS 的内容，或者使用了试验性 CSS 特性。此外，验证器本身也可能会跟不上标准更新和浏览器实现的步伐。因此不要过于激进，只要把验证当作事先帮我们发现一些低级错误的手段即可。

1.3   小结

本章介绍了一些必要的基础知识，包括 HTML 和 CSS 的一些重要概念。我们回顾了 HTML 和 CSS 的一些历史，知道了如何跟进它们的发展进度，以及如何做到既向后兼容又对未来友好。经过本章的学习，相信大家已经明白了编写可维护代码的重要性，也掌握了构建 HTML 结构以便一致地应用 CSS 的方法。

下一章，我们会重温关于 CSS 选择符的基础知识，然后再介绍 3 级和 4 级规范中的高级选择符。相关知识点还包括特殊性、继承和层叠，以及如何在样式表中有效使用这些特性。

第 2 章 添加样式

有效且结构良好的文档是添加样式的基础。可能你已经在 HTML 中添加了适当的样式接入点，但因为页面设计又改了，还需要添加更多接入点。本章将回顾可以对接 HTML 中接入点的**各种选择符**，以及接入样式的更多方式。

本章内容：

- ❑ 常用选择符
- ❑ 现在和未来可用的新选择符
- ❑ 特殊性与层叠
- ❑ 为页面添加样式

2.1 CSS 选择符

类型与**后代**选择符是最基本的选择符。**类型**选择符用于选择特定类型的元素，比如段落（见下面的例子）或标题元素，只要写出想要添加样式的元素名即可。**类型**选择符有时候也被称为**元素**选择符。

```
p {
  color: black;
}
```

后代选择符用于选择某个或某组元素的后代。后代选择符的写法是在两个选择符之间添加空格。在下面的例子中，只有作为块引用后代的段落元素会被选中，从而缩进，其他段落都不会缩进。

```
blockquote p {
  padding-left: 2em;
}
```

类型选择符与后代选择符非常适合全面应用基础样式。要想更精确地选择目标元素，可以使用 ID 选择符和类选择符。顾名思义，这两个选择符通过对应 ID 和 class 属性的值来选择元素。ID 选择符由井号（#）开头，类选择符由句点（.）开头。下面例子中的第一条规则会把介绍性段落中的文字变成粗体，而第二条规则会把日期变成灰色。

```
#intro {
  font-weight: bold;
}
.date-posted {
  color: #ccc;
}
<p id="intro">Happy Birthday, Andy</p>
<p class="date-posted">20/1/2013</p>
```

有时候，可以将 ID 和类选择符与类型和后代选择符组合起来使用，而不必为所有元素都添加 ID 和类选择符：

```
#latest h1 {
  font-size: 1.8em;
}
#latest .date-posted {
  font-weight: bold;
}
<article id="latest">
<h1>Happy Birthday, Andy</h1>
<p class="date-posted"><time datetime="2013-01-20">20/1/2013</time></p>
</article>
```

这几个例子都非常简单直白。然而，当发现仅用这 4 个选择符就可以选择那么多元素时，你会被惊艳到。事实上，它们也是可维护的 CSS 中不可或缺的基本选择符。其他高级选择符当然也很有用，但跟这些简单通用的选择符比起来，则没有那么灵活和强大。

2.1.1　子选择符与同辈选择符

除了基本选择符，CSS 也提供了高级选择符。第一个高级选择符叫**子选择符**。与后代选择符会选择一个元素的所有后代不同，子选择符只选择一个元素的直接后代，也就是子元素。在下面的例子中，外部列表中的列表项前面会出现自定义的图标，而嵌套列表中的列表项则不会受影响（见图 2-1）。

```
#nav > li {
  background: url(folder.png) no-repeat left top;
  padding-left: 20px;
}
<ul id="nav">
  <li><a href="/home/">Home</a></li>
  <li><a href="/services/">Services</a>
    <ul>
      <li><a href="/services/design/">Design</a></li>
      <li><a href="/services/development/">Development</a></li>
      <li><a href="/services/consultancy/">Consultancy</a></li>
    </ul>
  </li>
  <li><a href="/contact/">Contact Us</a></li>
</ul>
```

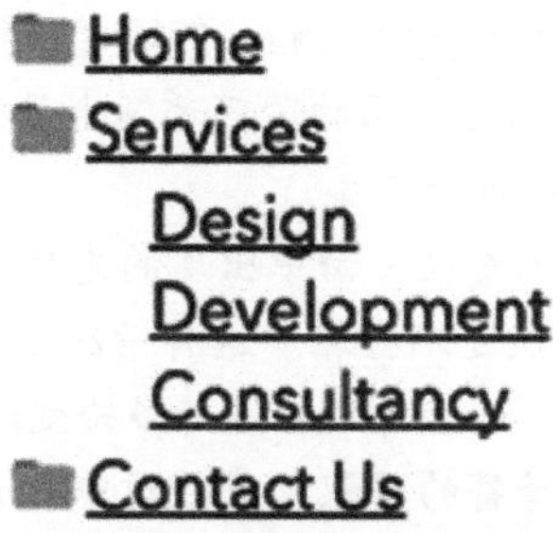
Home
Services
Design
Development
Consultancy
Contact Us

图 2-1 使用子选择符只给列表的子元素添加样式，孙子元素不受影响

有时候可能需要为与某个元素相邻的元素添加样式。使用**相邻同辈选择符**，就可以选择位于某个元素后面，并与该元素拥有共同父元素的元素。使用**相邻同辈选择符**，可以为第一个段落中的文本应用粗体、灰色，让它们比后面段落中的文本稍微大一点（见图 2-2）。

```
h2 + p {
  font-size: 1.4em;
  font-weight: bold;
  color: #777;
}
```

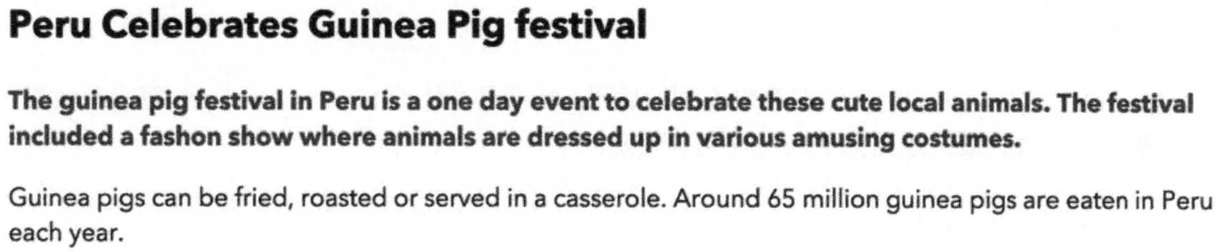
Peru Celebrates Guinea Pig festival
The guinea pig festival in Peru is a one day event to celebrate these cute local animals. The festival included a fashon show where animals are dressed up in various amusing costumes.
Guinea pigs can be fried, roasted or served in a casserole. Around 65 million guinea pigs are eaten in Peru each year.

图 2-2 紧跟 h2 的第一段样式不一样了

这样选择标题后面的第一个段落是可行的，但更简单、更容易维护的方式，还是为开头这一段增加一个类名，比如 `intro-text`。这样，`intro-text` 类也可以应用于其他并非直接位于 h2 元素之后的段落。

>和+在这里被称为**组合子**（combinator），因为它们描述了自身两侧的选择符组合的方式。在前面的例子中，我们看到了**>子组合子**和**+相邻同辈组合子**。实际上还有一个类似的组合子，那就是**一般同辈组合子：~**。仍以前面的例子来说明，使用**一般同辈组合子**可以选择 h2 元素后面的所有段落。

```
h2 ~ p {
  font-size: 1.4em;
  font-weight: bold;
  color: #777;
}
```

注意   可能有人已经发现了，**相邻同辈选择符**和**一般同辈选择符**都不会选择**前面**的同辈元素。具体来说，在前面的例子中，h2 前面的段落都不会被选中。浏览器之所以不支持向前选择同辈元素，主要跟网页渲染性能有关。

通常情况下，浏览器会按照元素在页面中出现的先后次序给它们应用样式。在给 h2 前面的段落应用样式时，h2 应该还不存在。这种情况下，如果有向前同辈组合子，浏览器就必须先记住相应的选择符，然后对文档进行多轮处理才能彻底应用样式。

已经有人提出了向前同辈选择符的建议，而且该建议正在被考虑采纳为标准。不过，目前的意见倾向于将其限制为 CSS 选择符的特殊用途，比如在 JavaScript 中求值。因此，即使浏览器支持了这种选择符，它也不一定是你想要的那样。

2.1.2   通用选择符

通用选择符可以匹配任何元素。与其他语言中的通配符类似，通用选择符也使用星号（ * ）表示。也就是说，只用一个星号，就可以匹配页面中的所有元素。那么是否可以使用通用选择符来删除所有元素默认的内外边距呢？比如这样：

```
* {
  padding: 0;
  margin: 0;
}
```

事实上，这样写可能带来很多意想不到的后果，特别是会影响 button、select 等表单元素。如果想重设样式，最好还是像下面这样明确指定元素：

```
h1, h2, h3, h4, h5, h5, h6,
ul, ol, li, dl, p {
  padding: 0;
  margin: 0;
}
```

要重设样式的话，好在可以使用很多现成的库。比如，Eric Meyer 的 CSS Reset 和 Nicolas Gallagher 的 Normalize.css。但这两个库的设计思路不同，后者并没有把外边距和内边距重设为 0，而是旨在确保所有元素样式跨浏览器的一致性。本书的观点是，这样设置默认值，比简单地把一切都重设为 0 要好一点。

当然，通用选择符不仅限于给文档中的所有元素设置属性。你还可以把它与组合子结合使用，选择某个特定的嵌套层次，此时重要的是层次而不是元素类型。看下面这个例子：

```
.product-section > * {
    /* ... */
}
```

这个组合选择符会选择带有类名 product-section 的元素的直接后代，不管它是什么元素，有什么属性。如果你想选择这些元素，同时又不想增加选择符的特殊性，这样就很好。本章后面会讲到选择符的特殊性。

2.1.3　属性选择符

顾名思义，**属性**选择符基于元素是否有某个属性或者属性是否有某个值来选择元素。有了这种选择符，可以实现很多更有意思、更深入的选择。

比如，鼠标指针悬停在某个带有 `title` 属性的元素上时，多数浏览器都会显示一个提示条。利用这种行为，可以借助 `<abbr>` 元素对某些缩写词给出详尽的解释：

```
<p>The term <abbr title="self-contained underwater breathing apparatus">SCUBA</abbr> is an
acronym rather than an abbreviation as it is pronounced as a word.</p>
```

可是，如果不把鼠标放在这个元素上，谁也不知道它还会显示缩写词的解释。为此，可以使用**属性**选择符给带有 `title` 属性的 abbr 元素添加不同的样式，比如在缩写词下面加一条点划线。然后把悬停状态的鼠标指针改成问号，可以提供更多的上下文信息，让人注意到它的与众不同。

```
abbr[title] {
  border-bottom: 1px dotted #999;
}

abbr[title]:hover {
  cursor: help;
}
```

除了可以根据是否存在某个属性来选择元素，还可以根据特定的属性值来应用样式。比如，下面这个例子可以用来修正一个问题，即鼠标悬停在提交按钮上时，不同浏览器显示的光标不一致。有了这条规则，所有 `type` 属性值为 `submit` 的 `input` 元素在鼠标指针悬停时，都会显示一个手状光标。

```
input[type="submit"] {
  cursor: pointer;
}
```

有时候，我们关心的是属性值是否匹配某个模式，而非某个特定值。这时候，通过给属性选择符中的等号前面加上特殊字符，就可以表达出想要匹配的值的形式了。

要匹配以某些字符开头的属性值，在等号前面加上插入符（^）：

`a[href^="http:"]`

要匹配以某些字符结尾的属性值，在等号前面加上美元符号（$）：

`img[src$=".jpg"]`

要匹配包含某些字符的属性值，在等号前面加上星号（*）：

`a[href*="/about/"]`

要匹配以空格分隔的字符串中的属性值（比如 `rel` 属性的值），在等号前面加上波浪号（~）：

`a[rel~=next]`

还有一个属性选择符，可以选择开头是指定值或指定值后连着一个短划线的情况。要匹配这

种情况，在等号前面加上竖线（|）：

```
a[lang|=en]
```

这条规则可以匹配属性值 en 和 en-us，暗示这个选择符很适合选择属性值中的语言代码，因为语言代码都是以短划线分隔的。理论上可以对一个 class 属性使用这个选择符，比如用来匹配 message 和 message-error。但实际上这种用法不够灵活，万一以后 message 类前面又添加了别的类名，比如 class="box message"，这个选择符就会失效。

2.1.4   伪元素

有时候我们想选择的页面区域不是通过元素来表示的，而我们也不想为此给页面添加额外的标记。CSS 为这种情况提供了一些特殊选择符，叫作**伪元素**。

首先，可以使用::first-letter 伪元素来选择一段文本的第一个字符。若要选择一段文本的第一行，可以使用::first-line。

此外，还有伪元素对应着内容开头和末尾处假想的元素，分别是::before 和::after。这两个伪元素非常适合用来插入小图标及版面装饰符号。如果没有它们，要实现同样的视觉效果，就必须在 HTML 中插入真实的元素。怎么插入呢？就是通过 content 属性以文本形式插入。插入内容后，给伪元素添加样式就跟给其他元素添加一样，比如背景、边框等，都没问题。

警告   *使用伪元素插入内容时要小心！千万不能用它们插入对交互有实质影响的内容，以避免*
CSS 不能正确加载。另外，屏幕阅读器也没有统一的方式解释伪元素，有的会直接忽略
它们，有的则会读取其中的内容。

图 2-3 是上述几个伪元素结合运用的一个例子，其中使用了很少的标记。

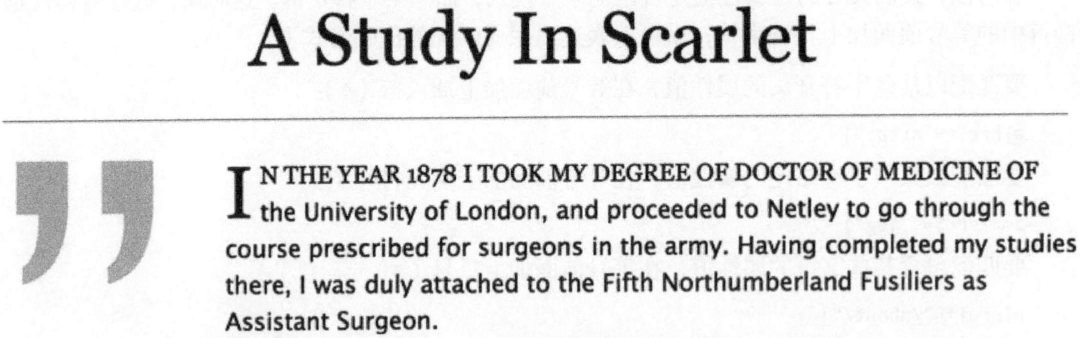

A Study In Scarlet

I N THE YEAR 1878 I TOOK MY DEGREE OF DOCTOR OF MEDICINE OF the University of London, and proceeded to Netley to go through the course prescribed for surgeons in the army. Having completed my studies there, I was duly attached to the Fifth Northumberland Fusiliers as Assistant Surgeon.

图 2-3   这是《福尔摩斯探案集：血字的研究》的开篇一段，我们利用伪元素为其添加
了特殊版式

实现这个排版效果的 HTML 和 CSS 代码如下。

HTML：

```
<h1>A Study In Scarlet</h1>
<section class="chapter">
    <p>In the year 1878 I took my degree of Doctor of Medicine of the University of London,
and proceeded to Netley to go through the course prescribed for surgeons in the army. Having
completed my studies there, I was duly attached to the Fifth Northumberland Fusiliers as
Assistant Surgeon.</p>
</section>
```

CSS：

```
.chapter::before {
    content: '" ';
    font-size: 15em;
}
.chapter p::first-letter {
    float: left;
    font-size: 3em;
    font-family: Georgia, Times, "Times New Roman", serif;
}

.chapter p::first-line {
    font-family: Georgia, Times, "Times New Roman", serif;
    text-transform: uppercase;
}
```

这里我们使用::first-letter 伪元素实现了段落的首字下沉效果。第一行也通过::first-line 伪元素转换为全部大写，并应用了不一样的字体。.chapter 开头那个装饰性的大引号则利用了::before 伪元素。实现这么多视觉效果，却没有额外增加一个元素，确实方便。

关于页面排版，我们会在第 4 章再详细讨论。

提示　伪元素应该像前面展示的一样使用双冒号语法，这是为了与下一节要介绍的伪类区别开，伪类使用单冒号语法。然而，一些旧版本浏览器在实现伪元素时支持的是单冒号语法，现在使用单冒号也是可以的。出于兼容性的考虑，使用某些伪元素时仍然可以采用单冒号语法，本书有的例子中就是这么做的。

2.1.5　伪类

有时候，我们想基于文档结构以外的情形来为页面添加样式，比如基于超链接或表单元素的状态。这时候就可以使用**伪类**选择符。伪类选择符的语法是以一个冒号开头，用于选择元素的特定状态或关系。

一些最常见的用于超链接的伪类列举如下。在涵盖最常见 HTML 元素的基础样式表中，应该始终包含它们：

```
/* 未访问过的链接为蓝色 */
a:link {
  color: blue;
}
/* 访问过的链接为绿色 */
a:visited {
  color: green;
}
/* 链接在鼠标悬停及获取键盘焦点时为红色 */
a:hover,
a:focus {
  color: red;
}
/* 活动状态时为紫色 */
a:active {
  color: purple;
}
```

以上伪类的先后次序很重要。`:link` 和 `:visited` 应该排在前面，然后才是与用户交互相关的那些。这样一来，当用户鼠标悬停在链接上，或者链接获得键盘焦点时，`:hover` 和 `:focus` 规则会覆盖 `:link` 和 `:hover` 规则。最后，当鼠标点击或键盘回车选择链接时，应用 `:active` 规则。链接作为交互元素，默认可以获得焦点以及被激活。除链接之外，表单字段和按钮也是交互元素，因此这些伪类也适用于它们。还可以使用 JavaScript 把其他元素变成交互元素。

最后，其实很多元素都可以使用 `:hover`。但要注意的是，在触摸屏和键盘等输入方式下不一定真的有悬停状态。因此，不要在重要的交互功能中使用 `:hover`。

目标与反选

另一个有用的伪类是 `:target`，它匹配的元素有一个 ID 属性，而且该属性的值出现在当前页面 URL 末尾的井号（#）后边。如果我们打开链接 http://example.com/blog/1/#comment-3，找到该页面中标记为 `<article class="comment" id="comment-3">...</article>` 的评论，那么可以通过以下规则高亮该条评论：

```
.comment:target {
  background-color: #fffec4;
}
```

现在，假设我想高亮一条评论，而该评论不是因投票否决而被隐藏的。好，也有一个选择符专门用于排除某些选择符：它就是反选（negation）伪类，或者 `:not()` 选择符。如果被标记为"投票否决"（downvoted）的评论都有一个特殊的类名，那么就可以像下面这样来改写规则：

```
.comment:target:not(.comment-downvoted) {
  background-color: #fffec4;
}
```

反选伪类可以配合各种放到括号中的选择符使用，不过伪元素和它自身除外。

2.1.6 结构化伪类

CSS3 新增了一大批与文档结构有关的新伪类。其中最常用的是 `nth-child` 选择符，可以用来交替地为表格行应用样式：

```
tr:nth-child(odd) {
  background: yellow;
}
```

这条规则会从表格的第一行开始，将后面每隔一行的背景变成黄色。`nth-child` 选择符就像一个函数，可以接受很多不同的表达式作为参数。如前例所示，它可以接受 odd（奇数）和 even（偶数）作为参数。这个参数还可以是数值，表示目标元素的序数位置，比如下面这个例子会将所有表格的第 3 行设置为粗体：

```
tr:nth-child(3) {
  font-weight: bold;
}
```

如果这个参数是数值表达式，情况就会复杂一点。比如：

```
tr:nth-child(3n+4) {
  background: #ddd;
}
```

前面表达式中的数值 4 表示我们要选择的第一个目标的序数位置，即表格的第 4 行。而数值 3 表示第一个目标元素后面每一个后续元素的序数位置。因此，前面例子中的 `nth-child` 选择符会匹配表格中的第 4、7、10 行，等等，如图 2-4 所示。这个表达式背后的数学逻辑是这样的：表达式中的 n 会被逐次替换成一个数值，第一次是 0，第二次是 1，然后每次加 1，直到不再有元素可匹配为止。

Row №.	Result
1	Not matched
2	Not matched
3	Not matched
4	3 × 0 = 0. Add 4 and get a match for row № 4!
5	Not matched
6	Not matched
7	3 × 1 = 3. Add 4 and get a match for row № 7!
8	Not matched
9	Not matched
10	3 × 2 = 6. Add 4 and get a match for row № 10!

图 2-4　使用:nth-child(3n+4)为表格添加样式的结果。在对表达式求值时，n 首先等于 0，然后逐次递增 1，直接找不到匹配的元素为止

可以对这个表达式进行各种改动。比如，把加号换成减号，表达式变成:nth-child(3n-4)，结果就不一样了。n 前面的数值，甚至 n 自身，都可以修改。把 n 改成负值，结果会变得很有意思。比如，表达式:nth-child(-n+3)只会选择前 3 个元素。

还有一个伪类选择符也支持这种表达式，比如：

```
:nth-last-child(N)
```

:nth-last-child 选择符与:nth-child 选择符类似，只不过是从最后一个元素倒序计算（而不是从第一个元素正序计算）。

CSS 2.1 中有一个选择第一个子元素的伪元素，叫:first-child，相当于直观版的:nth-child(1)。CSS3 选择符规范又添加了一个选择最后一个子元素的伪元素，没错，叫:last-child，对应于:nth-last-child(1)。此外，还有:only-child 和:only-of-type。其中，:only-of-type 会选择特定类型的唯一子元素。使用下列伪类选择符，则可以实现更高级的选择：

```
:nth-of-type(N)
:nth-last-of-type(N)
```

这两个伪类选择符与:nth-child 选择符相似，只不过会忽略非指定类型的元素。有了这些伪类选择符，我们可以创造性地运用很多高效模式，而不必让选择符与标记过于紧密地耦合。

明智地使用结构化伪类

使用结构化伪类能做很多事，因为在文档中基于相对位置精确选择元素时，它们提供了方便。比如，可以根据某种类型的子元素数量来精确选择元素，从而基于总列数来为网格中的列应用样式。为此，可以像下面的例子一样，结合使用:nth-last-of-type 伪选择符和:first-child 选择符。下面这条规则在某元素包含 4 个.column，且所有.column 都是同类型元素的情况下适用：

```
.column:nth-last-of-type(4):first-child,
.column:nth-last-of-type(4):first-child ~ .column {
  /* 在有 4 个同类型.column 元素的情况下应用的规则 */
}
```

如果以上规则适用，则意味着倒数第 4 个子元素同时也是正数第 1 个子元素，也就是恰好有 4 个相同类型的子元素都有.column 类。这里使用了相邻同辈选择符，以确保其余列也会获得样式。很简洁，对吧？

注意，数字序号的匹配并不只是简单计数.column 类的元素。它先选择拥有这个类的所有元素，然后再根据它们是不是相同的**类型**来计数。在 Selectors Level 4 规范中，有人提出了一种筛选方法，即在括号里使用 of 关键字和一个选择符：

```
:nth-child(2 of .column):first-child {}
```

可惜这种很有用的结构化伪类尚未得到浏览器的广泛支持。

除 IE8 及更早版本的 IE 之外，结构化选择符得到了普遍支持。假如想支持老旧的浏览器，那么应该考虑尽量不使用结构化伪类，而是根据总体布局来给标记添加合适的接入点。

要了解基于元素数目添加样式的更多信息，可以参考 Heydon Pickering 的文章 *Quantity Queries for CSS*。

2.1.7　表单伪类

还有很多伪类专门用于选择表单元素。这些伪类根据用户与表单控件交互的方式，来反映表单控件的某种状态。

举个例子，HTML5 为表单输入框新增了几个属性，第 1 章里已经介绍过一些，表示必填的 `required` 就是其中之一。

```
<label for="field-name">Name: </label>
<input type="text" name="field-name" id="field-name" required >
```

如果你想高亮这个必填控件，可以使用 `:required` 伪类来选择带有 `required` 属性的表单元素，并给它的边框设置一种不同的颜色（见图 2-5）。

```
input:required {
  outline: 2px solid #000;
}
```

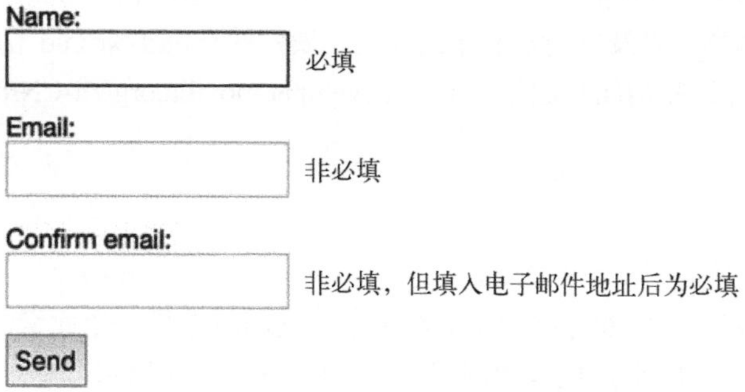

Name:

　　　　　　　　　　必填

Email:

　　　　　　　　　　非必填

Confirm email:

　　　　　　　　　　非必填，但填入电子邮件地址后为必填

`Send`

图 2-5　使用 `:required` 伪类给必填字段添加较暗的边框

类似地，可以像下面这样使用 `:optional` 伪类，为**没有** `required` 属性的控件添加样式：

```
input:optional {
  border-color: #ccc;
}
```

此外，还有针对有效和无效控件的伪类。为满足某个输入框要求填写特定类型内容（如电子邮件地址）的需求，HTML5 也为 `type` 属性新增了不少输入值，比如 `email`：

```
<input type="email" />
```

然后，可以根据输入框中当前内容的有效性，应用不同的样式（图 2-6 展示了无效输入的例子）：

```
/* 如果输入框中包含有效的电子邮件地址 */
input[type="email"]:valid {
```

```
  border-color: green;
}
/* 如果输入框中的内容不是有效的电子邮件地址 */
input[type="email"]:invalid {
  border-color: red;
}
```

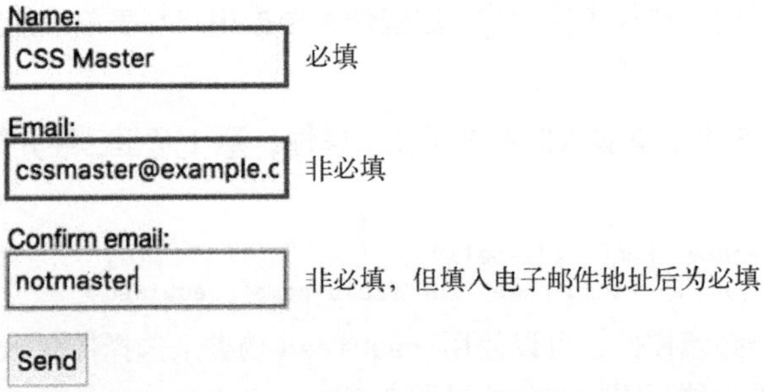

Name:

CSS Master　　　　　　　　必填

Email:

cssmaster@example.c　　　　非必填

Confirm email:

notmaster　　　　　　　　　非必填，但填入电子邮件地址后为必填

Send

图 2-6　最后一个输入框中的电子邮件地址无效，因此:invalid 伪类为它加上了红色
　　　　的边框

除此之外，还有针对 type 值为 number 的:in-range、:out-of-range 伪类，针对 readonly
属性的:read-only 伪类，以及针对没有 readonly 属性的:read-write 伪类。关于这些伪类的
介绍以及更多信息，请参考 MDN 文档：https://developer.mozilla.org/zh-CN/docs/Web/CSS/Pseudo-
classes。

2.2　层叠

稍微复杂的样式表中都可能存在两条甚至多条规则同时选择一个元素的情况。CSS 通过一种
叫作**层叠**（cascade）的机制来处理这种冲突。从 CSS 这个名字就可知这种机制有多重要，因为
其中的 C 就是 cascade（SS 是 style sheet，即样式表）。层叠机制的原理是为规则赋予不同的重要
程度。最重要的是作者样式表，即由网站开发者所写的样式。其次是用户样式表，用户可以通过
浏览器的设置选项，为网页应用自己的样式。排在最后的是浏览器（或用户代码）的默认样式表，
它们一般都会被作者样式表覆盖掉。为了给用户更高的优先权，CSS 允许用户使用!important
覆盖任何规则，包括网站作者使用!important 标注的规则。!important 标注要放在属性声明的
后面：

```
p {
  font-size: 1.5em !important;
  color: #666 !important;
}
```

允许用户使用!important 标注来覆盖规则，主要是出于无障碍交互的需要。比如，允许诵
读困难的用户使用高对比度的用户样式表。

归纳起来，层叠机制的重要性级别从高到低如下所示：

❑ 标注为!important 的用户样式；
❑ 标注为!important 的作者样式；
❑ 作者样式；
❑ 用户样式；
❑ 浏览器（或用户代理）的默认样式。

在此基础上，规则再按选择符的特殊性排序。特殊性高的选择符会覆盖特殊性低的选择符。如果两条规则的特殊性相等，则后定义的规则优先。

2.3 特殊性

为了量化规则的特殊性，每种选择符都对应着一个数值。这样，一条规则的特殊性就表示为其每个选择符的累加数值。但这里的累加计算使用的并非我们熟悉的十进制加法，而是基于位置累加，以保证 10 个类选择符（或者 40 个，甚至更多的类选择符）累加的特殊性不会大于等于 1 个 ID 选择符的特殊性。这是为了避免 ID 这种高特殊性选择符被一堆低特殊性选择符（如类型选择符）的累加值所覆盖。如果某条规则中用到的选择符不足 10 个，为简单起见，也可以使用十进制来计算其特殊性。

任何选择符的特殊性都对应于如下 4 个级别，即 a、b、c、d：

❑ 行内样式，a 为 1；
❑ b 等于 ID 选择符的数目；
❑ c 等于类（class）选择符、伪类选择符及属性选择符的数目；
❑ d 等于类型（type）选择符和伪元素选择符的数目。

根据以上规则，可以计算出任意 CSS 选择符的特殊性。表 2-1 给出了一些选择符，以及它们所对应的特殊性级别。

表 2-1 特殊性计算举例

选择符	特殊性	十进制特殊性
style=""	1,0,0,0	1000
#wrapper #content {}	0,2,0,0	200
#content .datePosted {}	0,1,1,0	110
div#content {}	0,1,0,1	101
#content {}	0,1,0,0	100
p.comment .datePosted {}	0,0,2,1	21
p.comment{}	0,0,1,1	11
div p {}	0,0,0,2	2
p {}	0,0,0,1	1

乍一看这种计算特殊性的方式有点不好理解，我们再多解释一下。本质上而言，如果样式被

写在了元素的 style 属性里，那么这些样式的特殊性就最高。然后，通过 ID 属性应用的规则，其特殊性高于未通过 ID 属性应用的规则。同理，通过类选择符应用的规则，其特殊性高于只通过类型选择符应用的规则。最后，如果两条规则拥有相等的特殊性，则优先应用后定义的规则，也就是层叠机制。

注意   通用选择符（*）的特殊性为 0，无论它在规则声明中出现多少次。这有时会导致意外的结果，2.4 节会介绍一个相关的例子。

2.3.1   利用层叠次序

如果两条规则特殊性相等，则优先应用后定义的规则，这一点非常重要。这意味着我们在写样式的时候，必须考虑规则在样式中的位置，以及选择符的次序。

前面介绍的对链接元素使用伪类的例子，就是一个利用层叠次序的典型。如果每个选择符的特殊性都一样，那么它们的次序就很重要了。要是把 a:visited 选择符放在 a:hover 选择符后面，那么在访问过链接之后，悬停样式将不会起作用，因为已经被 a:visited 样式给覆盖了。如果没有真正理解特殊性和层叠机制，可能就无法理解以上问题。关于链接伪类的次序，只要记住这句英文，"Lord Vader Hates Furry Animals"。这样，你就会记住正确的顺序——:link、:visited、:hover、:focus 和:active。

2.3.2   控制特殊性

理解特殊性是写好 CSS 的关键，而控制特殊性则是大型网站开发中最难处理的问题。利用特殊性，可以先为公用元素设置默认样式，然后在更特殊的元素上覆盖这些样式。在下面的例子中，我们为介绍性内容定义了几种不同的样式。首先将介绍性文本的颜色设为灰色，覆盖 body 元素上定义的默认黑色。而在主页上，介绍性文本的样式变成了浅灰色背景上的黑色字体，其中的链接是绿色：

```
body {
  color: black;
}
.intro {
  padding: 1em;
  font-size: 1.2em;
  color: gray;
}
#home .intro {
  color: black;
  background: lightgray;
}
#home .intro a {
  color: green;
}
```

以上几条规则包含了太多的特殊性。对于小网站这不是问题，但随着网站越来越大，样式也越来越复杂，这样定义规则会导致样式难以管理。这是因为，要想给主页中的介绍性文本添加样式，规则中必须至少包含一个 ID 选择符和一个类选择符。

比如，假设一个组件中包含着类为 call-to-action 的链接，为了让这个链接看上去更像按钮，可以通过如下规则为它应用背景颜色和内边距：

```
a.call-to-action {
    text-decoration: none;
    background-color: green;
    color: white;
    padding: 0.25em;
}
```

好了，把这个 call-to-action 链接放到主页的介绍性内容中，会出现什么效果？说好听点，就是不怎么好看。这是因为链接的文本不见了：主页介绍性内容中的链接样式覆盖了"按钮"的样式，绿色背景上的文本也成了绿色（见图 2-7）。

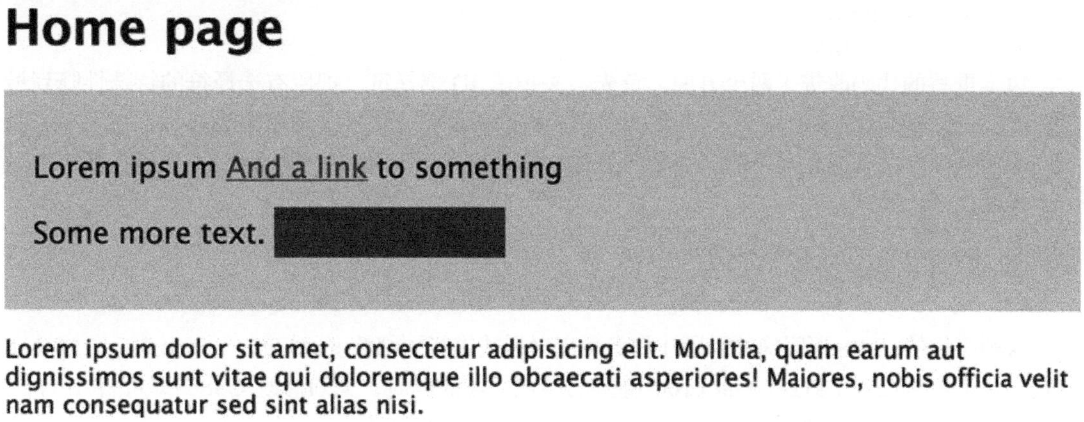

Home page

Lorem ipsum And a link to something

Some more text.

Lorem ipsum dolor sit amet, consectetur adipisicing elit. Mollitia, quam earum aut dignissimos sunt vitae qui doloremque illo obcaecati asperiores! Maiores, nobis officia velit nam consequatur sed sint alias nisi.

图 2-7　主页介绍性内容中的 call-to-cation 组件。由于给定链接样式（#home.introa）的特殊性高于这个组件样式（a.call-to-action）的特殊性，绿色背景上的文本也成了绿色的

怎么办？必须想办法提高特殊性，比如给 call-to-action 组件加上更厉害的选择符：

```
a.call-to-action,
#home .intro a.call-to-action {
    text-decoration: none;
    background-color: green;
    color: white;
    padding: 10px;
}
```

然而像这样因样式表增大而被迫提高特殊性，会导致选择符之间特殊性的竞争，最终导致代码不必要地复杂化。

更好的做法是从一开始就简化选择符、降低特殊性：

```
body {
    color: black;
}
.intro {
    font-size: 1.2em;
    color: gray;
}
.intro-highlighted {
    color: black;
    background: lightgray;
}
.intro-highlighted a {
    color: green;
}
a.call-to-action {
    text-decoration: none;
    background-color: green;
    color: white;
    padding: 10px;
}
```

以上重写的代码改进了两个方面。首先，去掉了 ID 选择符，把所有选择符的特殊性降到最低。其次，去掉了对介绍性文本上下文的引用。我们不再将介绍性文本限定为必须在主页中，而只在原始介绍性文本基础上再命名一个特殊的版本（即 intro-highlighted）。于是在标记中可以这样使用类：

```
<p class="intro">A general intro</p>
<p class="intro intro-highlighted">We might need to use this on the homepage, or in the
future, on a <a href="/promo-page" class="call-to-action">promo page</a>.</p>
```

这种简化的、目标更明确的手段让作者可以对样式进行更细粒度的控制。intro-highlighted 链接样式不会再覆盖 call-to-action 链接的颜色。与此同时，无须修改 CSS，即可将 intro-highlighted 重用到其他页面，又是一个好处。

2.3.3　特殊性与调试

特殊性对调试而言非常重要，因为你需要知道哪条规则优先，以及为什么优先。比如，假设有下列规则，大概看一下，你觉得两个标题会是什么颜色？

```
#content #main h2 {
    color: gray;
}

div > #main > h2 {
    color: green;
}

#content > [id="main"] .news-story:nth-of-type(1) h2.first {
    color: hotpink;
```

```
}
:root [id="content"]:first-child > #main h2:nth-last-child(3) {
    color: gold;
}
```

HTML 如下：

```
<div id="content">
  <main id="main">
    <h2>Strange Times</h2>
    <p>Here you can read bizarre news stories from around the globe.</p>
    <div class="news-story">
      <h2 class="first">Bog Snorkeling Champion Announced Today</h2>
      <p>The 2008 Bog Snorkeling Championship was won by Conor Murphy
    with an impressive time of 1 minute 38 seconds.</p>
    </div>
  </main>
</div>
```

答案是两个标题都是灰色。这是因为，第一条规则有两个 ID 选择符，特殊性最高。后面几个选择符看起来挺复杂，但都只包含一个 ID 选择符，在特殊性的较量中都会败下阵来。值得注意的是，就算选择符中包含对 ID 属性的引用，它仍然是属性选择符，特殊性并不高。不过对于只能通过 ID 属性接入样式的情况，使用属性选择符倒是避免特殊性过高的较好选择。

调试特殊性问题比较难，好在有可用的工具。任何一款现代浏览器都有内置的开发者工具，能非常清楚地显示应用给特殊元素的样式来自哪条规则。在 Chrome 中，通过"检查元素"可以看到与元素匹配的所有 CSS 选择符以及规则，包括浏览器默认样式。图 2-8 展示了查看前面例子中第二个 h2 元素的情形，验证了第二个标题同样是灰色，因为第一条规则的特殊性最高。

图 2-8　使用 Chrome 的开发者工具，看看实际应用了哪条规则

2.4　继承

很多人分不清继承与层叠的区别。虽然这两个概念看起来有点类似，但实际上它们有着本质上的不同。幸好继承的概念还算好理解一些。这么说吧，有些属性，像颜色或字体大小，会被应

用它们的元素的后代所继承。比如,我把 body 元素的文本颜色设置为黑色,那么 body 所有后代元素的文本颜色都会继承这个黑色。字号也一样。

如果你在 body 上设置了一个字号,就会发现页面中的标题并不会变成同样的字号。可能你觉得这是因为标题不会继承文本大小。实际上,标题大小是浏览器默认样式表中设定的。任何直接应用给元素的样式都会覆盖继承的样式,因为继承的样式没有任何特殊性。

继承是很有用的机制,有了它就可以避免给一个元素的所有后代重复应用相同的样式。如果你要设置的属性是一个可继承属性,那么应该考虑是否直接设置到父元素上。毕竟,如果你这么写就行:

```
body {color: black;}
```

那为什么还要写成下面这样呢?

```
p, div, h1, h2, h3, ul, ol, dl, li {color: black;}
```

继承的属性值没有任何特殊性,连 0 都说不上。这意味着使用特殊性为 0 的通用选择符设置的样式都可以覆盖继承的样式。为此我们可能会遇到图 2-9 所示的"意料之外"的情况,表面上看 em 会继承 h2 的红色,但通用选择符给所有元素设置的黑色会覆盖它所继承的红色:

```
* {
  color: black;
}
h2 {
  color: red;
}
```

```
<h2>The emphasized text will be <em>black</em></h2>
```

An unexpected case of inheritance

The emphasized text will be *black*

图 2-9   通用选择符的特殊性为 0,但仍然优先于继承的属性

在这种情况下,要得到意料之中的结果,最好是给 body 元素设置一个基准色,这样它的所有元素就都会**继承**这个颜色,而不是被**设置**成这个颜色。

正如合理利用层叠可以简化 CSS 一样,合理利用继承有助于减少选择符的数量,降低复杂性。不过,如果有大量的元素继承了各种不同的样式,那么查找样式的来源也会比较麻烦。

2.5   为文档应用样式

写 CSS 就要知道怎么把它应用到 HTML 文档。为文档应用样式的方法不止一种,各有利弊。

2.5.1 link 与 style 元素

首先，可以把样式放在 style 元素中，直接放在文档的 head 部分：

```
<style>
  body {
    font-family: Avenir Next, SegoeUI, sans-serif;
    color: grey;
  }
</style>
```

如果样式不多，你又希望立刻应用它们，并且不愿意因为浏览器额外下载文件而耽误时间，那么可以使用这种方法。不过，为了让样式表能在多个页面中重用，通常最好把它保存到一个外部文件中。如果样式在外部样式表中，那么有两种方式把它们挂接到网页上。最常用的方式是使用 link 元素：

```
<link href="/c/base.css" rel="stylesheet" />
```

这行代码告诉浏览器把 base.css 文件下载下来，然后把其中的样式应用到网页上。同样的代码可以把这个样式表应用到任意多个网页上，因此这是一种跨网页甚至跨网站重用样式的推荐方式。

除了 link 元素，还可以使用@import 指令加载外部 CSS 文件：

```
<style>
  @import url("/c/modules.css");
</style>
```

可以在 HTML 文档的 head 部分把@import 指令放在 style 中，也可以在外部样式表中使用它。后一种用法意味着，如果网页加载外部样式表，那么浏览器后续可能还需要下载更多 CSS 文件。

表面上看，使用 link 和@import 指令的结果没什么区别。实际上，link 是比@import 指令更值得推荐的方法，背后有一些非常重要的原因，具体会在 2.5.2 节中介绍。

向页面中添加样式表的时候，别忘了层叠机制的原理是次序决定优先级：如果为某个元素应用样式时，有两个或更多特殊性相等的规则互相竞争，则后声明的样式胜出。

使用 link 或 style 在 HTML 中添加多个样式表或样式块时，它们声明的次序就是它们在 HTML 源代码中出现的次序。以下代码段是网页 head 部分的样式声明，引用的样式表和 style 样式块分别为 h1 元素声明了不同的颜色，而且所用选择符的特殊性相等：

```
<link rel="stylesheet" href="css/sheet1.css">
<style>
    @import 'css/sheet3.css';

    h1 {
        color: fuchsia;
    }
</style>
```

```
<link rel="stylesheet" href="css/sheet2.css">
```

此时，声明的次序如下：

(1) sheet1.css 中的声明；

(2) 导入 style 元素的 sheet3.css 中的声明；

(3) style 元素的声明；

(4) sheet2.css 中的声明。

最后胜出的是 sheet2.css 中的声明，因为它是以上列表中的最后一个。

2.5.2 性能

选择以什么方式把 CSS 加载到页面中，决定了浏览器显示页面的速度（假设加载 HTML 页面本身很快）。

度量 Web 性能的一个重要指标就是网页内容实际显示在屏幕上需要多久。这个指标有时候也叫"渲染时间"或"上屏时间"。

现代浏览器在屏幕上渲染内容之前，至少需要两样东西：HTML 和 CSS。这意味着让浏览器尽快下载 HTML 和**全部** CSS 极其重要。

不要把 CSS 放到 body 里或者放到页面底部，搞什么"延迟加载"。浏览器只有掌握了布局页面的全部 CSS 信息，才能给出最佳响应。因为只有这样，它们才知道应该把页面渲染成什么样，从而一次性地把页面绘制到屏幕上，而非一边加载新样式一边重新调整页面。

1. 减少 HTTP 请求

在链接外部样式表时，保证链接的文件数量最少至关重要，因为每个文件都需要单独发送一次 HTTP 请求。相应地，每次从服务器请求文件，浏览器都需要花一定的时间下载，然后还要花时间应用其中的样式。另外，额外的 HTTP 请求也意味着浏览器会向服务器发送多余的数据，比如 cookie 或请求首部。服务器也必须针对每个请求返回响应首部。两个文件要比一个包含相同 CSS 内容的文件在浏览器和服务器间传递的数据更多。

线上网页最好把需要加载的 CSS 文件数量控制在 1 或 2 个。只用一个 link 元素加载 CSS 文件，然后在其中使用@import，并不能把请求控制为 1 个，因为这意味着先需要 1 个请求下载链接的文件，此外还要发送额外的请求取得所有导入的文件。因此，在线上网页中尽量不要使用@import。

2. 压缩和缓存内容

使用 GZIP 压缩线上资源也非常重要。CSS 压缩的比率很高，因为它的很多属性和值都是重复的。一般来说，CSS 文件压缩后会减少 70%~80%。这样显然可以减少带宽占用，从而为用户节省时间。多数 Web 服务器都会在浏览器支持的情况下启用自动压缩线上资源。

类似地，让 Web 服务器帮你设置一定的 CSS 文件缓存时间也很重要。理想情况下，浏览器应该只下载一次 CSS 文件，除非线上文件有变化。方法就是通过 HTTP 首部告诉浏览器，把文件缓存较长的一段时间，如果文件有修改，则通过文件名来"清除缓存"。

具体如何设置和清除缓存超出了本书的内容范畴。读者可以咨询自己的主机提供商，或者找一下公司的运维人员，帮你把服务器配置好。记住，压缩和合理缓存内容是提升网站性能的最重要的两件事。

3. 不让浏览器渲染阻塞 JavaScript

如果你在 HTML 文档的`<head>`元素中加入了`<script>`元素，浏览器必须先把它链接的脚本下载下来，然后再向用户显示网页内容。换句话说，这种情况下的 HTML 和 CSS 解析完全被下载以及执行脚本阻断了，也就是所谓的"渲染阻塞"。

渲染阻塞会明显拖慢网站加载速度。为此，主流的做法是在 HTML 页面底部的结束标签`</body>`之前加载 JavaScript：

```
<!-- 最后加载 JavaScript -->
<script src="/scripts/core.js"></script>
</body>
```

比较现代的做法是在`<head>`中使用`<script>`标签,但添加 async 和 defer 属性。给`<script>`标签加上 async 属性，会异步加载脚本，不阻塞 HTML 解析，但会在脚本加载完毕执行时阻断 HTML 解析。给`<script>`标签加上 defer 属性，同样会异步加载脚本，不同的是会在 HTML 解析完毕后再执行加载的脚本。这两个属性该用哪一个，还要看脚本本身的具体内容。

```
<head>
  <!-- 异步加载，但下载后立即执行 -->
  <script src="/scripts/core.js" async></script>
  <!-- 异步加载，但在 HTML 解析后执行 -->
  <script src="/scripts/deferred.js" defer></script>
</head>
```

使用以上方法加载 JavaScript，可以确保浏览器首先解析 HTML 和 CSS，不受请求 JavaScript 文件的影响。至于选择哪个方法,很大程度上取决于浏览器的支持情况：async 和 defer 属性是 HTML5 中定义的，因此还比较新。最明显的是，IE10 和更早版本的 IE 并不支持或不完全支持它们。

2.6 小结

本章我们学习了常用的 CSS 选择符，以及一些强大的新选择符。相信你已对选择符特殊性以及如何利用层叠组织 CSS 规则有了更加深刻的理解。我们还初步讨论了如何避免特殊性竞争，如何把你对特殊性、层叠和继承的理解转化为对自己有利的编码策略。此外，我们还学习了把 CSS 应用到文档的几种方式，其中有些方式会影响网页的性能。

在第 3 章，我们将学习 CSS 盒模型，外边距怎么折叠和为什么折叠，以及浮动和定位的原理。

可见格式化模型

3

浮动、定位和盒模型是学习 CSS 需要掌握的几个最重要的概念。这几个概念决定了元素在页面上排布和显示的方式，是很多布局技术的基础。近年来，Web 标准也引入了专门用于控制布局的新规范，后面几章会分别介绍。然而，本章要介绍的概念可以帮你彻底搞清楚盒模型的各方面细节，绝对和相对定位的区别，以及浮动及清除的原理。掌握了这些基本的概念之后，使用 CSS 设计网站会变得更简单、更轻松。

本章内容：

□ 盒模型
□ 外边距折叠的方式及原因
□ 不同定位属性和值的区别
□ 浮动和清除的原理
□ 格式化上下文

3.1 盒模型

盒模型是 CSS 的核心概念，描述了元素如何显示，以及（在一定程度上）如何相互作用、相互影响。页面中的所有元素都被看作一个矩形盒子，这个盒子包含元素的内容、内边距、边框和外边距（见图 3-1）。

内边距（padding）是内容区周围的空间。给元素应用的背景会作用于元素内容和内边距。因此，内边距通常用于分隔内容，使其不致于散布到背景的边界。边框（border）会在内边距外侧增加一条框线，这条框线可以是实线、虚线或点划线。边框的外侧是外边距（margin），外边距是围绕在盒子可见部分之外的透明区域，用于在页面中控制元素之间的距离。

有一个与边框类似的属性，即轮廓线（outline）。这个属性可以在边框盒子外围画出一条线，但这条线不影响盒子的布局，也就是不会影响盒子的宽度和高度。因此，outline 常用于调试复杂布局，或者演示布局效果。

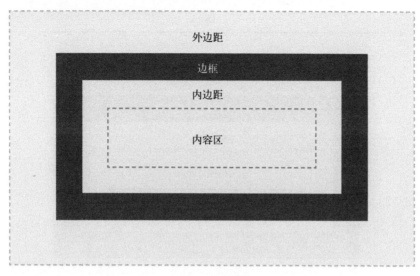

图 3-1　盒模型

　　对元素盒子而言，内边距、边框和外边距不是必需的，因此它们的默认值都为 0。不过，用户代码样式表通常会给很多元素添加外边距和内边距。比如，标题通常就会带有一定的外边距，但外边距的值会因浏览器而异。当然，我们可以覆盖这些样式，就像第 2 章介绍过的那样，要么在自己的样式表里覆盖，要么直接引用重置样式表。

3.1.1　盒子大小

　　默认情况下，元素盒子的 `width` 和 `height` 属性指的是**内容盒子**，也就是元素可渲染内容区的宽度和高度。这时候添加边框和内边距并不会影响内容盒子的大小，但会导致**整个元素盒子变大**。如果想给元素盒子的每一边都添加 5 像素的边框和 5 像素的内边距，同时又想让元素盒子的宽度为 100 像素，则应该像下面这样把内容区宽度设置为 80 像素。如果这个元素盒子外围还有10 像素的外边距，那么整个盒子占据空间的宽度就是 120 像素（见图 3-2）。

```
.mybox {
  width: 80px;
  padding: 5px;
  border: 5px solid;
  margin: 10px;
}
```

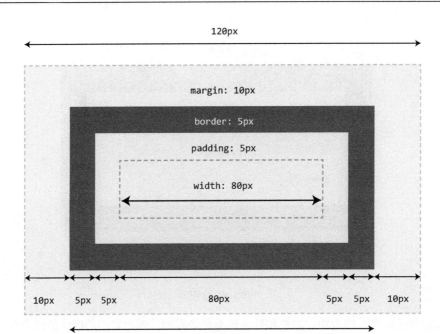

图 3-2   默认盒模型，width 属性应用给内容区

通过修改 box-sizing 属性可以改变计算盒子大小的方式。box-sizing 的默认值为 content-box，即前面例子中看到的那样，把宽度值应用给内容区。通过修改 box-sizing 的值，设置元素的 width 和 height 属性，就可以影响元素盒子的不同区域，这对响应式布局非常有用。

注意　某些浏览器出于兼容性考虑，会给一些表单元素（如 input）应用不同的 box-sizing 默认值。这主要是因为过去要修改这些元素的边框和内边距是不可能的。

如果把 box-sizing 的值修改为 border-box，那么 width 和 height 属性的值将会包含内边距和边框（见图 3-3）。此时，外边距仍然会影响盒子在页面中占据的整体空间，即它的宽度不会算到 width 中。这样，如下代码可以实现与图 3-2 相同的布局：

```
.mybox {
  box-sizing: border-box;
  width: 100px;
  padding: 5px;
  border: 5px;
  margin: 10px;
}
```

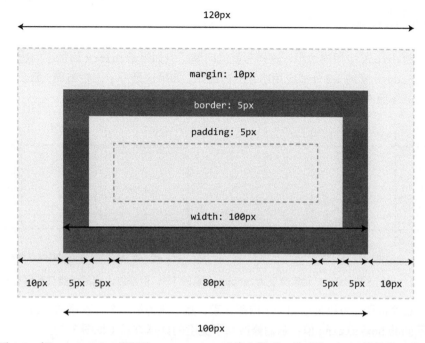

图 3-3 把 `box-sizing` 设置为 `border-box` 时的盒模型。此时的 `width` 属性是元素
所有可见部分的宽度

这有什么用？当然有用，因为很多情况下，这种计算盒子大小的方式更加直观。事实上，IE6
及更早版本 IE 中的盒模型就是这样计算盒子宽度的。之所以说这种计算方式"直观"，是因为现
实中的盒子就是这样测量的。

如果把 CSS 中的盒子想象成一个包装箱，那么箱子的四壁就是边框，从视觉上规定了箱子
的大小；内边距就是箱子内部的填充层，用于保护装在箱子里的物品。在箱子宽度既定的情况下，
无论是加厚箱壁还是增加填充层厚度，都会挤压最终可用于盛放物品的空间。这样在码放箱子时，
不管它们之间空出多大距离（对应 CSS 中的外边距），都不会影响箱子本身的宽度，以及箱子内
部可用的空间。总之，这是一个有实物可以参照的方案。因此，浏览器开发人员（包括开发新版
本 IE 的人）决定默认采用另一种方式来计算 CSS 盒模型的宽度，这实际上并不明智。

好在我们可以通过设置 `box-sizing` 属性来覆盖默认行为，简化 CSS 布局中的一些常用模式。
举个例子：

```
<div class="group">
  <article class="block">
  </article>
</div>
```

默认情况下，如果我们想让 `.group` 中的 `.block` 宽度在任何情况下都占其父元素的 1/3，可
以使用以下规则：

```
.group .block {
  width: 33.3333%;
}
```

只要不给 .block 应用内边距，这样写就没问题。但如果给 .block 添加了内边距，它的宽度就会变成 .group 元素的 1/3 外加应用给它的内边距。如果这是一个三栏布局，那么此时添加内边距很可能会破坏原有布局。图 3-4 展示了添加内边距前后的不同之处。

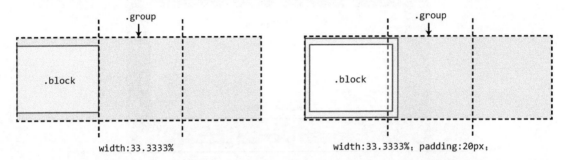

图 3-4   我们希望 .block 元素宽度为 .group 元素的 1/3，但添加内边距可能打乱原有布局

要解决这个问题，可以再增加一个内部元素，然后改为给这个元素添加内边距。或者，可以设置一个不同的 box-sizing 值，从而修改盒子宽度的计算方式（见图 3-5）：

```
.group .block {
  width: 33.3333%;
  box-sizing: border-box;
  padding: 20px;
}
```

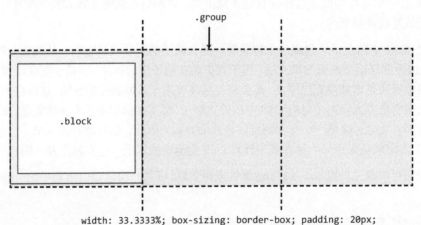

图 3-5   box-sizing: border-box 可以保证无论是否添加内边距，内部盒子的宽度始
　　　　终是 33.3333%

此时，无论添加多少内边距和边框，`.block` 的宽度始终保持为其父元素的 1/3。

内边距、边框和外边距可以应用于元素的四边，也可以应用于具体某一边。外边距甚至还可以使用负值，使得元素可以在页面中移动。具体细节会在后面几章讨论。

内边距和外边距的值可以是 CSS 规范中规定的任意长度单位（px、em 或百分比）。其中，使用百分比长度时，有几个问题要注意。假设还是前面的那个例子，下面代码中的 5%到底是什么意思？

```
.block {
  margin-left: 5%;
}
```

这里 5%指的是父元素 `.group` 宽度的 5%。如果 `.group` 宽度是 100 像素，那么这里左外边距的宽度就是 5 像素。

如果给一个元素的顶部和底部应用内、外边距，那么使用百分比值应该基于元素的高度来计算，对吧？错。因为元素的高度常常不会被声明，而且会因内容多少而差异很大，所以 CSS 规定，上、下方位的内、外边距，仍然基于**包含块**（containing block）的**宽度**来计算。这里，包含块就是其父元素，但有时候则不一定。具体我们会在本章后面再详细说明。

3.1.2　最大值和最小值

有时候，特别是在响应式布局中，给一个元素应用 `min-width` 和 `max-width` 值很有用。因为这样一来，块级盒子就可以默认自动填充父元素的宽度，但不会收缩到比 `min-width` 指定的值更窄，或者扩展到比 `max-width` 指定的值更宽。（第 8 章会讨论响应式设计及其与 CSS 的关系。）

与此类似的是 `min-height` 和 `max-height` 属性。不过在 CSS 中，设置任何高度值的时候都应该慎重。这是因为元素的高度通常应该取决于所包含的内容，不需要我们明确设定。否则，万一内容增多，或者文本字号变大，内容就可能跑到高度固定的盒子之外去。即使出于种种原因，需要明确设定默认高度，也最好使用 `min-height`，因为这个属性允许盒子随内容扩展。

3.2　可见格式化模型

有了对盒模型的理解，下一步就可以探讨可见格式化及定位模型了。

大家常说 `p`、`h1` 和 `article` 这些元素都是块级元素。意思就是说，它们作为元素，显示为内容块或**块级盒子**（block box）的形式。相对而言，`strong`、`span` 和 `time` 被称为行内元素，因为它们的内容会以**行内盒子**（inline box）的形式显示在行内。

可以使用 `display` 属性改变生成的盒子类型。换句话说，可以通过把 `display` 属性设置为 `block`，让 `span` 变得跟块级元素一样。如果把 `display` 属性设置为 `none`，还可以让浏览器不为相应的元素生成盒子。如果不生成盒子，那么元素及其包含的内容就不会显示出来，也不会占用文档中的空间。

CSS 中有几种不同的定位模型，包括浮动、绝对定位和相对定位。除非特别指定，否则所有元素盒子都会在常规文档流中生成，即 position 属性的默认值为 static。顾名思义，常规文档流中元素盒子的位置，由元素在 HTML 中的位置决定。

块级盒子会沿垂直方向堆叠，盒子在垂直方向上的间距由它们的上、下外边距决定。

行内盒子是沿文本流水平排列的，也会随文本换行而换行。它们之间的水平间距可以通过水平方向的内边距、边框和外边距来调节（见图 3-6）。但行内盒子的高度不受其垂直方向上的内边距、边框和外边距的影响。此外，给行内盒子明确设置高度和宽度也不会起作用。

由一行文本形成的水平盒子叫**行盒子**（line box），而行盒子的高度由所包含的行内盒子决定。修改行盒子大小的唯一途径就是修改行高（line-height），或者给它内部的行内盒子设置水平方向的边框、内边距或外边距。图 3-6 展示了一个段落的块级盒子及其包含的两行文本，其中有一个单词位于显示为行内盒子的<strong>元素中。

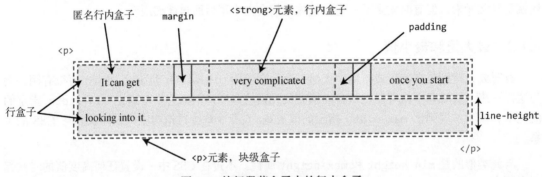

图 3-6   块级段落盒子内的行内盒子

当然，也可以把元素的 display 属性设置为 inline-block。这样设置之后，该元素就会像一个行内盒子一样水平排列。但这个盒子的内部仍然像块级元素一样，能够设置宽度、高度、垂直外边距和内边距。

使用表格相关的标记（table、tr、th 等）时，表格本身表现为块级元素，但表格的内容会根据生成的行和列排布。还可以通过设置 display 属性让非表格元素采用表格的布局方式。只要正确地应用 table、table-row 和 table-cell 等值，就可以实现表格布局，无须在 HTML 标记中使用表格标签。

后面几章要介绍的 Flexible Box Layout（也称为 Flexbox）和 Grid Layout 等 CSS 模块，又进一步扩展了 display 属性。通常，这些新布局模式会在它们的外部上下文中创建类似块级的盒子，但会为内部显示内容创建新的规则。

在 Display Level 3 模块中，上述外部和内部显示模式的差异（既见诸 inline-block、table，也反映在 flex、grid 等新值上）正在标准化。在这个模块中，既有显示模式的相关属性和关键字都是可扩展的，从而支持更细粒度的控制。但无论如何，行内盒子和块级盒子仍然是 HTML 元素默认行为的基础，只是现实当中有了更多选项。

3.2.1 匿名盒子

HTML 元素可以嵌套，元素盒子当然也可以嵌套。多数盒子都是基于明确定义的元素生成的。不过有一种情况，就算不明确定义元素也会生成块级盒子。比如，像下面这样，在 section 这个块级元素的开头加入"some text"。此时，"some text"就算没有定义为块级元素，也会被当成块级元素。

```
<section>
  some text
  <p>Some more text</p>
</section>
```

这种情况下，这个盒子被称为**匿名块盒子**（anonymous block box），因为这个盒子并不与任何特定的元素相关。

类似的情况也存在于块级元素内部的文本级行盒子。假设有一个段落中包含三行文本，这三行文本的每一行都构成了一个**匿名行盒子**（anonymous line box）。除了使用:first-line 伪元素来添加有限的排版和颜色相关的样式之外，不能直接给匿名块盒子或匿名行盒子应用样式。关键要知道，你在屏幕上看到一切，都会从属于某个盒子。

3.2.2 外边距折叠

常规块盒子有一种机制叫作**外边距折叠**。外边距折叠的概念很简单，但实践中常常给人们布局网页带来困惑。简而言之，垂直方向上的两个外边距相遇时，会折叠成一个外边距。折叠后外边距的高度等于两者中较大的那一个高度。

如图 3-7 所示，当两个元素垂直堆叠时，上方元素的下外边距会与下方元素的上外边距相折叠。

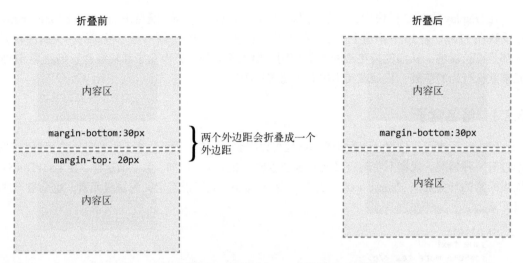

图 3-7   上方元素的下外边距与下方元素的上外边距相折叠

在一个元素嵌套着另一个元素的情况下，假设没有内边距或边框来分隔外边距，它们的上、下外边距也会折叠（见图 3-8）。

图 3-8   元素的上外边距与父元素的上外边距相折叠

乍一看，这种情况不太正常，但事实还不止如此：甚至同一个元素的外边距都能折叠。假设有一个空元素，只有外边距而没有边框或内边距。此时，上外边距与下外边距接触，结果也会折叠（见图 3-9）。

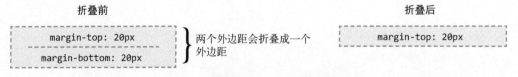

图 3-9   元素自身的上、下外边距相折叠

更进一步，如果折叠后的外边距又碰到了其他元素的外边距，还会继续折叠（见图 3-10）。

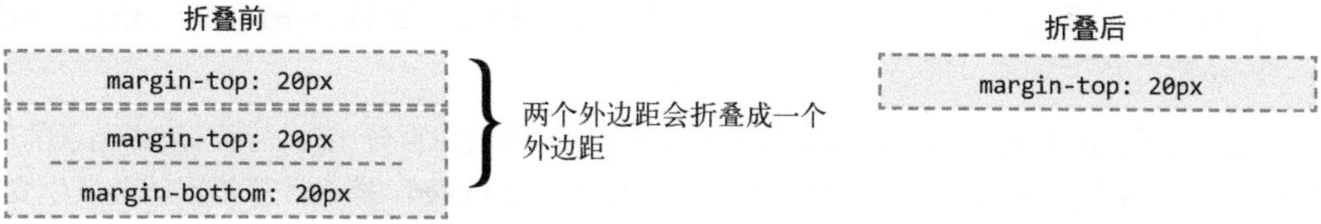

折叠前

```
margin-top: 20px
```
```
margin-top: 20px
```
```
margin-bottom: 20px
```

}两个外边距会折叠成一个
外边距

折叠后

```
margin-top: 20px
```

图 3-10　空元素折叠后的外边距与另一个空元素的外边距相折叠

这就是再多的空段落也只会占用一小块空间的原因：它们的外边距都折叠成一个小外边距了。

外边距折叠好像很奇怪，实际上却很有用。以一个包含几段文本的页面为例（见图 3-11），第一段上方的间距等于这一段的上外边距。如果没有外边距折叠，则后续所有段落的间距，都是相邻的上、下外边距之和。结果就是段间距是上页边距的两倍。有了外边距折叠，段间距才会与页边距相等。

没有外边距折叠　　　　　　　　　　　　　有外边距折叠

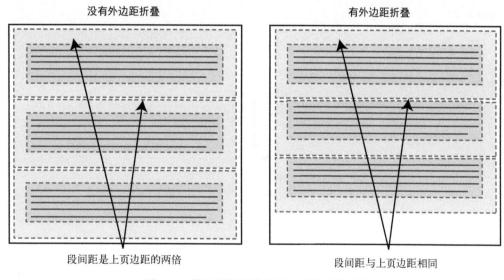

段间距是上页边距的两倍　　　　　　　　段间距与上页边距相同

图 3-11　外边距折叠维护了一致的元素间距

外边距折叠只发生在文档常规文本流中块级盒子的垂直方向上。行内盒子、浮动盒子或绝对定位盒子的外边距不会折叠。

3.2.3　包含块

知道什么决定一个元素的**包含块**非常重要，正如前面的例子中，将内边距和外边距的值设置为百分比，包含块就是这些百分比值的计算依据。

确定元素的包含块，要看元素是如何定位的。如果元素的定位方式为静态定位（即不指定 `position` 属性的值）或相对定位，则其包含块的边界就计算到一个最近的父元素，该元素的

display 属性值必须能够提供类似块级的上下文，如 block、inline-block、table-cell、list-item 等。

默认情况下，width、height、margin 和 padding 的值为百分比时，就以该父元素的尺寸为计算依据。如果当前元素的定位模型改成了 absolute 或 fixed，那么计算依据就会发生变化。接下来，我们就逐个讨论不同的定位模型，以及如何确定与之对应的包含块。

3.2.4　相对定位

把一个元素的 position 属性设置为 relative，该元素仍然会待在原来的地方。但此后，可以通过设置 top、right、bottom 和 left 属性，使该元素相对于初始位置平移一定距离。比如设置 top 属性为 20 像素，该元素就会相对于其初始位置垂直向下平移 20 像素。而设置 left 属性为 20 像素，则会将该元素向右移动 20 像素，其左侧会出现空白（见图 3-12）。

```
.mybox {
    position: relative;
    left: 20px;
    top: 20px;
}
```

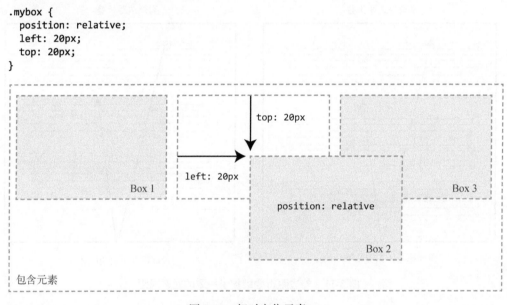

图 3-12　相对定位元素

无论是否位移，相对定位的元素仍然会在文档流中占用初始的空间。因此，这样平移元素会导致它遮挡其他元素。

3.2.5　绝对定位

相对定位事实上是常规文档流定位模型的一部分，因为元素还是相对于它在常规流中的初始位置来定位。绝对定位则会把元素拿出文档流，因此也就不会再占用原来的空间。与此同时，文档流中的其他元素会各自重新定位，仿佛绝对定位的那个元素没有存在过一样（见图 3-13）。

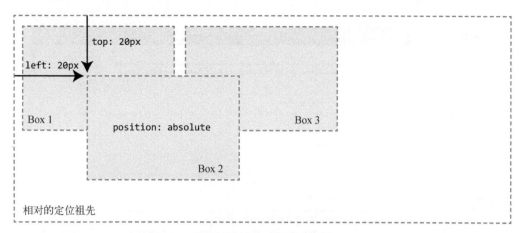

图 3-13 绝对定位元素

绝对定位元素的包含块是距离它最近的定位祖先，也就是 `position` 属性设置为 `static` 之外任意值的祖先元素。如果没有这么一个定位祖先，那么它就相对于文档的根元素即 `html` 元素定位。文档的根元素也叫作**起始包含块**（initial containing block）。

与相对定位的盒子类似，绝对定位的盒子也可以相对于其包含块向上、下、左、右方向平移。平移绝对定位的元素为我们提供了极大的灵活性，因为可以把元素移动到页面的任意位置。

绝对定位的盒子是脱离了常规文档流的，因此可能会遮挡页面上的其他元素。为了控制这些盒子层叠的次序，可以设置一个叫 `z-index` 的属性。`z-index` 属性值越大，盒子在层叠中的次序就越靠近用户的眼睛。用 `z-index` 控制盒子的层叠有不少值得探讨之处，第 6 章再详细介绍。

尽管绝对定位对于在页面上任意摆放元素非常有用，但近来已经很少被用来构建整体布局了。绝对定位的盒子脱离了常规文档流，因此很难用它们创建随视口宽度和内容长度变化而变化的自适应或者响应式布局。Web 技术的特点决定了不太可能指定元素在页面上的确切位置和大小。随着你对其他 CSS 布局技术掌握得越发熟练，你会发现绝对定位在整体布局上几乎没人用了。

3.2.6 固定定位

固定定位是由绝对定位衍生出来的，不同之处在于，固定定位元素的包含块是视口（viewport）。因此，固定定位可用来创建始终停留在窗口相同位置的浮动元素。很多网站都使用这个技术让导航区始终保持可见，有的固定侧栏，有的固定顶栏（见图 3-14）。这样能确保网站的可用性，因为用户不必再费事寻找了。

图 3-14　Google Developers 文档网站的顶栏和左侧导航栏在向下滚动页面时会保持固定

3.2.7　浮动

另一种可见格式化模型是浮动模型。浮动盒子可以向左或向右移动，直到其外边沿接触包含块的外边沿，或接触另一个浮动盒子的外边沿。浮动盒子也会脱离常规文档流，因此常规流中的其他块级盒子的表现，**几乎**当浮动盒子根本不存在一样。稍后我们再解释为什么说"几乎"。

如图 3-15 所示，向右浮动 Box 1 时，Box 1 会脱离文档流并向右移动，直至其右边沿接触包含块的右边沿。同时，Box 1 的宽度也会收缩为适应于其中内容的最小宽度，除非通过 width 或 min-width/max-width 明确设置其宽度。

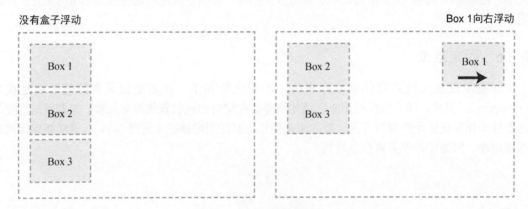

图 3-15　向右浮动的例子

如图 3-16 所示，向左浮动 Box 1 时，它脱离文档流并向左移动，直至其左边沿接触包含块的左边沿。Box 1 已经不在文档流中，因此不会再占用空间，这导致它浮于上方，遮住了 Box 2。如果向左浮动全部 3 个元素，Box 1 会向左移动，直到接触其包含块；另外两个盒子也向左移动，直到接触自己前面的浮动盒子。

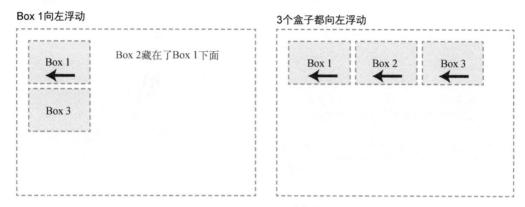

图 3-16　向左浮动的例子

如果包含元素太窄，无法容纳所有浮动元素水平排列，则后面的浮动元素会向下移动（见图 3-17）。如果浮动元素高度不同，则后面的浮动元素在向下移动时可能会"卡"在前面的浮动元素右侧。

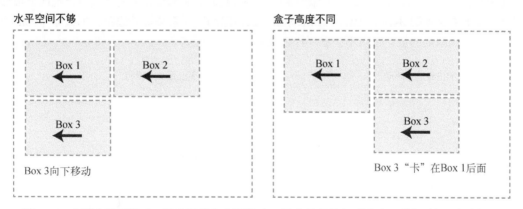

图 3-17　水平空间不够时，浮动元素会向下移动；浮动元素高度不同时，则会"卡"在右侧

行盒子与清除

通过前面的学习我们了解到，浮动元素会脱离文档流，因此不会再像非浮动元素一样影响其他元素。实际上，严格来讲并非如此。如果浮动元素后面跟着的是常规文档流中的元素，那么这个元素的盒子就会当浮动元素不存在一样，该怎么布局就怎么布局。但是，这个元素盒子中的文本内容则会记住浮动元素的大小，并在排布时避开它，为其留出相应的空间。从技术角度来讲，

就是跟在浮动元素后面的行盒子会缩短，从而为浮动元素留空，造成文本环绕浮动盒子的效果。事实上，浮动就是为了在网页中实现文本环绕图片的效果而引入的一种布局模型（见图 3-18）。

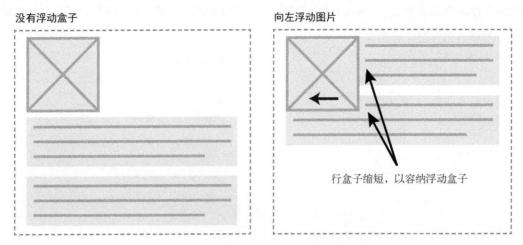

图 3-18　邻近元素浮动时，行盒子会缩短

要阻止行盒子环绕在浮动盒子外面，需要给包含行盒子的元素应用 clear 属性。clear 属性的值有 left、right、both 和 none，用于指定盒子的哪一侧不应该紧挨着浮动盒子。很多人认为 clear 属性只是简单地删除几个用于抵消前面浮动元素的标记，事实却没有这么简单。清除一个元素时，浏览器会在这个元素上方添加足够大的外边距，从而将元素的上边沿垂直向下推移到浮动元素下方（见图 3-19）。因此，如果你给"已清除的"元素添加外边距，那么除非你的值超过浏览器自动添加的值，否则不会看到什么效果。

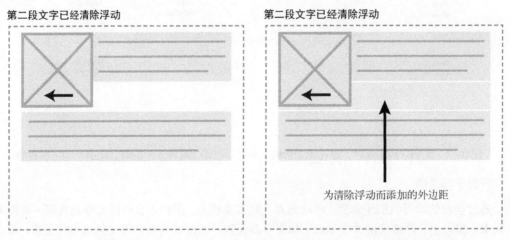

图 3-19　清除浮动会给元素添加上外边距，为前面的浮动元素留出足够的空间

　　浮动元素除了会导致后面的行盒子缩短，从而造成文本环绕效果之外，不会对周围的元素有任何别的影响，毕竟它已经脱离了文档流。但清除一个元素本质上会为所有前面的浮动元素清理出一块垂直空间。这就为使用浮动布局创造了条件，因为周围的元素可以为浮动的元素腾出地方来。

　　下面看看怎么利用浮动实现一个简单的布局。假设你想把一张图片浮动到一个标题左边，把一小段文本浮动到标题右边。这种布局一般叫作"媒体对象"（media object），因为左侧放一个媒体（如插图、图片或视频）、右侧放一小段说明文字是一种常用的布局模式。另外，你希望这张图片及右侧的文本被包含在另一个有背景颜色和边框的元素中。那么可以写出如下规则：

```
.media-block {
  background-color: gray;
  border: solid 1px black;
}
.media-fig {
  float: left;
  width: 30%; /* 给文本留出70%的宽度 */
}
.media-body {
  float: right;
  width: 65%; /* 左边再留出一点空隙来 */
}
<div class="media-block">
  <img class="media-fig" src="/img/pic.jpg" alt="The pic" />
  <div class="media-body">
    <h3>Title of this</h3>
    <p>Brief description of this</p>
  </div>
</div>
```

　　不过，浮动的元素会被拿出文档流，因此类为 .media-block 的 div 不会占用空间：它只包含浮动的内容，因此无法在文档流中为它生成高度。怎样才能让这个元素从视觉上也包住浮动元素？需要在这个元素内部某处应用 clear，这样就会像前面看到的一样，在清除的元素上方创造出足够的垂直外边距，从而为包住浮动元素创造出空间（见图 3-20）。然而，由于这个例子中没有用来清除的元素，需要在结束的 div 标签前额外添加一个空元素，然后清除该元素：

```
/* 后补的 CSS */
.clear {
    clear: both;
}
<div class="media-block">
    <img class="media-fig" src="/img/pic.jpg " alt="The pic" />
    <div class="media-body">
      <h3>Title of this</h3>
      <p>Brief description of this</p>
    </div>
    <div class="clear"></div><!-- 额外添加的空 div -->
</div>
```

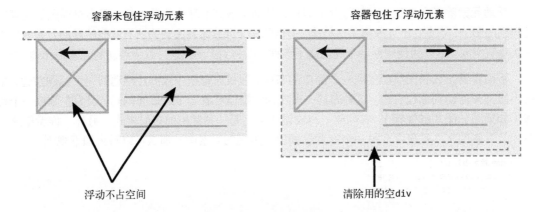

容器未包住浮动元素　　　　　　　　　容器包住了浮动元素

浮动不占空间　　　　　　　　　　　　　清除用的空div

图 3-20　添加清除 div，强制容器包住浮动元素

这样就实现了我们想要的布局，但也引入了"多余"的标记。有时候可能会有现成的元素用于清除，但有时候就不得不像这里一样，额外加入与布局没什么关系的标记。其实还有更好的办法。

要改进这个例子，可以使用:after 伪元素来模拟额外的清除元素。把下面的规则应用给包含浮动元素的容器 div，就会在它内部的末尾生成一个盒子，并在这个盒子上应用清除规则：

```
.media-block:after {
  content: " ";
  display: block;
  clear: both;
}
```

要深入理解这种技术，推荐阅读 Nicholas Gallagher 的文章 *A New Micro Clearfix Hack*。

3.2.8　格式化上下文

当元素在页面上水平或垂直排布时，它们之间如何相互影响，CSS 有几套不同的规则，其中一套规则叫作**格式化上下文**（formatting context）。前面我们已经介绍了**行内格式化上下文**（inline formatting context）的一些规则。比如，垂直外边距对于行内盒子没有影响。类似地，有的规则适用于块级盒子的叠放，比如 3.2.7 节中介绍的外边距折叠。

此外，有些规则规定了页面必须自动包含突出的浮动元素（否则浮动元素中的内容可能会跑到可滚动区域之外），而且所有块级盒子的左边界默认与包含块的左边界对齐（如果文字顺序是从右向左，那么与包含块的右边界对齐）。这组规则就是**块级格式化上下文**（block formatting context）。

还有些规则允许元素建立自己内部的块级格式化上下文，包括：

❑ display 属性值设置为 inline-block 或 table-cell 之类的元素，可以为内容创建类似块级的上下文；

- □ float 属性值不是 none 的元素；
- □ 绝对定位的元素；
- □ overflow 属性值不是 visible 的元素。

前面说过，块边界接触其包含块边界的规则同样适用于前面是浮动元素的内容。浮动元素从页面流中移出后，通过触发其后的元素中行盒子的缩短行为，制造了为自身腾出四周空间的视觉效果。而其后的元素仍然会按照需要，在浮动元素下方拉伸。

当一个元素具备了触发新块级格式化上下文的条件，**并且**挨着一个浮动元素时，它就会忽略自己的边界必须接触自己的包含块边界的规则。此时，这个元素会收缩到适当大小；不仅行盒子如此，所有盒子都如此。利用这一点，可以通过更简单的规则实现前面的媒体对象组件：

```
.media-block {
  background-color: gray;
  border: solid 1px black;
}
.media-fig {
  float: left
  margin-right: 5%;
}
.media-block, .media-body {
  overflow: auto;
}
<div class="media-block">
  <img class="media-fig" src="/img/pic.jpg" alt="The pic" />
  <div class="media-body">
    <h3>Title of this</h3>
    <p>Brief description of this</p>
  </div>
</div>
```

给.media-block 和.media-body 元素都设置了 overflow: auto;之后，就为它们创建了新的块级格式化上下文。这样就实现了我们的目标（见图 3-21 的对比）。

- □ 不用设置清除规则，就可以让.media-block包住浮动的图片，因为块级格式化上下文自动包含浮动。
- □ 顺带着，我们可以放弃给.media-body 声明宽度和浮动。这是因为它会自动调整以适应浮动元素旁边的剩余空间，并确保挨着图片的一边是直的。如果这里没有新的格式化上下文，而且文本比较多，那么位于浮动.media-fig下方的行盒子都会伸长，最终填满图片下方的空间。

尽量基于简单且可预测的行为来创建布局，这样可以降低代码复杂度，并提高布局稳健性。因此，知道什么时候可以使用这个技术，以避免浮动和清除元素之间的复杂交互，可以说是一件可喜的事。好在，更好用的布局技术正迅速流行起来。

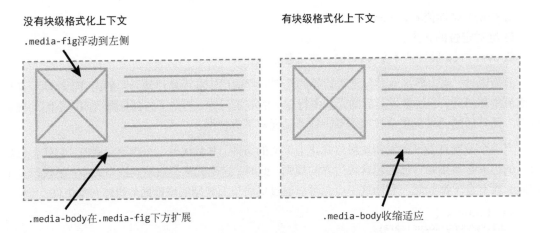

没有块级格式化上下文

.media-fig浮动到左侧

.media-body在.media-fig下方扩展

有块级格式化上下文

.media-body收缩适应

图 3-21 如果只浮动.media-fig且文本足够多，就会有一些文本环绕到图片下方。而创建一个新的块级格式化上下文会强迫.media-body 收缩

3.2.9 内在大小与外在大小

CSS 的 Intrinsic and Extrinsic Sizing Level 3 模块定义了一组可以应用给（min-和 max-）width 和 height 属性的关键字，而非像素或百分比这种长度值。这些关键字代表了明确的长度，要么继承自周围的上下文（外在大小），要么源于元素自身的内容（内在大小），具体数值由浏览器决定。这样可以代替以往使用的隐含值，比如把某个属性设置为 auto，或者使用浮动或块级格式化上下文，在不设置 width 的情况下达到收缩适应的目的。

本节不会讨论所有关键字，只想讲一讲与前面示例相关的 contain-floats。使用这个关键字，可以仅通过以下代码就让元素包含浮动，这样就省了很多事：

```
.myThing {
  min-height: contain-floats;
}
```

目前，支持这个模块中定义的关键字的浏览器还很少。最明显的例子是，到本书写作时为止，任何版本的 IE 浏览器都不支持其中的任何关键字。但无论如何，我们相信这种更稳健的指定尺寸的方式在未来一定非常有用，毕竟可以省掉同时使用多种技术的麻烦嘛。

3.3 其他 CSS 布局模块

目前为止，我们已经介绍了 CSS 可见格式化模型的基础以及大部分公共的内容。这一节简单介绍其他相关内容。

对于 CSS 这种视觉表现语言来说，稳健又灵活的布局模型无论如何都是必需的。虽然道理显而易见，但这种模型的诞生却并不容易。过去，我们曾想方设法地利用这门语言中可用的特性来达成自己的目标，哪怕那些特性并不好用。比如最早我们曾使用表格布局，但问题是代码臃肿、语义不当。近来又在使用浮动和绝对定位，但这些技术同样也并非为页面布局而设计。无论是表格还是浮动与定位，都有非常严重的局限性，使用它们只是不得已的选择。

可喜的是，最近出现了一些专门针对创建灵活、稳健页面布局的 CSS 模块。在本书写作时，这些模块的进度快慢不一，有的甚至还没有得到较多浏览器支持。后面几章会详细介绍其中几个模块，此处先概览一下它们的主要功能。

3.3.1 弹性盒布局

弹性盒布局模块（Flexible Box Layout Module），常被称为 Flexbox，是 CSS3 新引入的一种布局模型。Flexbox 支持对子元素水平或垂直布局，以及设置这些子元素的大小、间距和对齐方式。此外，Flexbox 还支持改变元素渲染到页面上的次序，可以跟它们在 HTML 中的次序不同。作为 CSS 常规流模型（行内和块）的升级版，无论是调整内容本身还是适应内容大小，Flexbox 都做到了既精确又灵活。

Flexbox 已经得到浏览器的广泛支持，只是在旧版本 IE 中缺乏支持或支持不完整。好在可以将 Flexbox 与浮动等其他技术组合使用，以确保跨浏览器布局的稳健。第 6 章会专门讲到 Flexbox。

3.3.2 网格布局

网格布局（grid layout）是 CSS 中最早成熟的高层布局工具，目标是取代浮动和定位元素的布局方式。网格布局实现了源代码次序的完全分离，从内容结构和个别模块的表现中抽象出了网格系统。Flexbox 关注"微观"，而网格系统关注"宏观"，二者正好互补。

网格布局还未得到广泛支持，但在本书写作时，各家浏览器正在争先恐后地实现它。第 7 章将全面介绍网格布局。

3.3.3 多栏布局

多栏布局模块（Multi-column Layout Module）的用意很明确，就是实现内容的多栏布局。比如，要排成像报纸那样的多栏样式。可以先指定栏数，也可以先指定每一栏的宽度，然后让浏览器根据可用宽度自动确定栏数。当然，还可以控制栏间距，并在其中应用类似边框的视觉效果。因为多栏布局更倾向于为排版而布局，所以我们把它放在第 4 章介绍。

3.3.4 Region

CSS Regions Module Level 1 可以实现内容在不同元素间的灌文接排。可以把一个元素作为内容来源，但它不在常规文档流中，其内容可以灌排到页面中的其他占位元素。这意味着布局不再受 HTML 中元素次序的影响，也就是把布局表现从内容结构中解耦了出来。

使用 CSS Region 排出的版式，在以前是无法只用 CSS 实现的，它为将来在网页中再现印刷品的排版样式奠定了基础。不过，很少有浏览器厂商有兴趣实现 CSS Region，因此我们可能在相当长的一段时间内都无法实际使用它。本书为此也不会再多介绍它了。

3.4   小结

这一章，我们介绍了盒模型，以及内边距、外边距、宽度、高度会如何影响盒子的大小。我们还学习了外边距折叠及其对布局的影响。然后，我们介绍了 CSS 中的几种格式化模型，比如常规流、绝对定位和浮动。通过学习，你应该掌握了行内盒子和块级盒子的区别，如何在相对定位的祖先元素中绝对定位元素，以及清除的原理。

掌握了这些基础之后，就该学习如何好好运用它们了。在接下来的几章中，我们会讨论几个 CSS 的核心概念，并配合实际开发案例讲解。打开你的编辑器，准备写代码吧！

第 4 章

网页排版

自印刷出版物诞生以来，排版就一直是平面设计的基础。同样，排版在网页设计中也扮演着重要角色。甚至有人说，网页设计的 95%都是排版。因此，想到浏览器直到近几年才支持完善的排版和排字功能，还真有点不可思议。这些功能为我们打开了向百年排版史学习的大门，同时也赐予我们创造丰富多彩、赏心悦目的阅读体验的能力。

本书之前的版本并没为网页排版专门开辟一章，由此可见这一领域在近几年的进步。

本章内容：

- ❏ 使用基本的 CSS 字体和文本属性，应用一致的排版规则
- ❏ 控制版心宽度、多栏文本和断字
- ❏ 自定义 Web 字体及高级字体特性
- ❏ 通过阴影及其他技术实现文本特效

4.1 CSS 的基本排版技术

拿到一个页面时，几乎所有设计师都会先考虑从基本的版式着手。从 body 元素开始，逐步细化，从而让整个页面具有基本的可读性、层次性和配色。本章第一个例子就以此为目标：实现一个示例页面的基本版式。

图 4-1 展示了一个非常简单的 HTML 文档（关于月亮的一篇文章，摘自维基百科），这是它在浏览器中的样子，没有添加任何样式。此时的网页内容并没有乱作一团，这是因为浏览器有默认样式表，它为网页应用了一些必要的排版规则。

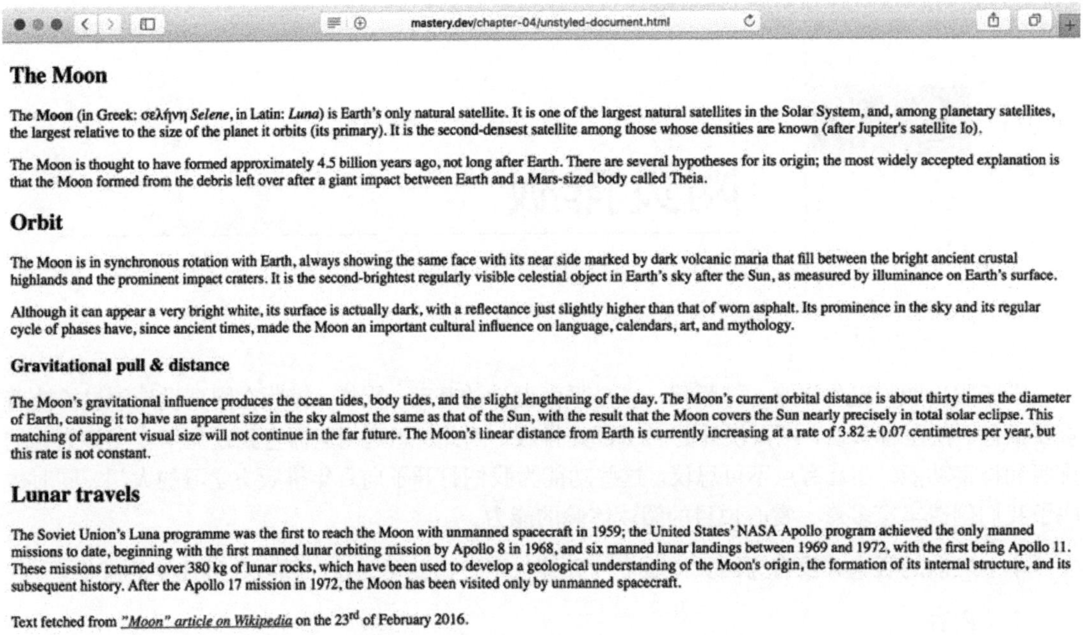

图 4-1　没有应用样式的 HTML 文档

这个简单的文档包含几个标题和一些段落（段落文本中的有一些行内元素，以便必要时添加样式），它们都包含在一个 article 元素中：

```
<article>
  <h1>The Moon</h1>
  <p> The <strong>Moon</strong> (in Greek: σελήνη...</p>
  ...
  <h2>Orbit</h2>
  <p>The Moon is in synchronous...</p>
  ...
  <h3>Gravitational pull &amp; distance</h3>
  <p>The Moon's gravitational...</p>
  <h2>Lunar travels</h2>
  <p>The Soviet Union's Luna programme...</p>
  <p class="source">Text fetched from...</p>
</article>
```

这个没添加样式的网页虽然勉强能看，但效果非常不理想。我们的目标是以相对较少的样式来提升页面的易读性，并且让它变得更美观。图 4-2 是完成后的效果。

图 4-2　应用了字体样式后的文档

　　下面我们逐条分析要添加的规则，同时介绍相关术语，设置规则的原因，以及所涉及的排版属性背后的原理。

4.1.1　文本颜色

　　对于网页而言，文本颜色也许是最基本的样式之一，但它的效果却很容易被忽视。默认情况下，浏览器会把绝大部分文本渲染为黑色（当然链接除外，它们的颜色是"活力蓝"），白底黑字的对比度极高。足够高的对比度是确保网页阅读无障碍的关键，但也往往会被过分强调。事实上，由于屏幕的高对比度，白底黑字会让大段文本显得过分密集，反而影响可读性。

　　对于我们的例子而言，标题仍然保持黑色，但正文要改成深蓝灰色。链接还是蓝色，但需要把"活力值"下调一点。

```
p {
    color: #3b4348;
}
a {
    color: #235ea7;
}
```

4.1.2　字体族

　　字体族（font-family）属性的值是一个备选字体的列表，按优先级从左到右排列：

```
body {
  font-family: 'Georgia Pro', Georgia, Times, 'Times New Roman', serif;
}
h1, h2, h3, h4, h5, h6 {
  font-family: Avenir Next, SegoeUI, arial, sans-serif;
}
```

body 元素（以及几乎其他所有元素）使用的字体依次是`'Georgia Pro'`, `Georgia`, `Times`, `'Times New Roman'`, `serif`（因为 `font-family` 是一个可继承属性）。Georgia 是一种几乎无处不在的衬线字体，而较新的 Georgia Pro 则默认安装在某些版本的 Windows 10 中。如果用户计算机中两个版本的 Georgia 字体都不存在，那么备选字体 Times 和 Times New Roman 应该很多计算机系统中都会安装。最后，如果前 4 种字体都没有，就由浏览器选择一种衬线字体（`serif`）。

对于标题，Avenir Next 是首选字体，这种字体在现代 Mac OS X 和 iOS 系统中有很多变体。如果这种字体不存在，浏览器会去找 Segoe UI，一种类似的、在大多数 Windows 版本系统及 Windows Phone 中都会安装的通用无衬线字体。但浏览器可能也找不到它，此时再尝试 Arial（几乎所有平台中都有）。最后才是当前系统中默认的无衬线字体（`sans-serif`）。

图 4-3 分别展示了 macOS X 的 Safari 9 和 Windows 10 的 Microsoft Edge 显示这些字体的样子。

图 4-3   左侧是 Safari 9 中使用 Avenir Next 和 Georgia 的效果，右侧是 Microsoft Edge
中使用 Segoe UI 和 Georgia 的效果

注意   "衬线"是字形笔画末梢的装饰性线条，很多经典的英文字体中都有。"无衬线"当然就是没有这些装饰性线条的意思。

这种后备机制是 font-family 属性的重要特性，因为不同的操作系统和移动设备可能安装了不同的字体。何况字体的选择也不仅仅是看某种字体是否存在。如果优先的字体中缺少文本中用到的字形，比如重读符号，浏览器会为缺失的符号向后查找其他字体。

关于什么操作系统中默认安装了哪些字体，有些人已经做过相关的研究整理。推荐大家看看这个网站：https://www.cssfontstack.com。

字体列表最后的 serif 和 sans-serif 叫作**通用字体族**，在这里充当没有选择的选择。此外，还有 cursive、fantasy 和 monospace 等通用字体族，只不过 serif 和 sans-serif 应该是最常用的两个。如果网页中要显示代码，应该首选 monospace 字体族，也叫 "等宽字体"，因为 monospace 的每个字符的宽度都一样，不同行之间的字符可以完美对齐。fantasy 和 cursive 就没那么常用了，分别对应花式字体和手写字体。

注意　列出包含空格的字体族名称时，引号不是非加不可，但最好加上。规范中只要求与通用字体族重名的字体族要加引号，但同时也建议给包含非标准符号的名称加引号，以防浏览器误判。再不济，你加了引号之后，有语法高亮功能的代码编辑器也会更好地标注它们。

字体与字型

字型（typeface）、字体族（font family）和字体（font）这 3 个术语经常有人分不清楚。所谓**字型**（也叫**字体族**），就是一组代表字母、数字及其他具有统一外观样式的**字形**（glyph）的集合。字型包含的每种字形，通常有粗体、常规、细体、斜体等变体，能够以不同样式显示数值、连字等，还可能有其他变体。

最初，**字体**指的是一种字型中的某种特定变体所包含的所有字形的集合，由金属制成。这些选出来的字形会被装上印刷机。而在数字排版领域，字体通常指一个存有某种字型表示的文件。假设有一种字型叫 "CSS Mastery"，那么它可能只有一个字体文件，也可能包含多个字体文件，比如 "CSS Mastery 常规""CSS Mastery 斜体"或 "CSS Mastery 细体"等。

4.1.3　字型大小与行高

几乎所有浏览器中 font-size 的默认大小都是 16 像素，除非用户修改过偏好设置。我们不修改默认的 font-size，而是选择使用 em 单位调整特定元素的大小：

```
h3 {
  font-size: 1.314em; /* 21px */
}
```

em 单位用于 font-size 属性时，实际上是一个相应元素**继承**的 font-size 缩放因子。比如我们的 h3 元素，字型大小就是 1.314*16 = 21px。虽然可以直接设置 21px，但 em 更灵活一些。多数浏览器都允许用户缩放整个页面，即使像素单位也可以缩放。而使用 em 之后，如果用户修改偏好中的默认 font-size 大小，那么相应元素的大小也会相应调整。

因为 em 单位基于继承的大小缩放，所以可以通过缩放父元素的 font-size 来修改页面局部的继承大小。但这样做也有问题（也是使用 em 经常出错的地方）：我们不想因为调整了某个元素在标记中的位置而意外改变其字型大小。考虑以下假设的规则：

```
p {
  font-size: 1.314em;
}
article {
  font-size: 1.314em;
}
```

前面的规则意味着 p 和 article 元素默认情况下的 font-size 为 21 像素。但是，article 中 p 元素的 font-size 会变成 1.314em × 1.314em，约等于 1.73em 或 28 像素。这恐怕与设计原稿不符。因此，在使用相对长度值的时候，必须留意最终计算得到的值。

对于 font-size 属性，可用百分比代替 em。133.3% 在这里与 1.333em 没有区别，选择哪个完全取决于个人偏好。而最灵活的方式则是使用 rem 单位。与 em 类似，rem 也是一个缩放因子，但它始终基于**根元素**的 em 大小缩放（根元素的 em，就是 root element em，即 rem），也就是基于 html 元素的 font-size 缩放。其实我们已经使用了 rem 单位，给所有标题应用了一致的 margin-top：

```
h1, h2, h3, h4, h5, h6 {
  margin-top: 1.5rem; /* 24px */
}
```

当 em 用于计算盒模型的大小时，它不是基于继承的 font-size，而是基于元素自身计算的 font-size。因此，不同级别的标题对应的 font-size 是不一样的。为了得到一致的值（同时又要保证灵活），要么像这里一样使用 rem，要么对每个标题级别都分别以 em 计算 margin-top 值。

rem 单位相对较新，但已经得到所有现代浏览器的支持。为了兼容 IE8 及更早版本的 IE，可以利用 CSS 的容错机制，在基于 rem 的声明之前再声明一个像素单位的值：

```
h1, h2, h3, h4, h5, h6 {
  margin-top: 24px; /* 针对老旧浏览器不能缩放的后备 */
  margin-top: 1.5rem; /* 24px，但会被不支持的浏览器忽略 */
}]
```

警告　长度单位还有 mm、cm、in 和 pt 等绝对物理长度，这些主要是给打印样式准备的。网页设计不应该使用这些单位。本章不介绍打印样式表，但会在第 8 章介绍如何针对不同的媒体类型应用样式。

基于比例缩放字型大小

font-size 到底应该选多大，其实没有硬性要求。总体来说，就是要让文本足够大，让人能轻松地看清楚，同时要保证字型大小在当前上下文中比较合适。有些人相信自己的眼睛，认为看着舒服最重要；有些人则相信缜密的数学计算，处处奉科学原理为圭臬。

我们这里标题的大小大致符合一个叫作"纯四度"（perfect fourth）的数学比例，即上一级标题会比下一级标题的字型大小大自身尺寸的 1/4，或者说是下一级标题字型大小的 1.333333...倍。这里的数值经过舍入，以匹配最接近的像素值，并且只保留了 3 位小数：

```
h1 {
  font-size: 2.315em; /* 37px */
}
h2 {
  font-size: 1.75em; /* 28px */
}
h3 {
  font-size: 1.314em; /* 21px */
}
```

此类比例关系对于初始阶段的网页设计至关重要。即使你最终还是凭感觉设置字型大小，尽量维持类似的比例关系也是必要的。推荐大家试一试 Modular Scale 计算器，其中有很多预设的比例关系可供参考（见图 4-4）。

图 4-4　使用 Modular Scale 计算器尝试各种字体与数学比例关系的组合

4.1.4　行间距、对齐及行盒子的构造

随着给文本施加更多的控制，各种排版概念之间的关系便浮出水面。为了掌握这些概念，有必要深入剖析一下 CSS 行内格式化模型，同时多理解一些排版术语（至少是西方文字书写系统中常见的术语）。图 4-5 展示了构成一行文本的各个部分，这里仅以示例中第一段开头的两个词为例。[①]

---

① 此处术语的翻译，请参考译者的这篇文章《你未必知道的 CSS 故事：揭开 leading 的面纱》（http://www.ituring.com.cn/article/18076）。——译者注

`<p>The <strong>Moon</strong>...[etc]</p>`

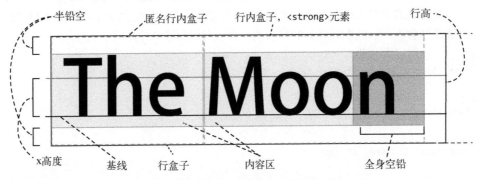

图 4-5   行内格式化模型的构造及相关概念

第 3 章大致介绍过行内格式化，提到每行文本都会生成一个**行盒子**。行盒子还可以进一步拆分成表示行内元素（比如上面例子中的`<strong>`元素）的**行内盒子**，或者连接两个行内元素的**匿名行内盒子**。

行内盒子中的**内容区**显示文本。内容区的高度由 font-size 的测量尺度，即图 4-5 中 "Moon" 末尾那个 1em 见方的块，以及这个块与字形本身的关系来决定。西方传统排版术语 "em" 对应 CSS 中的 em 单位，这个概念最初指大写字母 "M" 的大小，但在网页排版中这个定义已经不适用了。

小写字母 "x" 的上边界决定了所谓的 "x 高度"。不同字体的 x 高度差异很大，因此很难就字体大小给出一个通用的建议。要想知道精确的字型大小，就必须分别测试。比如我们例子中使用的 Georgia，其 x 高度相对大一点，导致在 font-size 相同的情况下也显得比其他字体大。

然后，字形会被摆放在内容区中，每个字形都在垂直方向上不偏不倚，使得每个行内盒子的底边都默认对齐于靠近底部的共同水平线，这条线叫**基线**。内容区也不一定会限制住字形，比如某些字体中的小写字母 "g" 就会向下伸出内容区。

最后，行高指的是行盒子的总高度。更通俗的叫法是**行间距**，排版术语叫**铅空**，就是排字员用来隔开字符行的铅块。但与传统排版不同，CSS 中的 "铅空" 始终都会同时应用到行盒子的上方和下方。

计算方法如下：行盒子的整体行高减去 font-size，得到的值再平分成两份，也就是**半铅空**。如果 line-height 是 30 像素，而 font-size 是 21 像素，那么半铅空就是 4.5 像素。

注意   如果行盒子中包含多个行高不一的行内盒子，那么这个行盒子的最终高度至少等于其中最高的行内盒子。

---

1. 设置行高

设置行高时，需要考虑当前字体大小。在我们的例子中，对于 Georgia 这个 font-family，我们给 body 设置的 line-height 值为 1.5：

```
body {
    font-family: Georgia, Times, 'Times New Roman', serif;
    line-height: 1.5;
}
```

一般来说，行高取值在 1.2~1.5 范围内。关键是行与行之间既不能太密，也不能太疏。对于 x 高度较大的字体，行间距应该稍大一些，比如我们这里的例子。文本的长度和 font-size 也要考虑，短文本一般设置较小的 line-height。

这里给 line-height 设置了没有单位的值 1.5，意思就是当前 font-size 的 1.5 倍。body 的 font-size 为 16px，那么默认的 line-height 就是 24px。

也可以给 line-height 设置像素值、百分比值或 em 值，但要注意 body 元素的所有子元素都会继承 line-height 的计算值。换句话说，就算 body 用的是百分比或 em，其子元素继承的都是**计算后得到的像素值**，但无单位的值就不会导致这个结果。因此，如果给 line-height 设置没有单位的值，那么子元素继承的是一个系数，永远与自己的 font-size 成比例。

2. 垂直对齐

除了 line-height，行内盒子也会受到 vertical-align 属性的影响。它的默认值是 baseline，即子元素的基线与父元素的基线对齐。在示例文章的末尾，有一个日期，其中的序数后缀"rd"包含在一个 span 中：

```
<time datetime="2016-02-23">the 23 <span class="ordinal"> rd </span> of February 2016.</time>
```

这样我们可以通过 vertical-align 将其设置成上标文本，即使用 super 关键字（字号也小一些）：

```
.ordinal {
  vertical-align: super;
  font-size: smaller;
}
```

其他关键字值还有 sup、top、bottom、text-top、text-bottom 和 middle。这些值或多或少都与内容区和父行盒子有着复杂的关系。仅举一例，text-top 或 text-bottom 会让当前元素的内容区与父行盒子的内容区顶部或底部对齐，但只有在行内盒子的 font-size 或 line-height 与其父元素不同时才会有影响。如前所述，关系复杂。

或许通过设置长度值——无论是像素值，还是 font-size 的相对值（如 em 或%）——让元素的基线偏离父元素基线是理解垂直对齐的最直观方式。注意，影响文本行间距的值不只是 line-height。如果行盒子中有一个元素使用 vertical-align 调整了位置，那么它可能会扩展行盒子的高度。图 4-6 展示了文章中的一行文本通过设置不同的 vertical-align 值来偏移元素所得到的结果。

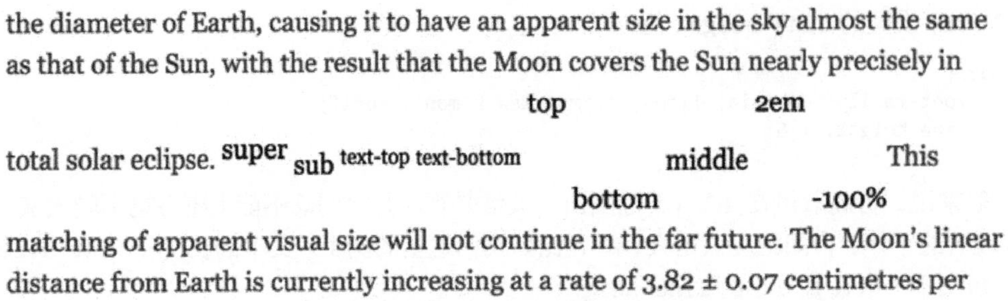

the diameter of Earth, causing it to have an apparent size in the sky almost the same
as that of the Sun, with the result that the Moon covers the Sun nearly precisely in

total solar eclipse. ^{super} $_{sub}$ $^{text-top}$ $_{text-bottom}$ top 2em middle This bottom -100%

matching of apparent visual size will not continue in the far future. The Moon's linear
distance from Earth is currently increasing at a rate of 3.82 ± 0.07 centimetres per

图 4-6　`vertical-align` 的不同关键字和值。注意行盒子上方和
下方被极端值向外扩展，最终结果是增大了该行的高度

注意　与行内文本相比，行内块和图片的垂直对齐行为稍有不同，因为它们不一定有自己的唯
一基线。第 6 章将介绍如何利用这一点实现特定布局效果。

4.1.5　文本粗细

接下来，我们使用 `font-weight` 属性来设置标题文本的粗细。有些字体的变体很多，比如
Helvetica Neue Light、Helvetica Neue Bold、Helvetica Neue Black。此时，可以不用给出变体的名
字，而只使用关键字：`normal`、`bold`、`bolder` 和 `lighter`。也可以直接给出数字值，都是 100
的整数倍：100、200、300、400，等等，最大为 900。

默认值 normal 对应 400，bold 对应 700，这两个粗细值是最常用的。关键字 `bolder` 和 `lighter`
的工作机制略有不同，它们的作用是在继承值的基础上把文本变粗或变细。

数字值 100~300 对应的字体名字中通常包含 "Thin" "Hairline" "Ultra Light" 和 "Light" 等
字样。反之，数字值 800 或 900 对应的字体名字中可能包含 "Ultra Bold" "Heavy" 或 "Black"。
500 或 600 则代表中等粗细。

作为标题的默认值，我们使用了数字值 500，而对 h1 和 h2 分别使用了超粗和中粗：

```
h1, h2, h3, h4, h5, h6 {
  font-weight: 500;
}
h1 {
  font-weight: 800;
}
h2 {
  font-weight: 600;
}
```

Avenir Next 和 Segoe UI（都是我们的首选字体）都包含很多粗细的变体。如果某款字体缺少
你想要的粗细变体，浏览器会尽量模拟加粗效果，但无论如何不能模拟变细效果。这种模拟的结
果往往差强人意。

4.1.6 字体样式

设置 `font-style:italic` 会从字型中选择斜体显示，前提是存在这个变体。如果不存在，浏览器会通过倾斜字体来模拟，但结果同样也不会太理想。斜体通常用于表示强调，或者表达一种不同的语气。我们的例子中，月亮的拉丁名和希腊名放在了`<i>`标签中。这个标签是 HTML 早期实现中留存至今的一个表现性标签，但被 HTML5 重新定义为用于标记通常的印刷斜体，比如事物名。

```
<p>The <strong>Moon</strong> (in Greek: σελήνη<i lang="el">Selene</i> , in Latin:
<I lang="la">Luna</i> )
```

虽然这个标签不再表示斜体，但浏览器默认样式表仍然将其 `font-style` 设置为 `italic`:

```
i {
  font-style: italic;
}
```

如果你愿意，也可以将这个标签的样式重新定义为粗体、非斜体：

```
i {
  font-weight: 700;
  font-style: normal;
}
```

除了 `italic` 和默认的 `normal` 以外，也可以给 `font-style` 设置 `oblique` 关键字（是倾斜文本的另一个变体），但它很少用，因为没有几款字体含有这种变体。

4.1.7 大小写变换和小型大写变体

有时候，设计需要显示与 HTML 源码中不同的大小写。CSS 可以控制英文字母大小写，属性是 `text-transform`。在我们的例子中，`h1` 元素中的文本是首字母大写的，但我们通过 CSS 强制把所有字母都显示为大写了（见图 4-7）。

```
h1 {
  text-transform: uppercase;
}
```

THE MOON

The Moon (in Greek: σελήνη *Selene*, in Latin: *Luna*) is Earth's only natural satellite. It is one of the largest natural satellites in the Solar System, and, among planetary

图 4-7 h1 全部显示为大写

除了 `uppercase` 这个值，还可以用 `lowercase` 把所有字母变成小写，用 `capitalize` 把每个单词的首字母变成大写，或者使用 `none` 显示 HTML 源码中的默认大小写形式。

使用 `font-variant`

CSS 还有一个属性 `font-variant`，可以通过值 `small-caps` 把英文文本转换成所谓的 "小型大写字母"。"小型大写字母" 也是一种字型的变体，虽然所有字母都大写，但只有首字母是正常大小，其他字母的大小跟原来小写时一样，就像缩小了似的。正确的 `small-caps` 变体很大程度上会依据字母的字形来变化，而不仅仅是简单地缩小字母。不过能做到这一点的多数是收费字体。浏览器会在你没安装这些字体时尝试模拟类似的行为。可以通过 abbr 标签包含的首字母缩写来示范一下浏览器的行为（见图 4-8）。

```
<abbr title="National Aeronautics and Space Administration">NASA</abbr>
```

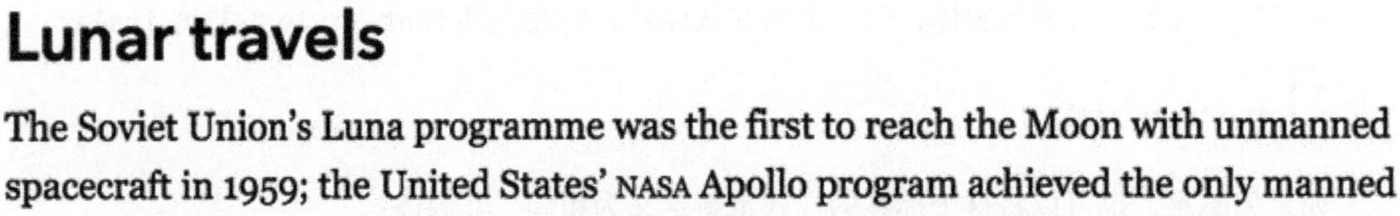

Lunar travels

The Soviet Union's Luna programme was the first to reach the Moon with unmanned spacecraft in 1959; the United States' NASA Apollo program achieved the only manned

图 4-8　使用 `font-variant` 及关键字 `small-caps`，浏览器会把字形缩小为 x 高度

我们同时还应用了 `text-transform: lowercase`，因为 HTML 源码中的 NASA 本来就大写了。还需要稍微缩小一点 `line-height`，因为 `small-caps` 会导致某些浏览器把内容盒子向下移动一点，从而影响整体行盒子的高度。

```
abbr {
  text-transform: lowercase;
  font-variant: small-caps;
  line-height: 1.25;
}
```

CSS 2.1 只对 `font-variant` 属性规定了一个有效的值：`small-caps`。而 CSS Fonts Module Level 3 则大加扩展，增加了很多不同字形的输出选择。浏览器实现相对滞后，但好在我们有办法支持这些新选择。我们会在后面介绍高级排版技术时再讲。

4.1.8　控制字母和单词间距

一般来说，控制字母和单词间距是字体设计师的事儿。不过 CSS 也提供了一些简陋的工具来控制这些。

首先是 `word-spacing` 属性，功能是控制词间距，很少用。它的值意味着在默认词间距基础上增加或减少一定的量，而默认词间距由当前字体中空白字符的宽度决定。以下规则将在默认词间距基础上增加 `0.1em`：

```
p {
  word-spacing: 0.1em;
}
```

类似地，可以通过 `letter-spacing` 属性来控制字符间的距离。对于小写英文字母的文本来说，人为改变字母间距并不是好事，因为大多数字型的设计初衷都是让人更容易辨别整个单词，而随意调整字母间距可能导致文本难以辨别。对于大写字母（或小型大写字母）的文本而言，则要视情况而定。比如缩写词，稍微加大一点字母间距有助于阅读。下面就给前面的 abbr 标签设置一个 letter-spacing 试一下（见图 4-9）。

```
abbr {
  text-transform: lowercase;
  font-variant: small-caps;
  letter-spacing: 0.1em;
}]
```

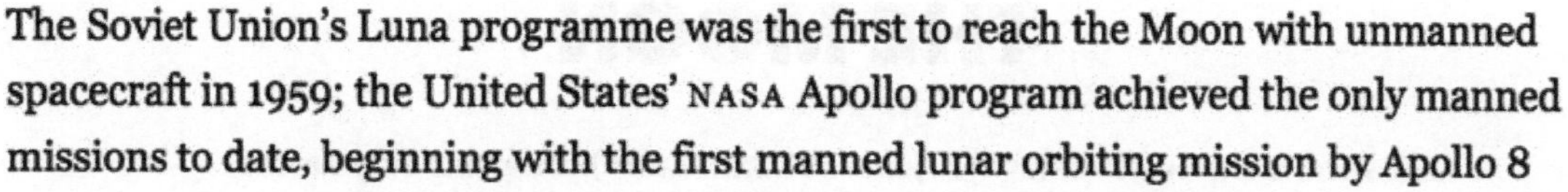

The Soviet Union's Luna programme was the first to reach the Moon with unmanned spacecraft in 1959; the United States' NASA Apollo program achieved the only manned missions to date, beginning with the first manned lunar orbiting mission by Apollo 8

图 4-9 少量的 letter-spacing 可以提升 abbr 内容的辨识度

好了，到这里我们已经讲完了字体相关的 CSS 属性了。接下来该介绍如何排布文本，进而提升用户阅读体验了。

4.2 版心宽度、律动和毛边

接下来探讨一个对阅读体验有着重大影响的因素：行长。用排版的行话说，就是**版心宽度**。过长或过短的文本行会打断人的眼球移动，导致读者无法连续阅读，最后甚至读不下去。

一行文本到底多长才合适，并没有什么终极答案。字体不同、屏幕大小不同、文本内容不同，都会影响行长。我们只能根据过往的研究和专业人士的建议，在自己设计页面时定义尽量合适的长度。

Robert Bringhurst 的经典图书 *The Elements of Typographic Style* 提到，主体内容的文本行长通常是 45~75 个字符，平均值为 66 个字符。排版专家 Richard Rutter 发现这个建议同样适用于今天的网页，特别是大屏幕中的网页。对于小屏幕（或者远距离观看的大屏幕，如电影或投影）而言，行长至少也应该有 40 个字符。

注意 第 8 章还会再针对响应式设计讨论排版中的挑战。

要控制行长，可以通过设定包含文本的段落、标题等元素的宽度来实现。

对于页面主体文本而言，Georgia 字体的字母相对较宽（因为其 x 高度较大），因此行长就要考虑使用前述范围的上限。为此，我们简单地将 article 元素的宽度设置为 36em（平均每个字符 0.5em），并令其在页面上居中。如果视口缩小到比这个值更窄，该元素会自动调整宽度。

```
article {
  max-width: 36em;
```

```
  margin: 0 auto;
}
```

如图 4-10 所示，在较宽的视口中，每段的行长大约是 77 个字符。这里使用了 em 单位，就是为了能够让我们（或用户）自由调整字体大小。

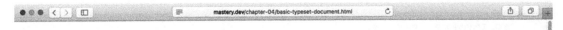

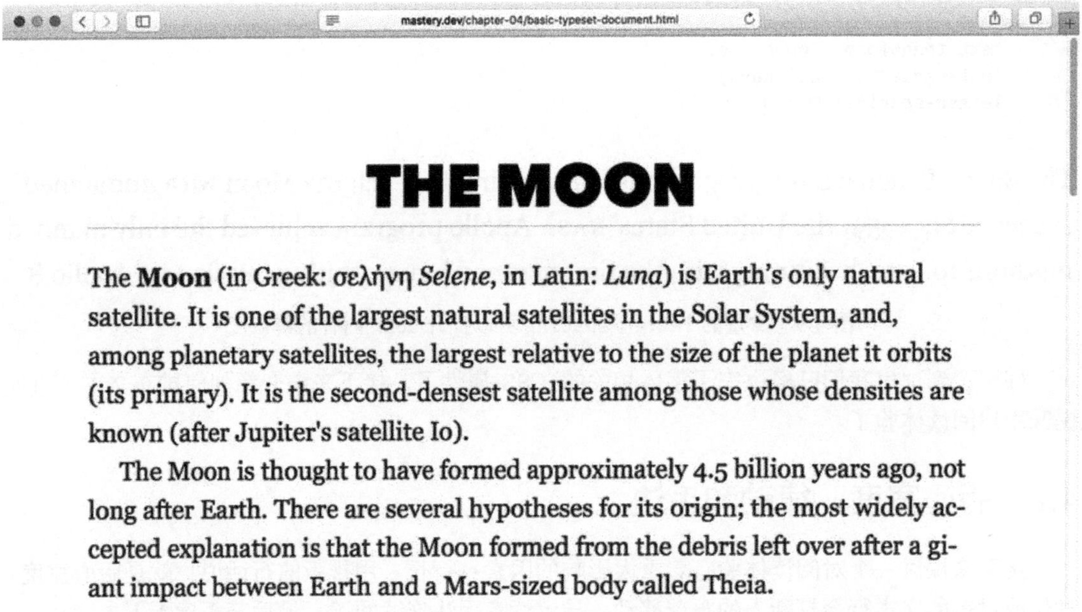

mastery.dev/chapter-04/basic-typeset-document.html
THE MOON
The Moon (in Greek: σελήνη Selene, in Latin: Luna) is Earth's only natural satellite. It is one of the largest natural satellites in the Solar System, and, among planetary satellites, the largest relative to the size of the planet it orbits (its primary). It is the second-densest satellite among those whose densities are known (after Jupiter's satellite Io).
The Moon is thought to have formed approximately 4.5 billion years ago, not long after Earth. There are several hypotheses for its origin; the most widely accepted explanation is that the Moon formed from the debris left over after a giant impact between Earth and a Mars-sized body called Theia.

图 4-10 `article` 元素由 `36em` 的 `max-width` 控制，不受字体缩放影响

4.2.1 文本缩进与对齐

默认情况下，文本是左对齐的。文本左对齐有助于眼睛找到下一行，保持阅读节奏。对于连续的段落，或者为相邻段落设置 1 行的外边距，或者设置段首缩进。在此我们选择后一种方案，使用相邻组合符设置 `text-indent` 属性：

```
p + p {
  text-indent: 1.25em;
}
```

段落的右边参差不齐（参见前面的图 4-9），我们暂时先不管它。这种参差不齐的样式在排版上也有术语，叫作“毛边”（rag）。虽然这种“毛边”不是什么大问题，但在应用文本居中对齐时需要格外小心，除非行长很短。居中文本非常适合小型用户界面元素（如按钮）或短标题的布局，因为两端参差不齐会影响可读性。

不过，我们还是居中显示了示例中的 `h1` 元素。同时，我们也给它添加了一个底部边框，从而让它跟下面的文本连成一体，如图 4-11 所示。

```
h1 {
  text-align: center;
  border-bottom: 1px solid #c8bc9d;
}
```

THE MOON

The Moon (in Greek: σελήνη *Selene*, in Latin: *Luna*) is Earth's only natural satellite.

图 4-11　居中显示了示例中的 h1 元素

text-align 属性可以接受下列任意一个关键字值：left、right、center 和 justify。CSS Text Level 3 规范还额外定义了几个值，包括 start 和 end。这两个**逻辑方向**关键字与文本书写模式相对应：多数西方语言都是从左向右书写，因此如果文本语言是英语，那么 start 就代表左对齐，end 代表右对齐。而在从右向左书写的语言中（如阿拉伯语），就正好相反。如果给父元素设置了 dir="rtl"属性，即从右向左显示，浏览器通常都会自动反转默认的文本方向。

给 text-align 属性应用 justify 值，可以在单词间平均分布间距，结果就是左右两端对齐，消除毛边。这也是印刷业中经常采用的技术，原版包括连字符在内的字体特性都会被修整以适应页面空间。

网页又是另一种媒体，很多因素我们无法控制。屏幕大小不同、安装的字体不同、浏览器引擎不同，这些都会影响用户最终在页面上看到的结果。如果让文本两端对齐，可能会导致图 4-12 那样的结果，不易认读。由文本空白构成的"串流"（river of whitespace）会出现，版心宽度越小就越严重。

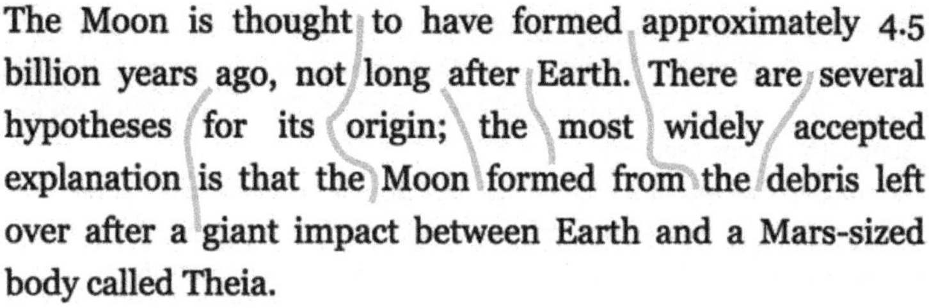

The Moon is thought to have formed approximately 4.5 billion years ago, not long after Earth. There are several hypotheses for its origin; the most widely accepted explanation is that the Moon formed from the debris left over after a giant impact between Earth and a Mars-sized body called Theia.

图 4-12　给段落应用 text-align: justify 导致的文本"串流"现象

浏览器处理文本两端对齐时使用的算法挺粗糙的，不如传统出版效果好。虽然可以通过 text-justify 属性修改使用的算法，但浏览器对其多个值的支持较弱，基本上只涉及调整非西方语言的字形和单词。

有意思的是，Internet Explorer 支持这个属性的一个非标准值 newspaper，它好像使用了更聪明的算法。该算法会同时调整字母间距和单词间距。

4.2.2 连字符

如果你仍然打算在页面中让文本两端对齐，那么连字符可能会有助于减轻串流问题。为此，可以手工在 HTML 中插入一个表示连字符的实体，即所谓的软连字符­。只有当浏览器需要断词换行时才会显示这个连字符（见图 4-13）。

```
<p>The <strong>Moon</strong> [...] is Earth's only natural satel &shy; lite.[...]
```

The **Moon** (in Greek: σελήνη *Selene*, in Latin: *Luna*) is Earth's only natural satel-
lite. It is one of the largest natural satellites in the Solar System, and, among

图 4-13　手工插入软连字符

对于文章之类的长文本，手动逐个插入连字符并不现实。此时可以使用 hyphens 属性，让浏览器帮我们插入连字符。这个属性相对较新，因此一般要加上浏览器前缀才能生效。IE10 之前的版本、安卓设备中内置的 WebKit 浏览器，甚至连基于 Blink 的 Chrome 和 Opera（在本书写作时）都根本不支持 hyphens。

要想使用自动连字符功能，需要保证两点。首先，在网页 html 元素中设置语言代码：

```
<html lang="en" >
```

其次，通过 CSS 将相关元素的 hyphens 属性值设为 auto。图 4-14 展示了 Firefox 中的结果。

```
p {
  hyphens: auto;
}
```

Orbit

The Moon is in synchronous rotation with Earth, always showing the same face
with its near side marked by dark volcanic maria that fill between the bright an-
cient crustal highlands and the prominent impact craters. It is the second-bright-
est regularly visible celestial object in Earth's sky after the Sun, as measured by il-
luminance on Earth's surface.

　　Although it can appear a very bright white, its surface is actually dark, with a
reflectance just slightly higher than that of worn asphalt. Its prominence in the
sky and its regular cycle of phases have, since ancient times, made the Moon an
important cultural influence on language, calendars, art, and mythology.

图 4-14　在 Firefox 中激活自动连字符功能，右侧毛边相对平滑了一些

要关闭连字符，可以将 hyphens 属性值设置为 manual，即手动模式。在手动模式下，软连字符机制会起作用。

4.2.3 多栏文本

把整篇文章的宽度都限制为 36em 可以达到限制版心宽度的目的，但对于大屏幕而言，却又

太浪费空间了，留着大片的空白很可惜！有时候，为了有效利用宽屏，可以把文本分成多栏，并对每栏的宽度加以限制。CSS Multi-column Layout Module 定义的属性可以让我们把文本内容切分成多个等宽的栏。

"Multi-column Layout"这个名字容易让人产生误会，以为使用它定义的属性，就可以在**页面**上创建带有栏和栏间距控制的网格布局。实际上并不是这样，这个模块定义的属性只是用来把网页中部分内容的版式转换成类似报纸上的分栏效果。当然，利用这些属性创建其他布局效果完全没问题，只是可能并非该模块的初衷罢了。

如果把我们之前设置的 `max-width` 增加到 `70em`，那么可以分成 3 栏。为此，要把 `columns` 属性设置为我们想要的最小宽度（见图 4-15）。栏间距通过 `column-gap` 属性控制：

```
article {
  max-width: 70em;
  columns: 20em;
  column-gap: 1.5em;
  margin: 0 auto;
}
```

THE MOON

The **Moon** (in Greek: σελήνη *Selene*, in Latin: *Luna*) is Earth's only natural satellite. It is one of the largest natural satellites in the Solar System, and, among planetary satellites, the largest relative to the size of the planet it orbits (its primary). It is the second-densest satellite among those whose densities are known (after Jupiter's satellite Io).

The Moon is thought to have formed approximately 4.5 billion years ago, not long after Earth. There are several hypotheses for its origin; the most widely accepted explanation is that the Moon formed from the debris left over after a giant impact between Earth and a Mars-sized body called Theia.

Orbit

The Moon is in synchronous rotation with Earth, always showing the same face with its near side

marked by dark volcanic maria that fill between the bright ancient crustal highlands and the prominent impact craters. It is the second-brightest regularly visible celestial object in Earth's sky after the Sun, as measured by illuminance on Earth's surface.

Although it can appear a very bright white, its surface is actually dark, with a reflectance just slightly higher than that of worn asphalt. Its prominence in the sky and its regular cycle of phases have, since ancient times, made the Moon an important cultural influence on language, calendars, art, and mythology.

Gravitational pull & distance

The Moon's gravitational influence produces the ocean tides, body tides, and the slight lengthening of the day. The Moon's current orbital distance is about thirty times the diameter of Earth, causing it to have an apparent size in the sky almost the same as that of the Sun, with the result that the Moon covers the Sun nearly precisely in total solar eclipse. This matching of apparent visual size will

not continue in the far future. The Moon's linear distance from Earth is currently increasing at a rate of 3.82 ± 0.07 centimetres per year, but this rate is not constant.

Lunar travels

The Soviet Union's Luna programme was the first to reach the Moon with unmanned spacecraft in 1959; the United States' NASA Apollo program achieved the only manned missions to date, beginning with the first manned lunar orbiting mission by Apollo 8 in 1968, and six manned lunar landings between 1969 and 1972, with the first being Apollo 11. These missions returned over 380 KG of lunar rocks, which have been used to develop a geological understanding of the Moon's origin, the formation of its internal structure, and its subsequent history. After the Apollo 17 mission in 1972, the Moon has been visited only by unmanned spacecraft.

Text fetched from "Moon" article on Wikipedia on the 23rd of February 2016.

图 4-15 文章内容自动重排为多栏，最小宽度 `20em`，但所有栏的总宽度不超过 `70em`

这里的 `columns` 属性是 `column-count` 和 `column-width` 属性的简写形式。如果只设置了 `column-count` 属性，浏览器会严格生成指定数量的栏，不管宽度如何。如果同时设置了 `column-count` 和 `column-width`，则前者会作为最大栏数，后者会作为最小栏宽。

```
columns: 20em; /* 在保证最小宽度 20em 的前提下，自动设置栏数 */

column-width: 20em; /* 同上 */
```

```
columns: 3; /* 3 栏，自动设置宽度 */

column-count: 3; /* 同上 */

columns: 3 20em; /* 至少 3 栏，每栏宽度至少 20em */

/* 以下两条声明的组合相当于以上代码的简写形式： */
column-count: 3;
column-width: 20em;
```

1. 后备宽度

为了在不支持多栏属性的浏览器中确保行长不会超过限度，可以在段落元素上应用 `max-width` 属性。这样一来，旧版本浏览器只会显示一栏，但仍然能保证可读性：

```
article > p {
  max-width: 36em;
}
```

2. 跨栏

在前面的例子中，文章中的所有元素都排在了栏内文本流中。其实可以让某些元素排到该文本流之外，强制它们伸长以达到跨栏效果。在图 4-16 中，文章标题和最后一段（包含来源链接）就横跨了所有栏：

```
.h1,
.source {
  column-span: all; /* 或 columne-span: none;，以关闭跨栏特性 */
}
```

THE MOON

The **Moon** (in Greek: σελήνη *Selene*, in Latin: *Luna*) is Earth's only natural satellite. It is one of the largest natural satellites in the Solar System, and, among planetary satellites, the largest relative to the size of the planet it orbits (its primary). It is the second-densest satellite among those whose densities are known (after Jupiter's satellite Io).

The Moon is thought to have formed approximately 4.5 billion years ago, not long after Earth. There are several hypotheses for its origin; the most widely accepted explanation is that the Moon formed from the debris left over after a giant impact between Earth and a Mars-sized body called Theia.

Orbit

The Moon is in synchronous rotation with Earth, always showing the same face with its near side marked by dark volcanic maria that fill between the bright ancient crustal highlands and the prominent impact craters. It is the second-brightest regularly visible celestial object in Earth's sky after the Sun, as measured by illuminance on Earth's surface.

Although it can appear a very bright white, its surface is actually dark, with a reflectance just slightly higher than that of worn asphalt. Its prominence in the sky and its regular cycle of phases have, since ancient times, made the Moon an important cultural influence on language, calendars, art, and mythology.

Gravitational pull & distance

The Moon's gravitational influence produces the ocean tides, body tides, and the slight lengthening of the day. The Moon's current orbital distance is about thirty times the diameter of Earth, causing it to have an apparent size in the sky almost the same as that of the Sun, with the result that the Moon covers the Sun nearly precisely in total solar eclipse. This matching of apparent visual size will not continue in the far future. The Moon's linear distance from Earth is currently increasing at a rate of 3.82 ± 0.07 centimetres per year, but this rate is not constant.

Lunar travels

The Soviet Union's Luna programme was the first to reach the Moon with unmanned spacecraft in 1959; the United States' NASA Apollo program achieved the only manned missions to date, beginning with the first manned lunar orbiting mission by Apollo 8 in 1968, and six manned lunar landings between 1969 and 1972, with the first being Apollo 11. These missions returned over 380 KG of lunar rocks, which have been used to develop a geological understanding of the Moon's origin, the formation of its internal structure, and its subsequent history. After the Apollo 17 mission in 1972, the Moon has been visited only by unmanned spacecraft.

Text fetched from "Moon" article on Wikipedia on the 23rd of February 2016.

图 4-16　首标题和最后一段都跨栏了

　　如果让位于文本流中间的一个元素横跨所有栏，那么文本会按照垂直切分后的几栏流动。在图 4-17 中，我们为 h2 元素应用了前面的规则，结果该标题前面后的文本分别灌入了各自的几个分栏。

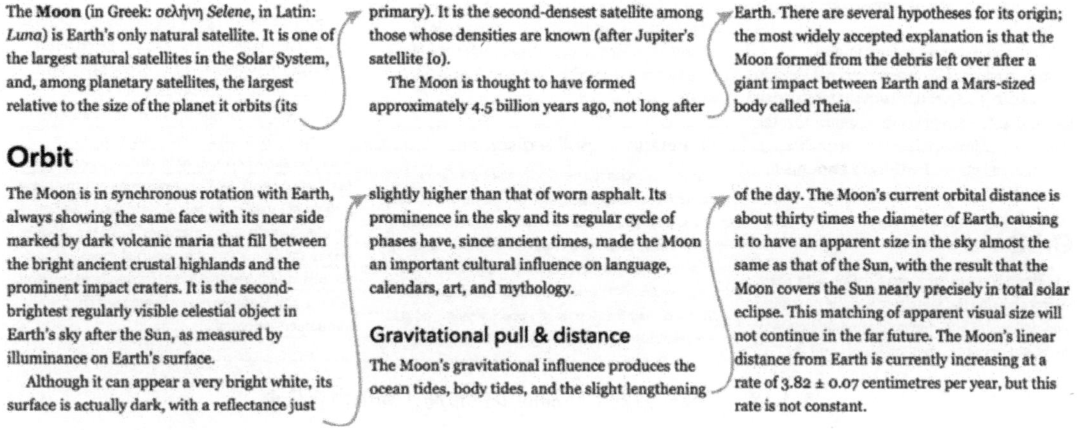

The **Moon** (in Greek: σελήνη *Selene*, in Latin: *Luna*) is Earth's only natural satellite. It is one of the largest natural satellites in the Solar System, and, among planetary satellites, the largest relative to the size of the planet it orbits (its primary). It is the second-densest satellite among those whose densities are known (after Jupiter's satellite Io).

The Moon is thought to have formed approximately 4.5 billion years ago, not long after Earth. There are several hypotheses for its origin; the most widely accepted explanation is that the Moon formed from the debris left over after a giant impact between Earth and a Mars-sized body called Theia.

Orbit

The Moon is in synchronous rotation with Earth, always showing the same face with its near side marked by dark volcanic maria that fill between the bright ancient crustal highlands and the prominent impact craters. It is the second-brightest regularly visible celestial object in Earth's sky after the Sun, as measured by illuminance on Earth's surface.

Although it can appear a very bright white, its surface is actually dark, with a reflectance just slightly higher than that of worn asphalt. Its prominence in the sky and its regular cycle of phases have, since ancient times, made the Moon an important cultural influence on language, calendars, art, and mythology.

Gravitational pull & distance

The Moon's gravitational influence produces the ocean tides, body tides, and the slight lengthening of the day. The Moon's current orbital distance is about thirty times the diameter of Earth, causing it to have an apparent size in the sky almost the same as that of the Sun, with the result that Moon covers the Sun nearly precisely in total solar eclipse. This matching of apparent visual size will not continue in the far future. The Moon's linear distance from Earth is currently increasing at a rate of 3.82 ± 0.07 centimetres per year, but this rate is not constant.

图 4-17　给文本流内部的元素应用 column-span: all 会垂直切分多栏文本流

几乎所有浏览器都支持上述多栏布局属性，IE9 及版本更早的 IE 除外。以下是几条使用建议。

❑ 几乎所有浏览器都需要使用合适的开发商前缀。

❑ Firefox 在本书写作时不支持 column-span 属性。

❑ 浏览器对多栏布局属性的实现存在不一致，而且还有一些 bug，其中多数集中于外边距折叠和边框渲染方面。Zoe Mickley Gillenwater 的文章 *Deal-breaker Problems with CSS3 Multi-columns* 讨论了这一话题。

3. 垂直律动与基线网格

　　前面提到过，在排版时运用一些数学关系很有好处。比如，对于不同标题的大小，我们采用"纯四度"关系（比率约为 1.26）。同时，所有标题都应用了值为 1.5rem（相当于一行正文高度）的 margin-top。此外，所有分栏的间距也是统一的。不少设计师非常信奉这种和谐的比例关系，把基本行高作为设计其他部分的基准。

　　在印刷设计中，这种律动关系的应用非常普遍，结果就是正文文本都会排进**基线网格**。即使标题、引用或其他页面部件时不时会打破这种律动，大的格局也不会受影响。这样不仅有助于读者眼球移动时轻松对准文本，还可以在双面印刷时避免背面的文本透过（薄）纸面，因为两面都遵循相同的基线。

　　在网页设计中，要保证基线准确可是麻烦多了，尤其是在视口会变、允许用户上传图片的情况下。不过在可能的情况下，还是有必要这样做的，比如使用多栏文本布局的时候。在图 4-18 中可以看到，由于标题的存在，各栏中的文本行并没有严格对齐。

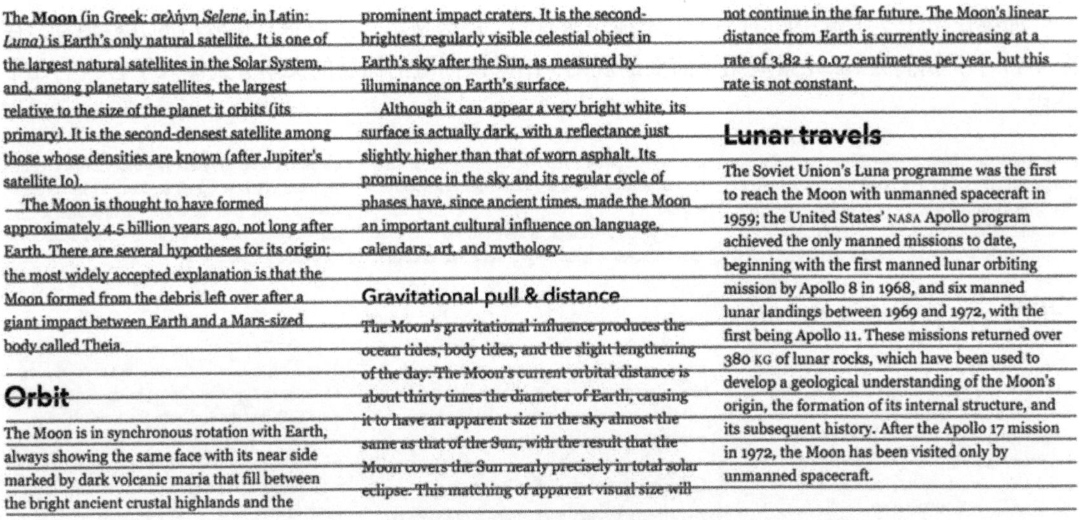

The **Moon** (in Greek: σελήνη *Selene*, in Latin: *Luna*) is Earth's only natural satellite. It is one of the largest natural satellites in the Solar System, and, among planetary satellites, the largest relative to the size of the planet it orbits (its primary). It is the second-densest satellite among those whose densities are known (after Jupiter's satellite Io).

The Moon is thought to have formed approximately 4.5 billion years ago, not long after Earth. There are several hypotheses for its origin; the most widely accepted explanation is that the Moon formed from the debris left over after a giant impact between Earth and a Mars-sized body called Theia.

Orbit

The Moon is in synchronous rotation with Earth, always showing the same face with its near side marked by dark volcanic maria that fill between the bright ancient crustal highlands and the prominent impact craters. It is the second-brightest regularly visible celestial object in Earth's sky after the Sun, as measured by illuminance on Earth's surface.

Although it can appear a very bright white, its surface is actually dark, with a reflectance just slightly higher than that of worn asphalt. Its prominence in the sky and its regular cycle of phases have, since ancient times, made the Moon an important cultural influence on language, calendars, art, and mythology.

Gravitational pull & distance

The Moon's gravitational influence produces the ocean tides, body tides, and the slight lengthening of the day. The Moon's current orbital distance is about thirty times the diameter of Earth, causing it to have an apparent size in the sky almost the same as that of the Sun, with the result that the Moon covers the Sun nearly precisely in total solar eclipse. This matching of apparent visual size will not continue in the far future. The Moon's linear distance from Earth is currently increasing at a rate of 3.82 ± 0.07 centimetres per year, but this rate is not constant.

Lunar travels

The Soviet Union's Luna programme was the first to reach the Moon with unmanned spacecraft in 1959; the United States' NASA Apollo program achieved the only manned missions to date, beginning with the first manned lunar orbiting mission by Apollo 8 in 1968, and six manned lunar landings between 1969 and 1972, with the first being Apollo 11. These missions returned over 380 KG of lunar rocks, which have been used to develop a geological understanding of the Moon's origin, the formation of its internal structure, and its subsequent history. After the Apollo 17 mission in 1972, the Moon has been visited only by unmanned spacecraft.

图 4-18   基线网格发生叠加的多栏布局，局部内容失调

下面我们做一下调整，让两个标题的上外边距、行高和下外边距加起来恰好等于 `line-height` 值的整数倍。这样，所有栏的文本基线就可以对齐了。

```
h2 {
  font-size: 1.75em; /* 28px */
  line-height: 1.25; /* 28*1.25 = 35px */
  margin-top: 1.036em; /* 29px */
  margin-bottom: .2859em; /* 8px */
}
h3 {
  font-size: 1.314em; /* 21px */
  line-height: 1.29; /* 1.29*21 = 27px */
  margin-top: .619em; /* 13px */
  margin-bottom: .38em;/* 8px */
}
```

起初，标题的 `line-height` 都是 `1.25`，但为了简化计算，我们做了相应调整。总体来看，`margin-top` 和 `margin-bottom` 的值是凭感觉设置的。不过重点在于，所有这些规则加起来恰好是正文行高的整数倍。h2 是 `72px`，h3 是 `48px`。这时候，三栏中正文的基线就完全对齐了（见图 4-19）。

The **Moon** (in Greek: σελήνη *Selene*, in Latin: *Luna*) is Earth's only natural satellite. It is one of the largest natural satellites in the Solar System, and, among planetary satellites, the largest relative to the size of the planet it orbits (its primary). It is the second-densest satellite among those whose densities are known (after Jupiter's satellite Io).

The Moon is thought to have formed approximately 4.5 billion years ago, not long after Earth. There are several hypotheses for its origin; the most widely accepted explanation is that the Moon formed from the debris left over after a giant impact between Earth and a Mars-sized body called Theia.

Orbit

The Moon is in synchronous rotation with Earth, always showing the same face with its near side marked by dark volcanic maria that fill between the bright ancient crustal highlands and the prominent impact craters. It is the second-brightest regularly visible celestial object in Earth's sky after the Sun, as measured by illuminance on Earth's surface.

Although it can appear a very bright white, its surface is actually dark, with a reflectance just slightly higher than that of worn asphalt. Its prominence in the sky and its regular cycle of phases have, since ancient times, made the Moon an important cultural influence on language, calendars, art, and mythology.

Gravitational pull & distance

The Moon's gravitational influence produces the ocean tides, body tides, and the slight lengthening of the day. The Moon's current orbital distance is about thirty times the diameter of Earth, causing it to have an apparent size in the sky almost the same as that of the Sun, with the result that Moon covers the Sun nearly precisely in total solar eclipse. This matching of apparent visual size will not continue in the far future. The Moon's linear distance from Earth is currently increasing at a rate of 3.82 ± 0.07 centimetres per year, but this rate is not constant.

Lunar travels

The Soviet Union's Luna programme was the first to reach the Moon with unmanned spacecraft in 1959; the United States' NASA Apollo program achieved the only manned missions to date, beginning with the first manned lunar orbiting mission by Apollo 8 in 1968, and six manned lunar landings between 1969 and 1972, with the first being Apollo 11. These missions returned over 380 KG of lunar rocks, which have been used to develop a geological understanding of the Moon's origin, the formation of its internal structure, and its subsequent history. After the Apollo 17 mission in 1972, the Moon has been visited only by unmanned spacecraft.

图 4-19　多栏布局的文章，应用了垂直律动，所有段落都排进了基线网格

4.3　Web 字体

目前为止，我们在示例中用到的都是用户电脑中安装的字体。Helvetica、Georgia 和 Times New Roman 等网页中常用的英文字体几乎每个电脑都有，因为 Windows 和 macOS X 操作系统多年来一直会预装它们。

多年来，设计师一直梦想着可以在网页中嵌入远程字体，就像他们在网页中插入图片一样。自 1997 年 IE4 面世以来，相应的技术就已经出现了，只不过到了 2009 年才被 Firefox、Safari 和 Opera 等浏览器普遍支持。

此后，Web 字体有了长足的发展。起初只是个人博客和网站的零星尝试，发展到今天，主流网站乃至政府机关的网站都开始采用定制的 Web 字体，见图 4-20。

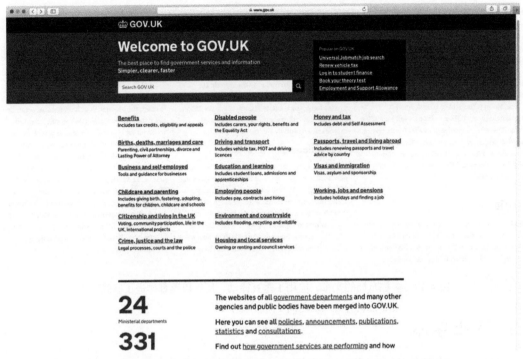

图 4-20　英国政府网站使用了 Margaret Calvert 和 Henrik Kube 设计的字体

4.3.1　许可

使用 Web 字体还有一个问题，那就是许可。最开始的时候，字体设计者在授权浏览器下载他们的字体方面非常谨慎，因为担心发生无法控制的侵权问题。这种担忧持续了几年才有所缓解。

多数字体设计者都施加了安全限制。比如，只允许从指定的域名下载字体，或者要求定期修改字体名，以防止盗链。

Web字体托管服务

尝试Web字体最简单的方式，就是使用Web字体服务。有一些是收费的，比如Adobe Typekit、Cloud.typography以及Fonts.com，它们会负责相关的一切。还有免费的Google Fonts，是Google汇总并托管的一些免费字体。

这些在线服务会帮用户处理设计者的许可事宜、支持把字体转换为多种格式，确保下载字体包含正确的字符集以及一些优化。然后，通过它们的高速服务器把字体提供给使用者。

使用这些托管服务可以选择一次性许可，也可以选择长期租用。使用字体托管服务的好处是，复杂的事情不用你考虑，你只要关心如何在自己的网站中使用这些字体就行了。

4.3.2　@font-face 规则

嵌入 Web 字体的关键是@font-face 规则。通过它可以指定浏览器下载 Web 字体的服务器地址，以及如何在样式表中引用该字体。

```
@font-face {
  font-family: Vollkorn;
  font-weight: bold;
  src: url("fonts/vollkorn/Vollkorn-Bold.woff") format('woff');
}
h1, h2, h3, h4, h5, h6 {
  font-family: Vollkorn, Georgia, serif;
  font-weight: bold;
}
```

前面的@font-face 块声明了在 font-family 值为 Vollkorn 且为粗体时应用该规则。之后提供了一个URL，供浏览器下载包含粗体字体的 Web 开放字体格式（WOFF，Web open font format）文件。

声明了新的字体 Vollkorn 后，就可以在随后的 CSS 中通过 font-family 属性正常使用它了。在前面的例子中，我们为页面中所有的标题元素应用了粗体 Vollkorn 字体。

1. 字体文件格式

虽然目前浏览器基本上都已经支持 Web 字体，但它们对字体文件格式的支持却不一致。字体格式的问题很复杂，涉及微软、苹果、Adobe 等公司的发展史。好在所有浏览器开发商都支持标准的 WOFF 格式，有的甚至支持较新的 WOFF2。如果你的项目需要支持 IE8 及更早版本的 IE、旧版本的 Safari 或早期的安卓设备，那么可能要多写几行代码，补足各种格式的字体文件，比如 SVG、EOT 和 TTF。

提示　如果你获得了某款 Web 字体的使用许可，可以通过 Font Squirrel 生成其他格式。

为了解决旧版本浏览器对字体格式支持的不一致问题，可以在@font-face 规则中声明多个 src 值（与 font-family 很像），包括 format()提示。然后，由浏览器来决定到底使用哪种格式。

做到这一步，基本上就可以实现 Web 字体的跨浏览器支持了。比如以下的@font-face 规则：

```
@font-face {
  font-family: Vollkorn;
  src: url('fonts/Vollkorn-Regular.eot#?ie') format('embedded-opentype'),
       url('fonts/Vollkorn-Regular.woff2') format('woff2'),
       url('fonts/Vollkorn-Regular.woff') format('woff'),
       url('fonts/Vollkorn-Regular.ttf') format('truetype'),
       url('fonts/Vollkorn-Regular.svg') format('svg');
}
```

以上例子涵盖了支持 EOT、WOFF（包括 WOFF2）、TTF 和 SVG 的所有浏览器，几乎就是现在市面上能见到的所有浏览器了。而且，通过在 src 的值中使用查询字符串，甚至可以满足

IE6~8 的古怪行为。这种称为"Fontspring 的@font-face 语法"的写法，详见 Ethan Dunham 的文章 *Further Hardening of the Bulletproof Syntax*，其中也提到了格式化及一些特殊情况。

注意   在 IE6~8 中使用 Web 字体还会出现其他一些问题，尤其是用到一款字体的多个变体的时候。这里不详细解释了，可以参考 Typekit 上的文章 *New from Typekit: Variation-specific Font-family Names in IE 6-8*。本书代码示例中也通过注释说明了解决办法。

本书后面用到 Web 字体的示例中，将只会使用 WOFF 和 WOFF2 格式。这样既可以支持多数主流浏览器，也能保证代码简单。

2. 字体描述符

@font-face 规则可以接受几个声明，多数是可选的。最常见的列举如下。

- ❑ font-family：必需，字体族的名称。
- ❑ src：必需，URL 或 URL 列表，用于下载字体。
- ❑ font-weight：可选的字体粗细，默认值为 normal。
- ❑ font-style：可选的字体样式，默认值为 normal。

要注意的是，这些声明与通常规则中的 font 属性不是一回事。这几个都不是属性，而是**字体描述符**（font descriptor）。它们不会改变字体，它们的值只是为了告诉浏览器在什么情况下可以触发使用这个特定的字体文件。

如果这里的 font-weight 值为 bold，那么就是告诉浏览器："如果 font-family 中字体的 font-weight 设置成了 bold，那么可以使用这里定义的字体文件。"此处有一个陷阱：假如 Vollkorn **只在这里**定义了这么一次，那么其他粗细也可以使用这里的字体文件，无论是否匹配。这是由于标准规定的浏览器加载和选择字体的原则：正确的 font-family 优先于正确的粗细值。

很多字型包含不同粗细、样式和变体的字体，因此可以在@font-face 块中使用相同的 Vollkorn 名称，但引用不同的字体文件。在下面的例子中，我们加载了两种不同的字型，声明了具体的粗细值和样式对应的字体文件：

```
@font-face {
  font-family: AlegreyaSans;
  src: url('fonts/alegreya/AlegreyaSans-Regular.woff2') format('woff2'),
       url('fonts/alegreya/AlegreyaSans-Regular.woff') format('woff');
  /* 字体粗细和样式都为默认值 normal */
}
@font-face {
  font-family: Vollkorn;
  src: url('fonts/vollkorn/Vollkorn-Medium.woff') format('woff'),
       url('fonts/vollkorn/Vollkorn-Medium.woff') format('woff');
  font-weight: 500;
}
@font-face {
  font-family: Vollkorn;
```

```
  font-weight: bold;
  src: url('fonts/vollkorn/Vollkorn-Bold.woff') format('woff'),
       url('fonts/vollkorn/Vollkorn-Bold.woff') format('woff');
}
```

在随后的样式表中，通过声明不同的粗细值，就可以分别使用不同的字体文件：

```
body {
  font-family: AlegreyaSans, Helvetica, arial, sans-serif;
}
h1, h2, h3, h4, h5, h6 {
  font-family: Vollkorn, Georgia, Times, 'Times New Roman', serif;
  font-weight: bold; /* 使用 Vollkorn Bold 字体 */
}
h3 {
  font-weight: 500; /* 使用 Vollkorn Medium 字体 */
}]
```

把这些样式应用到前面 Moon 的文章示例，可以看到使用无衬线 Alegreya 的正文和使用衬线 Vollkorn 的标题（见图 4-21）。此外，h1 和 h2 元素使用的是 Vollkorn Bold 字体文件，h3 使用的是 Vollkorn Medium，因为它的 font-weight 值是 500。

THE MOON

The Moon (in Greek: σελήνη *Selene*, in Latin: *Luna*) is Earth's only natural satellite. It is one of the largest natural satellites in the Solar System, and, among planetary satellites, the largest relative to the size of the planet it orbits (its primary). It is the second-densest satellite among those whose densities are known (after Jupiter's satellite Io).

　　The Moon is thought to have formed approximately 4.5 billion years ago, not long after Earth. There are several hypotheses for its origin; the most widely accepted explanation is that the Moon formed from the debris left over after a giant impact between Earth and a Mars-sized body called Theia.

Orbit

The Moon is in synchronous rotation with Earth, always showing the same face with its near side marked by dark volcanic maria that fill between the bright ancient crustal highlands and the prominent impact craters. It is the second-brightest regularly visible celestial object in Earth's sky after the Sun, as measured by illuminance on Earth's surface.

　　Although it can appear a very bright white, its surface is actually dark, with a reflectance just slightly higher than that of worn asphalt. Its prominence in the sky and its regular cycle of phases have, since ancient times, made the Moon an important cultural influence on language, calendars, art, and mythology.

Gravitational pull & distance

The Moon's gravitational influence produces the ocean tides, body tides, and the slight lengthening of the day. The Moon's current orbital distance is about thirty times the diameter

图 4-21　使用了新字体后的文章示例

警告　使用 Web 字体的一个常见错误就是在@font-face 块中把 font-weight 描述符设置为 normal，而在使用时却把 font-weight 设置为 bold 来引用它。这会导致有些浏览器认为该字体没有相应的粗体变体，因此会在原来的粗细基础上"模拟变粗"。

　　前面的例子可以说明 font-family 与新字型的工作机制。Alegreya Sans 不包含希腊字母，而 Moon 的希腊语翻译在括号里（见图 4-22）。对于希腊语字母，浏览器使用了后备字体，也就是 Helvetica。这从两种字体不一样的 x 高度就可以明显看出来。

The Moon (in Greek: σελήνη Selene, in Latin: Luna)

图 4-22　希腊字母使用了 font-family 中的后备字体，结果 x 高度不太一样

　　问题是，我们没有给 Alegreya 加载斜体字体文件，因此浏览器会在正常字体基础上"模拟斜体"。看看文章最后引用来源的斜体字母，就会更清楚这一点（见图 4-23）。

Text fetched from "Moon" article on Wikipedia on the 23rd of February 2016.

图 4-23　文章末尾一段的文本是模拟的斜体

　　好在 Alegreya 包含很多变体，只要新增一个@font-face 块并指向正确的文件，那么设置了 font-style: italic 的正文文本就不会存在这个问题了（见图 4-24）。

```
@font-face {
  font-family: AlegreyaSans;
  src: url('fonts/alegreya/AlegreyaSans-Italic.woff2') format('woff2'),
       url('fonts/alegreya/AlegreyaSans-Italic.woff') format('woff');
  font-style: italic;
}
```

Text fetched from "Moon" article on Wikipedia on the 23rd of February 2016.

图 4-24　使用真正的斜体

4.3.3　Web 字体、浏览器与性能

　　Web 字体给网页设计带来了很大的飞跃，但同时也给网页中的实际应用带来了一些麻烦。

　　首先，浏览器需要下载额外的字体文件，这显然会延长用户等待的时间。使用 Web 字体首先必须注意不要加载过多的字体文件。如果你自己托管自己的自定义字体，那么要确保设置适当的缓存首部，以避免不必要的网络开销。除此之外，浏览器在渲染这些字体时也有一些问题。

　　在下载 Web 字体的时候，浏览器有两种方式处理相应的文本内容。第一种方式是在字体下载完成前暂缓显示文本，术语叫 FOIT（flash of invisible text）。Safari、Chrome 和 IE 默认采用这种方式，问题是用户必须等待字体下载完成才能看到内容。如果用户的网络速度很慢，这个问题

会非常明显，如图 4-25 所示。

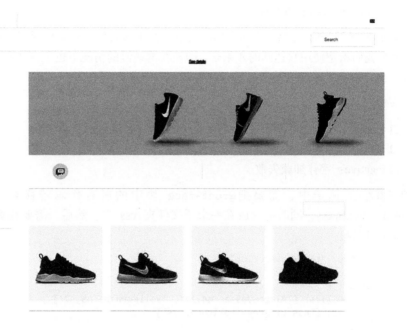

图 4-25　等待字体下载期间的 Nike 网站

　　第二种方式是在字体下载完成前，浏览器先用一种后备字体显示内容。这样可以避免因网速慢而引起的问题，但也会带来字体切换时的闪动问题。这个闪动有时候也被称为 FOUT（flash of unstyled text）。

　　FOUT 影响用户感知的速度，特别是在后备字体与 Web 字体的大小相差较多的情况下。如果在字体下载完成并应用的瞬间，网页内容跳跃过大，用户可能会失去焦点。

　　如果你想更好地控制浏览器处理 Web 字体的方式，包括如何显示 Web 字体和后备字体，那么可以选择使用 JavaScript 加载字体。

4.3.4　使用 JavaScript 加载字体

　　最近的 CSS Font Loading 规范定义了一个用于加载字体的实验性 JavaScript API，可惜这个 API 尚未得到浏览器的广泛支持。因此，需要借助第三方库来实现一致的字体加载体验。

　　Typekit 维护着一个开源 JavaScript 工具，叫 Web Font Loader。这个库体积很小，在浏览器支持的情况下，它会使用原生的字体加载 API；在浏览器不支持的情况下，它会模拟相同的功能。这个库内置支持一些 Web 字体服务，比如 Typekit、Google Fonts 和 Fonts.com，同时也支持自托管的字体。

可以下载这个库，也可以从 Google 的服务器上加载它，地址是 https://developers.google.com/speed/libraries/#web-font-loader。

Web Font Loader 提供了很多有用的功能，其中最有用的就是确保字体加载的跨浏览器一致性。此处我们希望使用它达到的效果是，即使在网速慢的情况下也不会妨碍用户阅读内容。换句话说，我们想在目标浏览器中实现一致的 FOUT 行为。

Web Font Loader 为以下事件提供了接入点。

- ❑ loading：开始加载字体。
- ❑ active：字体加载完成。
- ❑ inactive：字体加载失败。

在我们的例子中，需要把@font-face 块中的所有代码转移到一个独立的样式表 alegreya-vollkorn.css，同时把它放在一个子文件夹 css 中。然后，需要在页面头部添加一小段 JavaScript 代码：

```
<script type="text/javascript">
  WebFontConfig = {
    custom: {
        families: ['AlegreyaSans:n4,i4', 'Vollkorn:n6,n5,n7'] ,
        urls: ['css/alegreya-vollkorn.css']
    }
  };
  (function() {
    var wf = document.createElement('script');
    wf.src = 'https://ajax.googleapis.com/ajax/libs/webfont/1/webfont.js';
    wf.type = 'text/javascript';
    wf.async = 'true';
    var s = document.getElementsByTagName('script')[0];
    s.parentNode.insertBefore(wf, s);
  })();
</script>
```

这段代码既负责加载 Web Font Loader 脚本，又负责配置后面要使用的字体变体（代码中加粗的部分）。描述变体的代码在 font-family 名称后面，比如 n4 表示 "normal 样式，400 粗细"，以此类推。在这个样式表中的字体加载后，脚本会自动给 html 元素添加生成的类名。这样，我们就可以在 CSS 中提前编写加载新字体的规则。

```
body {
  font-family: Helvetica, arial, sans-serif;
}
.wf-alegreya-n4-active body {
  font-family: Alegreya, Helvetica, arial, sans-serif;
}
```

这两条 CSS 规则的含义是，在 Alegreya 字体加载前，使用准备好的后备字体。而在 Alegreya 字体加载后，脚本会给 html 元素添加 wf-alegreya-n4-active 类，于是浏览器马上启用新下载的字体。这样不仅能保证跨浏览器加载字体的一致性，还让我们有机会为后备字体和 Web 字体分别调整版式。

匹配后备字体大小

通过在字体加载期间应用类似的规则，可以控制因 Web 字体与后备字体大小不同带来的版式抖动。我们希望，在 Web 字体替代后备字体的瞬间，版式抖动尽可能细微且不易被用户察觉。

在我们的例子中，Alegreya 字体的 x 高度明显小于 Helvetica 和 Arial（后两个字体的尺寸差不多）。通过微调 `font-size` 和 `line-height`，可以让它们的高度尽量接近。同理，还可以通过 `word-spacing` 来微调字符宽度。这样做的结果是，使用后备字体时的版式与切换为使用 Web 字体时会相差无几。

```
.wf-alegreyasans-n4-loading p {
  font-size: 0.905em;
  word-spacing: -0.11em;
  line-height: 1.72;
  font-size-adjust:
}
```

提示 如果你想在文本中保持垂直律动，那么在使用上述技术时还要在另外几处调整这类属性，从而让不同的字型大小都对应着相同的版心宽度基准。

使用 Web Font Loader 要注意的另一件事是在 Web 字体加载后设置 `font-size-adjust` 属性。这个属性用于指定 x 高度与 `font-size` 的比率。在某个字形缺少合适字体的情况下，后备字体会被调整为该比率。这个比率通常是高度的一半（值为 `0.5`），但也可能不是，有可能导致后备字体与 Web 字体的差异非常明显。在这里我们用不着测量并设置一个数值，可以直接设置一个关键字 `auto`，让浏览器替我们做这件事：

```
.wf-alegreyasans-n4-active body {
  font-size-adjust: auto;
}
```

在写作本书时，Firefox 是唯一内置支持 `font-size-adjust` 属性的浏览器，而 Chrome 还是实验性支持。如果我们在 Firefox 中查看示例文章，如图 4-26 所示，可以看到希腊文字（Helvetica 字体）与旁边的 Alegreya 字体高度一样了。

The Moon (in Greek: σελήνη *Selene*, in Latin: *Luna*)

图 4-26　Firefox 用 Helvetica 字体显示希腊文字，x 高度已调整

4.4　高级排版特性

微软和 Adobe 在 20 世纪 90 年代开发的 OpenType 字体格式，支持在字体文件中包含字体的额外设定和特性。如果你使用的字体文件（.ttf、.otf 或.woff/.woff2 都有可能）包含 OpenType 特

性，那么在多数现代浏览器中都可以控制更多的 CSS 特性。这些特性包括字距调整（kerning）、连字（ligature）、替代数字（alternative numeral），以及饰线（swash）等装饰性笔画，如图 4-27 所示。

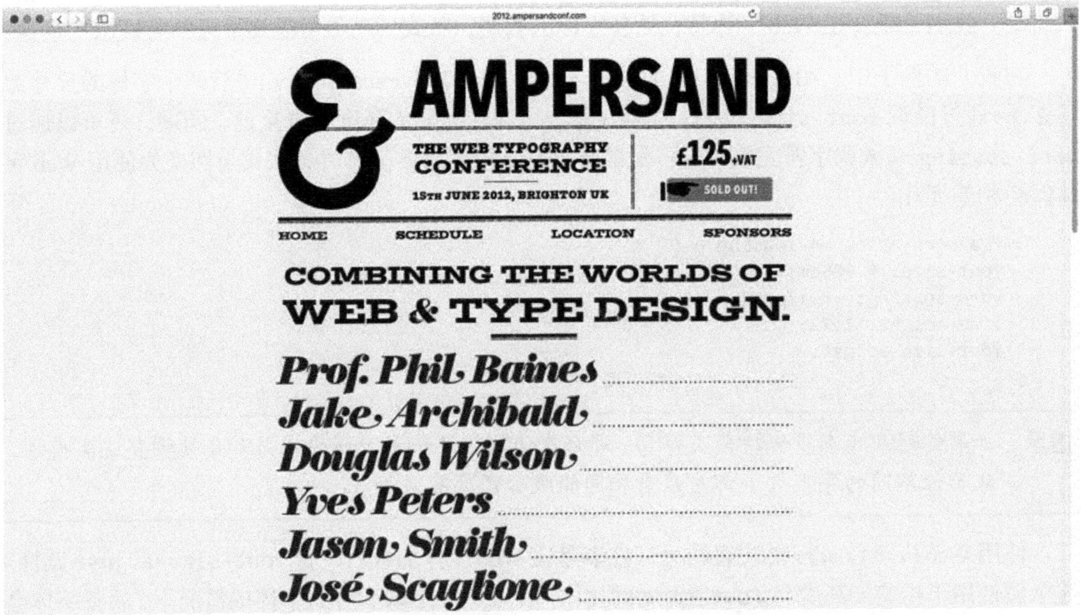

图 4-27　Ampersand 大会演讲嘉宾的名字使用了带饰线的 Fat Face 字体

CSS 字体规范中也有许多与 OpenType 对应的属性，比如 `font-kerening`、`font-variant-numeric` 和 `font-variant-ligatures`。浏览器对这些属性的支持并不一致，但我们可以通过另一个更低级的属性 `font-fearture-settings` 来控制相应的特性。不过最好是两个属性都使用，因为也有浏览器支持上述的对应属性而不支持这个低级属性。

`font-fearture-settings` 接受一些用于切换特性的值，就是 4 个字母的 OpenType 代码，其中也可以带有数值。比如，可以启用如图 4-28 所示的连字特性。

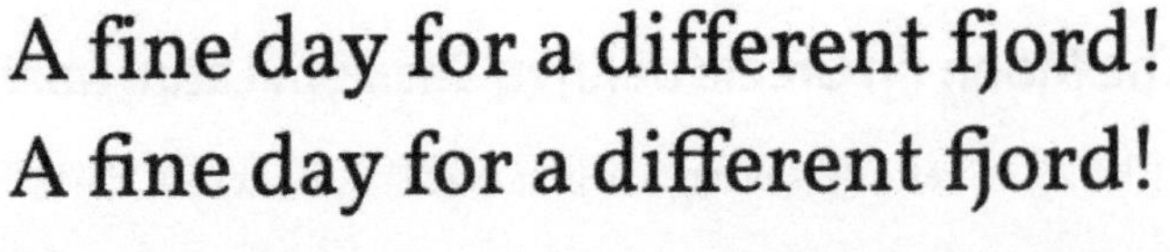

图 4-28　两行 Vollkorn 字体显示的文本，第一行没使用连字，第二使用了连字。注意相邻的 fi、ff 和 fj 相连接

字体设计者可以根据使用目的，为连字特性指定分类。为启用 Vollkorn 中内置的两种连字特性，标准连字（standard ligatures）和任意连字（discretionary ligatures），可以使用以下规则：

```
p {
  font-variant-ligatures: common-ligatures discretionary-ligatures;
  font-feature-settings: "liga", "dlig";
}
```

对支持 OpenType 的浏览器，通过对应的 `font-variant-ligatures` 属性始终可以默认启用标准连字特性，因此前面第一条声明里就没有把标准连字特性写出来。有些浏览器支持 `font-feature-settings` 属性，但语法不一样。另外一些浏览器可能要求在这个属性前面加上开发商前缀。总之，启用常用（common）和任意（discretionary）连字特性的完整规则如下：

```
h1, h2, h3 {
  font-variant-ligatures: discretionary-ligatures;
  -webkit-font-feature-settings: "liga", "dlig";
  -moz-font-feature-settings: "liga", "dlig";
  -moz-font-feature-settings: "liga=1, dlig=1";
  font-feature-settings: "liga", "dlig";
}
```

下面稍微解释一下。

- 影响 OpenType 特性的标准方式是使用加引号的 4 个字符的代码，后接一个关键字 on 或 off（可选），也可以后接一个数字（可选）。代码表示特定的状态，如果（像前面例子中一样）不写，则使用默认值 on。
- 以数字 0 表示状态相当于关闭特性。如果特性只有"开"和"关"两个状态，那么 1 就表示"开"。有的特性会包含多个"状态"，可以通过相应的数字来选择，具体数字的含义取决于字体以及你想启用的特性。
- 如果想一次性列出多个特性，值之间要用逗号隔开。
- 多数浏览器都以加前缀的属性实现这些特性，因此别忘了加上开发商前缀。
- 针对 Mozilla 浏览器的旧语法稍有不同：多个特性作为一个字符串写在一对引号中，特性之间以逗号隔开；每个特性的状态则以写在等号后面的数字表示。

完整的 OpenType 特性代码，可以在微软的这个网页中找到：https://docs.microsoft.com/zh-cn/typography/opentype/spec/featurelist。我们后面的例子将只使用标准的 `font-feature-settings` 属性，以及对应的特性属性。

4.4.1　数字

有些字体中包含多种数字形式。Georgia 或 Vollkorn 等字体会默认使用老式的数字，也就是数字跟字母一样，有上伸部分（ascender）和下伸部分（descender）。Vollkorn 也包含线性数字，即所有数字都位于基线以上、具有与大写字母一样的高度。我们通过如下代码分别展示了图 4-29 中的老式数字和线性数字：

```
.lining-nums {
  font-variant-numeric: lining-nums;
  font-feature-settings: "lnum";
```

```
}
.old-style {
  font-variant-numeric: oldstyle-nums;
  font-feature-settings: "onum";
}
```

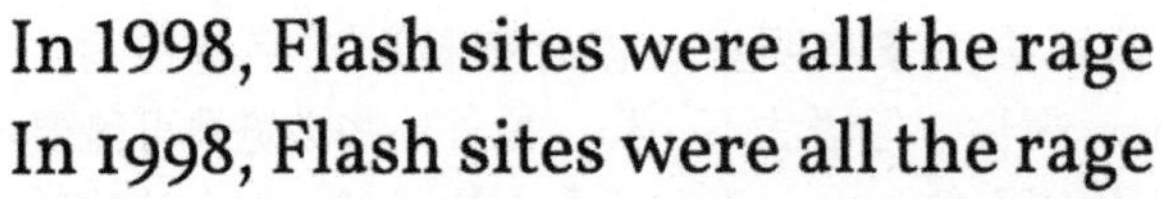

In 1998, Flash sites were all the rage

In 1998, Flash sites were all the rage

图 4-29　Vollkorn 的线性数字（上）与老式数字（下）

多数字体都有不同宽度的数字（比例数字），跟常规字母一样。如果你想在表格或列表中垂直对齐数字，那么可能就需要表列数字。我们通过如下代码组合使用了图 4-30 中的表列数字和线性数字：

```
table {
  font-variant-numeric: tabular-nums lining-nums;
  font-feature-settings: "tnum", "lnum";
}
```

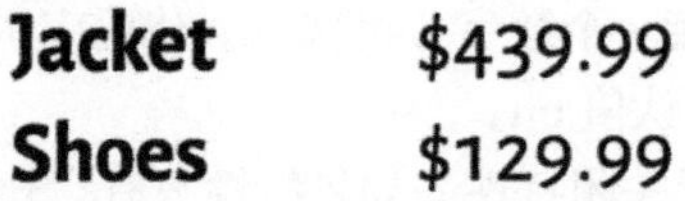

Jacket　　　$439.99

Shoes　　　$129.99

图 4-30　Alegreya Sans 的表列线性数字，右侧的价格虽然宽度不同，但仍然垂直对齐

4.4.2　字距选项及文本渲染

高品质字体中通常包含用于调整某些字形间距的数据。这种微调间距的过程叫作字距调整（kerning）。换句话说，有些字母之间需要加大间隔才不会显得拥挤，而有些字母之间需要缩小间隔才不会显得疏远。图 4-31 展示了一些字距调整的常见例子，这里我们启用了 Alegreya 字体的字距调整。

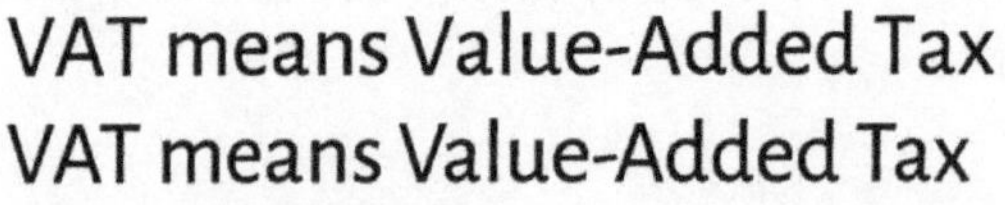

VAT means Value-Added Tax

VAT means Value-Added Tax

图 4-31　没有字距调整（上）和有字距调整（下）
的句子对比，注意 AT、Ad 和 Ta 的间距

浏览器在渲染文本时通常会基于已知的尺寸自动处理字距，不过我们也可以手懂设置现代浏览器读取字距调整数据。为此，可以设置 `font-kerning` 属性，或者启用 OpenType 的 `kern` 特性：

```
.kern {
  font-kerning: normal;
  font-feature-settings: "kern";
}
```

关键字 normal 告诉浏览器从字体中读取字距调整数据（如果有的话）。而 auto 关键字则允许浏览器自作主张，只在它认为合适的时候开启字距调整。比如，在文本很小的情况下，浏览器可能就不会多此一举。最后，如果要明确告诉浏览器不进行字距调整，就使用 none。

注意　在有些浏览器中，启用其他 OpenType 特性（如连字）可能自动触发字距调整。因此，如果你希望连字但不调整字距，就需要明确告诉浏览器不进行字距调整。反之，启用 kern 特性也可能触发常见或标准连字特性。

不要使用text-rendering属性

设置text-rendering: optimizeLegibility是启用字距调整并同时启用连字的另一种方式。这不是CSS标准的方式，而是SVG规范中的一个属性，用于告诉浏览器选一种方法来渲染SVG中的字母。这个属性的值还有optimizeSpeed（性能优先）、optimizeGeometric-Precision（更精确）或optimizeLegibility（可读性）。

这个属性出现时间不短了，也得到了浏览器较好的支持，因此很多网站会采用。在WebKit浏览器支持font-feature-settings属性以前，这个属性是在旧版浏览器中激活相应特性的唯一方法。然而，这个属性存在一些严重的渲染问题，建议你最好不使用它。

4.5　文本特效

网页排版虽然还有很多方面值得探讨，但也别忘了偶尔还会有让我们抓狂的标题和 logo。本节我们就来看几个例子，看看怎么创造抓人眼球的效果。

4.5.1　合理使用文本阴影

CSS 的 text-shadow 属性可以用来给文本绘制阴影。给大篇幅的正文文本加阴影不是什么好主意，因为会降低可读性。对于标题或短文本，阴影倒是大有用武之地，非常适合模拟凸版印刷或者喷涂效果。

text-shadow 属性的语法非常直观，需要指定相对于源文本 x 轴和 y 轴的偏移量（可正可负）、模糊距离（0 意味着完全不模糊）和颜色值，由空格分隔（见图 4-32）：

```
h1 {
  text-shadow: -.2em .4em .2em #ccc;
}
```

图 4-32　简单的文本伸展阴影；大于 0 的任何伸展值都意味阴影是模糊的

　　除此之外，还可通过用逗号分隔来给文本添加多组阴影。多组阴影会按先后次序堆叠，先定义的在上，后定义的在下。

　　为同一段文本添加多组阴影可以模拟出压印或浮雕的效果，方法就是在文本上方和下方加上偏暗或偏亮的阴影（见图 4-33）。偏亮或偏暗阴影的偏移取决于文本相对于背景的明度。暗文本上方加亮阴影且下方加暗阴影就是通常的压印效果，反之亦然。

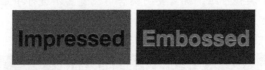

图 4-33　简单的"凸版印刷"效果

以下代码示例展示了两种不同的效果：

```
.impressed {
  background-color: #6990e1;
  color: #31446B;
  text-shadow: 0 -1px 1px #b3d6f9, 0 1px 0 #243350;
}
.embossed {
  background-color: #3c5486;
  color: #92B1EF;
  text-shadow: 0 -1px 0 #243350, 0 1px 0 #def2fe;
}
```

　　进一步发挥想象力，还可以利用多组阴影创造出 3D 效果，比如仿手写广告牌字体。沿对角线每隔 1 像素叠加一个实心阴影就可以创造出这个效果：

```
h1 {
  font-family: Nunito, "Arial Rounded MT Bold", "Helvetica Rounded", Arial, sans-serif;
  color: #d0bb78;
  text-transform: uppercase;
  font-weight: 700;
  text-shadow:
    -1px 1px 0 #743132,
    -2px 2px 0 #743132,
    -3px 3px 0 #743132,
    /* 以 1px 为单位累加 */
    -22px 22px 0 #743132,
    -23px 23px 0 #743132;
}
```

　　图 4-34 所示的效果给我们一种 20 世纪 70 年代的感觉。图中使用的文字采用 Google Fonts 的字体 Nunito。

图 4-34　大量文本阴影沿对角线偏移的效果

为了让文字的仿手写体效果更突出，我们再下点功夫。首先，用一批白色阴影给文字加上轮廓。这是因为，广告画工为了在字母油漆未干时就可以继续画阴影，通常会在字母和阴影间留一些空隙。为了把文字边缘包住，我们得在各个方向上偏移，加上白色阴影。

其次，我们再运用一个技巧，让阴影颜色沿偏移方向渐变，从而更像 3D 效果。为此，需要亮阴影和暗阴影交错地偏移。这样，利用这些阴影的堆叠，就让一种颜色水平方向比较突出，另一种颜色垂直方向比较突出。最终结果如图 4-35 所示。

图 4-35　最终的 3D 阴影效果的标题

以下是实现上述两个技巧的代码：

```
h1 {
  /* 省略了一些属性 */
  text-shadow:
      /* 首先，各个方向上的白色阴影构成轮廓 */
      -2px 2px 0 #fff,
      0px -2px 0 #fff,
      0px 3px 0 #fff,
      3px 0px 0 #fff,
      -3px 0px 0 #fff,
      2px 2px 0 #fff,
      2px -2px 0 #fff,
      -2px -2px 0 #fff,
      /* ……其次，交错叠加的阴影让颜色沿两个方向凸显 */
      -3px 3px 0 #743b34,
      -4px 3px 0 #a8564d,
      -4px 5px 0 #743b34,
      -5px 4px 0 #a8564d,
      -5px 6px 0 #743b34,
        /* ……继续叠加…… */
      -22px 21px 0 #a8564d,
      -22px 23px 0 #743b34,
      -23px 22px 0 #a8564d,
      -23px 24px 0 #743b34;
}
```

关于在网页中再现这种复古风的更多技术，可以参考 Typekit Practice 的文章 *Using Shades for Eye-catching Emphasis*。这篇文章中还给出了很多学习 Web 排版的有用资源。

几乎所有浏览器都支持 text-shadow 属性，只有 IE9 及更早的 IE 不行。对于支持它的浏览器而言，由于绘制阴影开销比较大，请不要滥用。

4.5.2　使用 JavaScript 提升排版品质

也有 CSS 不能完全胜任的情况，比如可以通过:first-letter 伪元素选中一段文本的第一个字母，但没有选择符能单独选择其他字母。假如想让每个字母拥有不同的颜色，那唯一的办法就是把每个字母都单独包装在一个元素（如 span）中，然后以元素为目标来选择。这个办法也不是十分可靠，特别是在你无法手动控制标记的情况下。

好在我们可以通过 JavaScript 来创建其他字母的接入点。jQuery 插件 lettering.js 可以帮上我们的忙。这个插件的一位设计者兼开发者是 Trent Walton。图 4-36 展示了他的个人网站使用 lettering.js 创造的标题效果。

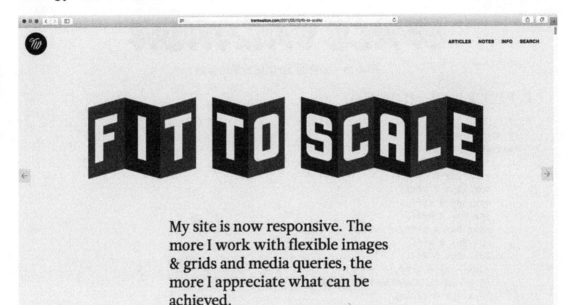

图 4-36　使用 lettering.js 这个 jQuery 插件创建标题的示例

除了这个插件，还有海量的其他 JavaScript 解决方案，可以帮我们尽情处理文本。下面推荐几个。

- fitText.js：由 Paravel 公司 lettering.js 开发团队开发的另一款 jQuery 插件，可以让文本随页面大小缩放。
- BitText.js：Filament Group 的 Zach Leatherman 写的脚本，可以让一行文本放大到尽可能与包含它的容器一般大。
- Widowtamer：Gridset.com 的 Nathan Ford 写的脚本，通过在一段的末尾每隔一定距离就在单词间插入非换行空白符，来防止出现意外的孤行。

注意　SVG 也支持一些很酷的文本特效，但超出了本书的范畴。本书第 12 章在介绍高级视觉效果技术时，还会简单介绍一下通过 SVG 实现可伸缩文本。

4.6 寻找灵感

网页排版是一个只要肯投入时间反复试验，就能不断取得突破的领域。排版又是一个拥有数百年历史和传统的行业，我们鼓励大家多探索、多实践，让传统与现代相结合，在网页排版上产出更多的创意。

关于排版，有一本权威著作，即 Robert Bringhurst 的 *The Elements of Typographic Style*。这本书讲解了关于排版的方方面面，也包括本章所讨论的各种特性，比如垂直律动、连字和词间距。

前面提到的 Richard Rutter 在积极探索把 Bringhurst 书中提到的排版技术迁移到网页排版上的最佳实践。他的 *The Elements of Typographic Style Applied to the Web* 介绍了怎么把传统排版应用到 HTML 和 CSS。如果你有兴趣探索网页排版的种种规则与实践，可以读一读。

关于如何利用 CSS 再现传统排版技艺的另一本著作是 *Butterick's Practical Typography*。

最后，Jake Giltsoff 收集了关于排版的在线资源，包含很多关于设计和编码的有价值的信息（ https://typographyontheweb.com/ ）。

记住，只要你向网页中加入**任何**文本，你就是在排版。

4.7 小结

本章大致过了一遍 CSS 中文本和字体的属性，介绍了如何利用它们最大化地保障可读性和灵活性。利用多栏布局模块，可以实现报纸式的版式。而行高及其他间距属性则可以让我们的排版做到垂直律动。

我们学习了通过@font-face 规则加载自定义字体，以及影响加载字体文件的各种参数。此外还简单探讨了如何使用 Web Font Loader 这个 JavaScript 库来提高字体加载的感知速度。

为了对排版进行更细致的控制，我们学习了 OpenType 的诸多特性，包括连字、替代数字和字距调整，以及如何通过 font-feature-settings 属性从更基础的层面控制这些特性的开启和关闭。

最后，我们探索了几个更激进的标题及海报效果的排版技术，涉及文本阴影和利用 JavaScript。

下一章，我们将学习让网页排版更上一层楼的技术：使用图片、背景颜色、边框和阴影。

第 5 章

漂亮的盒子

通过前几章的内容，我们知道了 HTML 文档中的所有元素都由矩形盒子构成的——不管是包含页面结构的容器元素，还是段落中的每行文本，归根结底都是盒子。而上一章中，我们重点学习了如何给页面中的文本内容添加样式。

如果不能对上述这些盒子做点什么，不能控制它们的颜色、形状和背景，那么网页排版也很难有精彩的突破和创意。CSS 的背景、阴影和边框属性正是为此而生，当然还有通过 img 元素插入的图片，以及其他嵌入对象。

本章内容：

- ❑ 背景颜色及各种不透明度设置
- ❑ 使用背景图片及不同的图片格式
- ❑ 使用 calc() 函数对长度值进行数学计算
- ❑ 给盒子添加阴影效果
- ❑ 简单和高级的边框效果
- ❑ 通过 CSS 生成渐变
- ❑ 控制图片及其他嵌入对象的样式和大小

5.1 背景颜色

我们先从一个非常简单的例子开始：为整个页面添加背景颜色。以下代码会把页面背景设置成草绿色：

```
body {
  background-color: #bada55;
}
```

也可以直接使用更短的 background 属性：

```
body {
  background: #bada55;
}
```

这两个属性有什么区别？第二个属性 background 是一个简写属性，通过它可以一次性地设置与背景相关的多个属性。在前面的例子中，表面上我们只通过这个简写属性声明了背景颜色。实际上，使用这个属性的同时也设置了除背景颜色之外的其他值（比如背景图片），只不过把其他属性重置为了默认值。如果你不注意的话，简写属性可能会意外覆盖前面已经设置的值，本章后面会对此详细说明。

颜色值与不透明度

在前面涉及颜色的例子里，我们使用了**十六进制**表示法指定了颜色。所谓十六进制表示法，就是一个#后面加上 6 位十六进制数字构成的字符串。这个字符串由 3 组数字（每组各 2 位）构成，每个数字的取值范围是 0~F。十六进制的意思就是每个数字都可能有 16 种不同的值，因此除了 0~9 这 10 个数，还要用 A~F 补足第 11~16 位数：

`0123456789ABCDEF`

3 组数字分别表示颜色中的红、绿、蓝（RGB）通道的值。每种颜色通道的值有 256 种可能，也就是 2 位十六进制数所能表示的可能性（16×16 = 256）。

如果 3 组数字中每组的 2 位数字相同，可以简写成 3 位数字，比如#aabbcc 可以简写成#abc，#663399 可以简写成#639，等等。

提示　颜色值也可以用预定义的关键字表示，比如 red、black、teal、goldenrod 或 darkseagreen。有些关键字的名字非常古怪，因为它们源自一个古老的图形处理系统，叫 X11。这个系统的开发者从一盒蜡笔的颜色中选取了这些关键字。
　　实际上，除了有助于快速排错，好像没什么理由使用这些关键字。因此，本书会使用更为精确的表示法。

RGB 值可以用另一种方式表示，即 rgb() 函数式表示法。RGB 的每个值可以是一个十进制数值，取值范围为 0~255；也可以是一个百分比值，取值范围为 0%~100%。用 rgb() 表示法表示前面例子中的背景颜色，结果如下：

```
body {
  background-color: rgb(186, 218, 85);
}
```

十六进制及 rgb() 函数表示法从 CSS1 诞生起就有了。最近，CSS 规范又提供了新的表示颜色的方法：hsl()、rgba() 和 hsla()。

首先来看看 hsl() 函数式表示法。十六进制和 RGB 表示法反映的都是计算机如何在显示器上显示颜色，即红、绿、蓝三原色的混合。而 hsl() 函数表示法则反映了另一种描述颜色的方式：色相–饱和度–亮度（hue-saturation-lightness），即 HSL 模型。色相的值取自图 5-1 所示的**色轮**，在这个色轮上，颜色的融入关系取决于度数：红色在顶部（0 度），绿色在顺时针方向 1/3 圆的位置（120 度），而蓝色在 2/3 圆的位置（240 度）。

图 5-1　HSL 色轮

如果你用过图形处理软件，可能在选择颜色的时候见过这种色轮。使用 hsl() 语法需要传入三个参数，第一个是角度，第二和第三个是百分比值。这两个百分比值分别代表 "颜料" 的量（饱和度）和亮度。以下是使用 hsl() 表示法重写前面背景颜色后的示例：

```
.box {
  background-color: hsl(74, 64%, 59%);
}
```

注意，使用哪种表示法来表示颜色没有本质区别，它们只是表示同一事物的不同方法而已。

接下来要介绍的颜色表示法是 RGB 的加强版，叫 rgba()。其中，末尾的 a 表示 alpha，是用于控制透明度的阿尔法通道。如果你想设置同样颜色的背景，但透明度为 50%，可以这样做：

```
.box {
  background-color: rgba(186, 218, 85, 0.5);
}
```

第四个参数值表示透明度，取值范围为 0~1.0，1.0 表示完全不透明，0 表示完全透明。

最后，还有一种 hsla() 表示法。它与 hsl() 的关系跟 rgba() 与 rgb() 之间的关系一样，都可以接受一个表示透明度的参数，用以设置颜色的透明程度。

```
.box {
  background-color: hsla(74, 64%, 59%, 0.5);
}
```

知道了如何控制颜色的透明度之后，还应该知道 CSS 也提供另一种方式来控制透明度，那就是 opacity 属性：

```
.box {
  background-color: #bada55;
  opacity: 0.5;
}
```

这样会让 .box 元素拥有和前面的例子相同的颜色和透明度。那么两者有什么不同呢？在前面的例子中，我们只让背景颜色变得透明；而这里我们让整个元素都变透明了，**包括元素中包含**

的内容。使用 opacity 把一个元素设置为透明后，将无法再让其子元素变得不那么透明。

实践中，这意味着带透明度的颜色值非常适合半透明的背景和或文本，而较低的不透明度则会让整个元素有淡出效果。

警告 要注意文本与背景的对比度！虽然本书不是设计理论方面的书籍，但我们也想提醒大家，网页设计的目的是让用户获取你在页面上提供的信息。如果文本与背景的对比度太低，那么如果用户在强光照射下用手机浏览你的网站，或者用户屏幕本身的亮度不够，再或者用户视力不佳，都可能造成阅读障碍。推荐一个颜色对比度参考网站：Contrast Rebellion。

5.2 背景图片

添加背景颜色可以让页面色彩更加丰富。但有时候，我们也想使用图片作为元素的背景：可能是一些精巧细致的花纹，或者是用于辅助传达思想的照片，也可能是一张赋予页面气氛的大图（见图 5-2）。CSS 为我们实现这些目标提供了充足的工具。

图 5-2　图中的博客网站使用了远景模糊的彩图作为背景

5.2.1 背景图片与内容图片

先明确一个问题：什么时候图片应该用作背景图片？说到这儿，可能有读者已经想到，

HTML 中专门有一个 img 元素，用于向页面中插入内容图片。那么，什么时候该通过 HTML 使用内容图片，什么时候该通过 CSS 使用背景图片呢？

简而言之，如果图片从网页中去掉之后，网页本身仍然有意义的，那么该图片就可以当作背景图片。或者换个角度说，如果网站的观感完全变了一个样，但图片本身仍然具有意义，那么该图片就可以当作内容图片。

当然，有时候二者之间的界限并不那么分明，而你可能会迁就一下以实现特定的视觉效果。但有一点要记住，如果 img 标签中的内容图片纯粹是为了装饰页面才加的，那么在有些情况下可能最好只保留文本，比如内容源阅读器或搜索结果页。

5.2.2　简单的背景图片示例

假设我们在设计一个页面，要像 Twitter 或 Facebook 等社交网站的用户首页一样，需要显示各式各样的页头（见图 5-3）。

图 5-3　Twitter 的个人首页示例

我们的页面是一个猫咪社交网站，而本章将会利用各种不同的属性，打造一个如图 5-4 所示的页头组件。

图 5-4　大幅页头图和带个人信息的头像

首先设置一个灰蓝色的默认背景颜色，再添加一个背景图片。添加默认背景颜色很重要，以防图片加载失败：

```
.profile-box {
  width: 100%;
  height: 600px;
  background-color: #8Da9cf;
  background-image: url(img/big-cat.jpg);
}
```

组件的 HTML 代码如下：

```
<header class="profile-box">
</header>
```

结果如图 5-5 所示，图片在整个元素盒子范围内平铺，呈拼贴状。

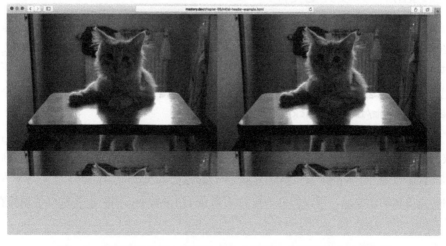

图 5-5　背景图片在横、竖两个方向上平铺，布满了整个元素盒子

为什么图片会平铺到整个元素盒子呢？这是由背景图片的另一个相关属性 background-repeat 的默认值决定的。background-repeat 属性的默认值为 repeat，意思是背景图片要沿 *x* 轴和 *y* 轴重复。这个特性对花纹图案的背景图片非常有用，但对照片可能就不合适了。可以明确声明 repeat-x 或 repeat-y 来限定图片只沿某个轴的方向重复，但在此要通过 no-repeat 完全禁止重复：

```
.profile-box {
  background-image: url(img/cat.jpg);
  background-repeat: no-repeat;
}
```

Level 3 Backgrounds and Borders 规范重新定义了这个属性，扩展了语法，并增加了关键字。首先，支持以空格分隔的针对两个方向的关键字声明语法。换句话说，以下声明等价于使用 repeat-x：

```
.profile-box {
  background-repeat: repeat no-repeat;
}
```

其次，增加了新关键字。在支持的浏览器中，可以单独或一起设置 space 和 round 关键字。space 的意思是，如果（未经裁剪和缩放的）背景图片可以在元素内部完全重复两次以上，那么它就会重复相应的次数，重复的图片之间填充空白，从而让第一张和最后一张图片都紧挨着元素的边缘。round 则意味着图片会被缩放，从而恰好能在元素中重复整数次。

说实话，这些新的重复特性没太大用处。如果你想用符号或图案作为背景，从而让设计保持某种对称性，它们可能有用，但同时也会带来如何设置图片宽高比的难题。当然，浏览器的支持也参差不齐：旧版本浏览器不支持，甚至连最新版本的 Firefox 也不支持。

5.2.3 加载图片（以及其他文件）

像前面的例子那样使用 url() 函数式表示法时，可以使用相对路径，如 url(img/cat.jpg)。浏览器此时会在保存当前样式表的目录的 img 子目标中寻找图片。如果路径以一个斜杠开头，如 /img/cat.jpg，则浏览器会在相对于 CSS 文件所在域的顶级目录的 img 子目录中寻找图片。

这里也可以使用绝对路径，那就要把协议、域名、路径和文件名都写全，比如 http://example.com/img/my-background.jpg。

除了相对路径和绝对路径，加载图片（或其他资源）也可以不指向文件，而是在样式表中直接嵌入数据。这时候要用到**数据 URI**（data URI），数据 URI 的值是由文件中二进制编码的数据转换而来的长字符串。有很多工具可以帮我们实现这种转换，包括在线工具，比如 http://duri.me/。

拿到转换得到的结果后，可以将其直接粘贴到 url() 函数中，同时也将这些数据保存在样式表里。下面是一个使用数据 URI 的例子：

```
.egg {
  background-image:
```

```
        url(data:image/png;base64,iVBORw0KGgoAAAANSUhEUgAAAC gAAAAoAQAAAACkhYXAAAAAjElEQVR4AWP…
        /* ...and so on, random (?) data for a long time.. */
...4DwIMtzFJs99p9xkOXfsddZ/hlhiY/AYib1vsSbdn+P9vf/1/hv8//oBIIICRz///
r3sPMqHsPcN9MLvn1s6SfIbbUWFl74HkdTB5rWw/w51nN8vzIbrgJDuI/PMTRP7+ByK//68HkeUg8v3//WjkWwj5G0R+
+w5WyV8P1gsxB2EmwhYAgeerNiRVNyEAAAAASUVORK5CYII=);
}
```

开头的 `data:image/png;base64` 告诉浏览器后面是什么文件的数据，接下来的内容则全部是转换为字符的实际像素数据。

使用嵌入的数据 URI 有好处也有坏处。使用它主要是为了减少 HTTP 请求，但与此同时也会增加样式表体积，因此请慎重使用。

5.2.4 图片格式

网页中可以使用的图片格式很多，既可以作为内容图片，也可以作为背景图片。以下是简单的列举。

- ❑ JPEG：一种位图格式，有损压缩，压缩率越高，损失细节越多，适合照片。不支持透明度设置。
- ❑ PNG：一种位图格式，无损压缩，不适合照片（因为文件会很大），适合图标、插图等小尺寸文件。支持阿尔法透明度设置。
- ❑ GIF：早期的位图格式，与 PNG 类似，主要用于动图。严格来讲，除动图外，GIF 基本已被 PNG 取代。实际上 PNG 也支持动图，只是浏览器支持落后。GIF 支持透明度设置，但不支持阿尔法分极，因此边缘会有"锯齿"。
- ❑ SVG：一种矢量图形格式，本身也是一种标记语言。SVG 可以直接嵌入到网页中，也可以作为资源引用；可以作为背景图，也可以作为内容图。
- ❑ WebP：Google 开发的一种新图片格式，结合了 JPEG 的高压缩率和 PNG 的阿尔法透明特性。目前，浏览器对 WebP 的支持还参差不齐（只有 Chrome 和 Opera 等 Blink 核心的浏览器支持），但应该很快会普及。

以上除了 SVG 都是位图格式的。位图意味着文件会包含每个像素的数据，拥有内在的维度（宽度和高度）。对于细节丰富的图片，比如照片或详细示意图，位图很合适。但很多情况下，真正合适的则是 SVG 图形，其文件中包含的是如何在屏幕上绘制图形的指令。由于包含的是指令，SVG 图形可以任意缩放，也可以在任意像素密度的屏幕上清晰呈现。换句话说，SVG 图形永远不会丢失细节，也不会出现"锯齿"。

SVG 本身是一个非常庞大的主题，几本书可能都写不完（市面上也确实有不少相关图书）。不过，我们仍然希望读者在阅读全书时（特别是第 11 章介绍前沿的 CSS 视觉特效时）特别留意一下 SVG 的灵活性。SVG 格式已经出现多年（1999 年左右开始出现），但直到近几年浏览器的支持跟上之后，它才成为可靠的替代格式。唯一有问题的可能就是 IE8 及更早版本的 IE，以及早期 Android 上的 WebKit 浏览器（WebKit 2 及更早版本）。

5.3   背景图片语法

回到图 5-5，我们开始使用 JPEG 格式的图片（因为是照片）来创建个人首页的示例。目前，图片已经平铺到元素的背景上，但看起来不太舒服。本节接下来将围绕介绍相关属性来一步步地调整这张背景图。

5.3.1   背景位置

下面我们尝试把背景图片定位到元素中心。背景图片的位置由 background-position 属性控制。

为了在更大的屏幕上也能覆盖整个元素，我们特意使用了大图（见图 5-6）。在较小的屏幕上，图片上端的边缘会被切掉，但至少图片是居中的。

```
.profile-box {
  width: 100%;
  height: 600px;
  background-color: #8Da9cf;
  background-image: url( img/big-cat.jpg );
  background-repeat: no-repeat;
  background-position: 50% 50%;
}
```

图 5-6   图片变大了，而且居中覆盖了整个元素

background-position 属性既可以使用关键字，也可以使用像素、em 或百分比。最简单的情况下，可以只给两个值：一个表示相对于左侧的偏移量，一个表示相对于顶部的偏移量。

注意 有些浏览器支持 background-position-x 和 background-position-y 属性，这两个属性分别用于独立地在每个轴向上定位图片。这两个非标准属性是 IE 最早提出来的，目前正在标准化的过程中。在本书写作时，Mozilla 系的浏览器还不支持它们。

如果使用像素或 em 单位来设置背景图片的位置，那么图片的左上角会相对于元素的左上角定位，也就是会偏移指定的数值。比如，要是在水平和垂直方向都指定了 20 像素，那么图片左上角就会偏移到距元素左边和上边均为 20 像素的点。如果设置背景图片的位置时使用了百分比，那么情况就不一样了。百分比值不像绝对数值那样会定位背景图片的左上角，而是定位图片中对应的点。如果水平和垂直方向都设置为 20%，那么你定位的实际上是距图片左边和上边各 20% 的点，而这个点会与距离父元素左边和上边各 20% 的点重合（见图 5-7）。

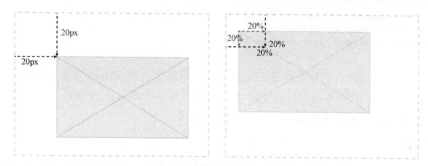

图 5-7　在使用像素定位背景图片时，使用图片的左上角；
使用百分比时，使用的是图片中对应的位置

使用关键字来对齐背景图片，要在 *x* 轴上用 left、center 或 right，在 *y* 轴上用 top、center 或 bottom。顺序一般都是先 *x* 轴后 *y* 轴。这样既能保持一致，又能一目了然，还能避免错误。在只使用两个关键字的情况下，规范并没有限定顺序（如可以用 top left）。但在一个关键字加上一个长度值的情况下，规则本身将无效，比如以下声明：

```
.box {
  background-position: 50% left; /* 不要这样写 */
}
```

背景图片定位的这一限制一直是很多问题的来源。以图 5-8 为例，这里的文本内容长度不定，后面跟着一个图标，图标四周有空白。此时没办法使用像素或 em 来定位图标，因为不知道它距左边缘有多远。

图 5-8　一行文本加一个靠近右边缘的背景图标

以前我们的解决方案有两种：其一是给这个图标一个包装元素，然后定位该元素；其二是使用背景图片，把 x 轴定位设为 100%，而图片右侧以透明像素形式加入空白区。其中使用 CSS 的后一个方案并不完美，因为不能通过 CSS 控制空白区。好在 Level 3 Backgrounds and Borders 规范给出了新方案。

新语法允许给 background-position 添加外边空声明，先写边界关键字，再写长度值。代码如下：

```
<p>
  <a href="/activate" class="link-with-icon">Activate flux capacitor</a>
</p>

.link-with-icon {
  padding-right: 2em;
  background-image: url(img/icon.png);
  background-repeat: no-repeat;
  background-position: right 1em top 50% ;
}
```

这个例子意味着把图片定位在距离右边缘 1em、距离上边缘 50%的位置。问题解决了！可惜 IE8 或 Safari 7 及更早的版本不支持这个新语法。读者可以根据自己的情况，在可用的时候使用这个语法，但在不支持它的浏览器中很难做到优雅降级。

calc()函数

使用另一个 CSS 特性，可以实现与前面示例相同的效果，但支持度可能更高一些。这个特性就是 calc()函数式表示法。使用 calc()可以让浏览器替你计算任何数值（角度、像素、百分比，等等），甚至还支持动态计算的混合单位。换句话说，可以让浏览器计算"100%+x 像素"，而这非常适合某元素以百分比缩放或定位时与使用 em 或像素单位冲突的情况。

对于前面讨论的"背景图片右侧定位"问题，可以使用 calc()表示法像下面这样表达同样的 x 轴定位：

```
.link-with-icon {
/* 为简洁起见，省略了其他属性 */
background-position: calc(100% - 1em) 50% ;
}
```

注意   IE9 也支持 calc()表示法，可惜与 background-position 一起使用时存在严重 bug，会导致浏览器崩溃。此时，前面的例子基本上只在理论上可行。不过 calc()的应用范围其实非常广泛，可用于计算元素大小、字体大小，等等。

---

calc()函数表示法可以与 4 个操作符一起使用：加（+）、减（-）、乘（*）、除（/）。可以给 calc 传入多个值，比如下面的声明完全有效：

```
.thing {
  width: calc(50% + 20px*4 - 1em);
}
```

注意　使用 calc() 时，需要在加号和减号两侧加空格。这是为了让浏览器把操作符与数值中的符号（如-10px 中的负号）区分开来。

calc() 是 Level 3 Values and Units 规范中定义的，受支持程度不错。与前面提到的 4 个值的背景定位新语法一样，IE8 及更早版本的 IE，以及旧版本的 WebKit 浏览器还不支持它。有些版本没那么旧的 WebKit 浏览器虽然支持，但要求使用 -webkit-calc() 这样带前缀的语法。

5.3.2　背景裁剪与原点

默认情况下，背景图片是绘制在元素边框以内的。如果（使用下面介绍的 background-origin）把背景图片定位到边框下方，而边框又被设置为半透明，那么图片边缘就会出现半透明的边框。

使用 background-clip 属性可以改变这个行为。这个属性的默认值为 background-clip: border-box，将其改为 padding-box 就可以把图片裁剪到内边距盒子以内。而 content-box 值则会把图片位于内边距及其之外的部分裁剪掉。图 5-9 展示了这 3 个值的区别。

```
.profile-box {
  border: 10px solid rgba(220, 220, 160, 0.5);
  padding: 10px;
  background-image: url(img/cat.jpg);
  background-clip: padding-box;
}
```

图 5-9　3 个值的区别，从左到右分别对应 border-box、padding-box、content-box

即使 background-clip 属性的值改变了，背景定位默认的原点（开始定位背景图片的参照点）仍然在代码中声明的内边距盒子（padding-box）的左上角。换句话说，定位值从元素边框内开始计算。

好在我们也可以使用 background-origin 属性控制原点的位置。这个属性与 background-clip 一样，也接受盒模型相关的几个值：border-box、padding-box、content-box。

background-clip 和 background-origin 都是 Level 3 Backgrounds and Borders 规范定义的。该规范虽然已经发布很长时间了，但得到的支持仍然不足。同样，IE8 还是不支持，但这次即使较早的 Android 浏览器也支持了，只是要加 -webkit- 前缀。

5.3.3　背景附着

背景会附着在指定元素的后面，如果你滚动页面，那么背景也会随着元素移动而移动。可以通过 `background-attachment` 属性改变这种行为。如果想让示例中的大背景图在页面滚动时"粘"在页面上，可以使用以下代码：

```
.profile-box {
  background-attachment: fixed;
}
```

图 5-10 显示了页面滚动过程中的 3 张截图，随着页面滚动，头部好像藏到了页面后面，很酷的效果。

图 5-10　首页头部背景设为固定后的效果

除了 `fixed` 和默认值 `scroll`，还可以把 `background-attachment` 设为 `local`。这个属性值的效果不太容易通过纸面来展示。它与 `scroll` 的区别在于，`scroll` 会让背景图片相对于元素本身固定，而 `local` 则会让背景图片相对于元素中的内容固定。换句话说，如果元素设置了固定的大小，且 `overflow` 属性设置为 `auto` 或 `scroll`，因而其中的内容在超出元素范围时会出现滚动条，那么这种情况下，在元素内部滚动显示更多内容时，背景图片会随着内容移动。

桌面浏览器对 `local` 值的支持相对比较好，但相应的移动端浏览器则表现欠佳。当然，移动浏览器忽略这个属性（以及 `fixed` 值）是可以理解的。毕竟在触摸滚动的小屏幕上，元素内容滚动会造成可用性障碍。事实上，规范本身也允许在确实不合适的情况下忽略 `background-attachment` 属性。移动浏览器专家 Peter-Paul Koch 专门写过一篇这方面的文章，*New CSS Tests - CSS2 and Backgrounds & Borders*。

5.3.4　背景大小

在上一节的例子中，我们使用了一张大图覆盖了整个元素。这样的话，如果是在小屏幕上，那么图片会被剪切掉。反之，如果屏幕特别大，那么元素边缘可能出现空白。要避免上述情况，不管页面如何缩放，都让内容保持自己的宽高比，就要使用 `background-size` 属性。

给 background-size 明确指定一个值，可以重新设置图片大小，也可以让它随元素大小缩放而缩放。

如果还是那张大图，由于某种原因我们希望它显示得小一点，那么可以重新给它一个尺寸：

```
.profile-box {
  background-size: 400px 240px;
}
```

要让图片随元素缩放而缩放，则必须使用百分比值。不过要注意，百分比值并不是相对于图片固有大小，而是相对于容器大小。因此，简单地把图片宽度和高度都设置成百分比值，可能会因容器高度变化而导致图片变形。

更好的做法是只给一个维度设置百分比值，另一个维度设置关键字值 auto。比如，要是我们想让图片宽度始终保持为 100%（即 x 轴，第一个值），同时保持自己固有的宽高比（如图 5-11 所示），可以这样写：

```
.profile-box {
  background-size: 100% auto ;
}
```

图 5-11　使用百分比和 auto 关键字设置背景大小，可以让背景宽度始终填满元素

百分比值赋予了我们控制的灵活度，但也不是任何情况下都适用。有时候，我们会希望背景图片的任何一边都不要被切掉。还有一种情况，比如前面简介页面的头部区域，我们希望背景图片始终都能完全覆盖元素。好在 CSS 为此也提供了一些关键字值。

首先，可以把背景大小设置为 contain。这个值可以让浏览器尽可能保持图片最大化，同时不改变图片的宽高比。与前面的例子类似，但浏览器会自动决定哪一边使用 auto 值，哪一边使用 100%（见图 5-12）。代码如下所示：

```
.profile-box {
  background-size: contain;
}
```

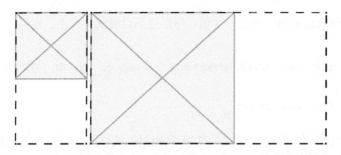

图 5-12   使用 contain 关键字设置背景大小，可以避免图片被裁切

在高而窄的元素中，方形背景最多 100% 宽，因此垂直方向会出现空白；而在较宽的元素中，背景最多 100% 高，因此水平方向会出现空白。

然后，第二个关键字是 cover，意思是图片会缩放以保证覆盖元素的每一个像素，同时不会变形。这正是我们希望的个人简介页面的效果。图 5-13 展示了一个矩形背景：在一个高而窄的元素中，元素高度会被填满，但图片左右两边会被切掉；而在一个较宽的元素中，元素宽度会被填满，但图片上下两边会被切掉。代码如下：

```
.profile-box {
  background-size: cover;
}
```

图 5-13   使用 cover 关键字完全覆盖元素，但会切掉部分图片

与之前介绍的裁剪和原点属性一样，background-size 也是相对较新的背景属性，受支持程度也相似。

5.3.5   背景属性简写

本章一开始我们也看到了，有一个 background 简写属性，可以同时设置一堆背景相关的属性。通常，通过这个简写属性指定的具体属性值的顺序可以随意，浏览器会自己弄明白你写的关键字和语法的含义。不过也有两点需要注意。

第一，因为两个长度值既可以用于 background-position，也可以用于 background-size，

所以两个都需要声明，而且要先声明 background-positon，后声明 background-size，值之间以斜杠（/）分隔。

第二，因为*-box 关键字（border-box、padding-box 或 content-box）既可以用于 background-origin，也可以用于 background-clip，所以有如下规则：

- 如果只存在一个*-box 关键字，则 background-origin 和 background-clip 都取这个关键字值；
- 如果存在两个*-box 关键字，则第一个设置 background-origin，第二个设置 background-clip。

下面是一个综合了各种背景属性的例子：

```
.profile-box {
  background: url(img/cat.jpg) 50% 50% / cover no-repeat padding-box content-box #bada55;
}
```

本章开头也提到过，使用 background 这个简写属性千万得注意：它会把所有没有明确指出的属性都重置为其默认值。因此，如果要使用它，应该把它放在声明的第一位，然后再根据需要来覆盖特定的属性值。虽说使用简写属性可以让你少敲几下键盘，但一般而言，明确的代码更不容易出错，而且也更容易让人理解。

5.4 多重背景

到现在为止，我们一直假设只能使用一张图片作为背景。一般来说当然是这样的，但 Level 3 Backgrounds and Borders 规范现在支持一个元素设置多个背景图片。因此，每个背景属性也就有了相应的多值语法，多个值由逗号分隔。下面就是一个例子，效果如图 5-14 所示：

```
.multi-bg {
  background-image: url(img/spades.png), url(img/hearts.png),
                    url(img/diamonds.png), url(img/clubs.png);
  background-position: left top, right top, left bottom, right bottom;
  background-repeat: no-repeat, no-repeat, no-repeat, no-repeat;
  background-color: pink;
}
```

图 5-14　一个元素上的多重背景

多重背景按声明的先后次序自上而下堆叠,最先声明的在最上面,最后声明的在最下面。背景颜色层在所有背景图片下面(见图 5-15)。

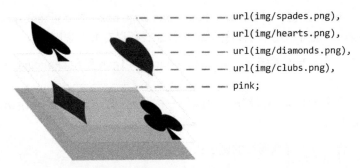

图 5-15 多重背景上下堆叠,以声明先后为序,颜色层在最下面

也可以使用简写属性来声明多个背景图片。

```
.multi-bg-shorthand {
  background: url(img/spades.png) left top no-repeat,
              url(img/hearts.png) right top no-repeat,
              url(img/diamonds.png) left bottom no-repeat,
              url(img/clubs.png) right bottom no-repeat,
              pink;
}
```

但这种语法只能在最后一个背景层声明一种颜色,看看图 5-15,确实如此。

如果随后的背景属性值少于背景图片的个数,那么相应的值会循环使用。这就意味着,如果所有背景图片的当前属性值都一样,那么只需要声明一个;如果是两个值交替,那么只需要声明两个。因此,前面例子中重复出现的 no-repeat 值,就可以写成下面这样了:

```
.multi-bg-shorthand {
  background: url(img/spades.png) left top,
              url(img/hearts.png) right top,
              url(img/diamonds.png) left bottom,
              url(img/clubs.png) right bottom,
              pink;
background-repeat: no-repeat; /* 用于 4 张图片 */
}
```

因为上述多值语法是在 Level 3 规范中定义的,所以一些旧版本浏览器不支持。多数情况下,通过添加一个单背景声明,可以实现还算不错的后备效果:

```
.multi-fallback {
  background-image: url(simple.jpg);
  background-image: url(modern.png), url(snazzy.png), url(wow.png);
}
```

与本书中很多其他例子一样,此时旧版本浏览器只会显示一个背景图片,忽略第二条声明,而新版本浏览器则会忽略第一条声明,因为第二条会覆盖它。

5.5　边框与圆角

第 3 章曾经提到过盒模型的边框，现代浏览器对边框都提供了一定的控制，包括插入图片和圆角，让边框不再是简单的矩形。

下面先简单回顾一下边框属性。

❑ 可以分别为盒子的各边设置边框，也可以一次性为四边设置边框。

❑ 可以使用 `border-width` 一次性设置所有边框的宽度，也可以使用 `border-top-with` 这样的方位属性设置某条边框的宽度。除非明确指定 `box-sizing` 属性，否则边框宽度会影响盒子的尺寸。

❑ 同理，可以使用 `border-color` 设置所有边框的颜色，也可以使用 `border-left-color` 这样的方位属性设置某条边框的颜色。

❑ 边框的样式可以使用 `border-style`（或 `border-right-style` 这样的方位属性）来设置，取值中最常用的是 `solid`、`dashed` 或 `dotted` 等关键字。当然也有不太常用的，比如 `double`（在 `border-width` 指定的宽度表面绘制两条平行线）、`groove` 和 `inset`。说实话，这几个很少有人用。一是它们看起来让人觉得怪模怪样，二是这样一来就只能靠浏览器来决定边框的模样了。因为这几个关键字到底解释成什么样，规范里也没说。另外，可以通过 `border-style: none` 删除全部边框。

❑ 最后，可以使用 `border` 简写属性来设置所有边框属性。具体来说，可以把所有边设置成相同的宽度、样式、颜色，比如 `border: 2px solid #000;`。

5.5.1　边框半径：圆角

长时间以来，圆角都是开发者最企盼的效果。很多网页设计的老手都曾投入几十至上百个小时，就为了通过图片来实现可以缩放、同时又兼容各种浏览器的圆角效果。事实上，本书上一版就曾详细讲解了整个实现技术。今天，这一页历史终于可以翻过去了，因为如今只有 IE8（以及更早版本的 IE）和 Opera Mini 不支持 `border-radius` 属性。况且圆角也只是一个"锦上添花"的效果，并不对可用性构成影响。因此，使用标准属性就好，犯不上为了"折磨"老浏览器（从性能角度来说）而兴师动众地搞一大堆代码，去模仿其他浏览器中可以轻松实现的效果。

1. 边框半径简写

这次我们先从同时设置一个盒子四个圆角的简写属性开始讲，因为这个简写最常用。

给 `border-radius` 属性一个长度值，就可以一次性设置盒子四个角的半径。下面我们给简介页面添加一个头像，让包含头像的元素拥有圆角。首先是标记：

```
<header class="profile-box" role="banner">
  <div class="profile-photo">
    <img src="img/profile.jpg" alt="Charles the Cat">
    <h1 class="username">@CharlesTheCat</h1>
```

```
  </div>
</header>
```

接下来的 CSS 用于控制头像大小和位置，把它摆到头部区域的左下角，同时给它一个边框，让它与背景有鲜明的对比（见图 5-16）：

```
.profile-box {
  position: relative;
  /* 为简洁起见，省略了其他属性 */
}

.profile-photo {
  width: 160px;
  min-height: 200px;
  position: absolute;
  bottom: -60px;
  left: 5%;
  background-color: #fff;
  border: 1px solid #777;
  border-radius: 0.5em;
}
```

图 5-16　头像组件上的圆角效果

2. 更复杂的圆角语法

也可以使用简写语法分别设置每个圆角的半径，即从左上角开始，按顺时针方向依次列出各个值：

```
.box {
  border-radius: 0.5em 2em 0.5em 2em;
}
```

以上声明中每个值本身其实也是简写，它们各自表示相应圆角水平和垂直方向拥有相同的半径。如果你想把每个角设置成非对称的，也可以用两组值分别指定两个方向的半径，先水平再垂直，两组值以斜杠分隔：

```
.box {
  border-radius: 2em .5em 1em .5em / .5em 2em .5em 1em;
}
```

如果对角的值相同，那就可以省略右下和左下角的值，因为在只有两个或三个值的情况下，其他值会自动填入：

```
.box {
  border-radius: 2em 3em; /* 右下角和左下角重用前面的值 */
}
```

在前面的例子中，第一个值设置左上和右下角，第二个值设置右上和左下角。如果还为右下角声明了第三个值，那么左下角就跟右上角取相同的值。

3. 设置一个角的半径

当然，也可以使用 `border-top-left-radius`、`border-top-right-radius` 等属性设置某个角的半径。

可以像前面一样，给这些针对个别角的属性指定一个值，从而得到一个对称的角。或者指定两个值，以斜杠分隔，分别控制水平和垂直两个方向的半径。

以下代码为简介页面中头像元素的一个角应用了对称的圆角效果，如图 5-17 所示：

```
.profile-photo {
  border-top-left-radius: 1em;
}
```

图 5-17　只把左上角设置为圆角的头像组件

5.5.2　创建正圆和胶囊形状

到目前为止，我们一直讨论的是使用长度值来设置圆角半径，实际上还可以使用百分比值。在给 `border-radius` 指定百分比值时，x 轴和 y 轴分别相对于元素的宽度和高度来计算实际值。换句话说，我们可以很容易地把一个正方形的元素变成圆形，只要把圆角半径设置成至少 50% 就好。

为什么说"至少"？实际上确实没理由给任何一个角设置超过 50% 的值。不过，我们应该知道：如果两个圆角的弧线相交，那么两个轴向就会分别缩小半径，直到圆弧不再相交。对于方形元素的对称圆角而言，任何大于 50%的值都会得到圆形。对于圆角半径相同的一个**矩形**元素而言，结果可能是一个椭圆形，因为圆角在两个方向上是按照宽度或长度比例缩小的（见图 5-18）。

```
<div class="round"> </div>
<div class="round oval"></div>

.round {
  width: 300px;
  height: 300px;
  border-radius: 50%;
  background-color: #59f;
}
.oval {
  width: 600px;
}
```

图 5-18　使用 border-radius: 50%得到的圆形及椭圆形

圆形是比较常见的界面元素，但椭圆形就不那么受欢迎了。有时候，我们更希望看到"胶囊形"，即一个矩形的两端各带一个半圆形。这种形状在工程上称为"长圆形"（obrund），如图 5-19 所示。百分比值和绝对值都无法直接实现这种形状，除非我们知道元素的大小，而这在网页设计中并不常见。

图 5-19　使用 border-radius 创建胶囊形

不过，我们可以利用 border-radius 计算上的一个特性来达到目的。我们知道，圆角弧线为保证不相交会自动缩小半径。而在使用长度值（**而非**百分比值）时，半径并不相对于元素大小而缩小，最终会得到对称的效果。因此，在创建胶囊两头的半圆形时，我们可以故意指定一个比**所需半径大**的值，以得到半圆形：

```
.obrund {
  border-radius: 999em; /* 任意非常大的值 */
}
```

关于边框的圆角效果，最后还有一点需要跟大家讲清楚，那就是元素形状改变对页面会产生什么影响。首先，矩形的方角变成圆角后，元素对布局的影响跟没变成圆角前一样，这是没有改变的。其次，**改变**的是变成圆角后元素的可点击（或"可触摸"）区域，会以变化之后的圆角为准。因此，在使用圆角矩形按钮时，需要保证可点击的面积不要太小。

5.5.3 边框图片

Level 3 Backgrounds and Borders 规范还允许开发者为元素指定一张图片作为边框。一张图片能有多大用处呢？可能你还不知道，`border-image` 属性支持把一张图片切成 9 块，我们只管定义切图规则，浏览器会自动把每一块应用到指定的边框位置。而且通过运用所谓的"九宫格缩放"技术，边框图片不会在图片缩放时发生变形。文字很难说清楚，还是看一个例子吧。

演示边框图片的典型示例，恐怕非相框莫属了。构成相框的图片是正方形的，边长为 120 像素。从上、右、下、左各方向内推 40 像素画一条虚线，就把它分成了 9 块（见图 5-20）。

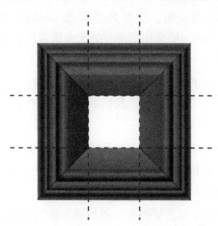

图 5-20　边框图片的源文件，为方便解释，上面标注了分割线

`border-image` 属性会自动把每一块中的图片作为背景应用到边框的相应位置：左上角的图片应用到元素左上角，上中部的图片应用到元素上方，右上角的图片应用到元素右上角，以此类推。默认情况下，中间那 1/9 会被忽略，不过我们也可以改变这个行为。

此外，也可以告诉浏览器让上、右、下、左方位的图片如何覆盖边框。比如，可以拉伸、重复或补白（即只重复能够完整显示的次数，余下的空间以空白填充，跟最新的 `background-repeat` 关键字很像）。默认情况下，每边中段的图片会拉伸，这对于我们的例子非常合适。

为了展示边框图片，必须设置适当的边框宽度，进而拉伸各个边框对应的图片。

使用这张图片装饰边框来装饰元素，可以做出一个显示"格言"的组件，如图 5-21 所示。

图 5-21　边框图片会拉伸以适应元素

以下是这个组件的 CSS 代码：

```
.motto {
  border: 40px solid #f9b256;
  border-image: url(picture-frame.png) 40;
  /* ……与 border-image: url(picture-frame.png) 40 40 40 40 stretch;效果相同 */
}
```

前面的代码会加载图片 picture-frame.png，在每边向内 40 像素的位置切开，拉伸上、右、下、左边中段的图片。注意，指定切片参考线位置的 "40 像素" 没有 px 单位，这是为了同时适应 SVG 和位图而使用的小技巧。

前面的例子中还有一点需要说明，那就是必须把 border 简写（如果使用的话）放在 border-image 属性前面。这是因为规范规定简写语法会重置**所有**边框属性，不仅限于其自身指定的属性。

估计你也猜到了，没错，除了 border-image，还有针对每一边的边框图片属性。事实上，还有一堆属性可以用来控制边框图片。但综观我们的前端职业生涯，恐怕真正用到边框图片的场景也没几个，因此本书这里就不详细讲了。

回到数年前，开发者曾经非常期盼浏览器支持边框图片。究其原因，主要是可以借助它来创建圆角边框。既然我们已经有了 border-radius，那又何必舍近求远呢。当然，说不准哪一天，边框图片就能够在你的项目里派上用场了。

如果你觉得不过瘾，想深入了解边框图片，可以读一读 Nora Brown 在 CSS Tricks 网站上的文章 *Understanding Border-image*。浏览器对 border-image 的支持还是很广泛的，只有 IE10 及更早版本的 IE 不支持它。可惜即使在支持它的浏览器中，还是存在不少问题和 bug。

5.6　盒阴影

讲完了背景图片和边框，接下来再看一种给页面添加视觉效果的方式：阴影。过去，设计师要给页面元素加个阴影，必须动用额外的元素和图片，麻烦极了。现在就不用那么麻烦了。

CSS 属性 box-shadow 可以给元素添加阴影，而且这个属性浏览器基本都支持，除了很老的 IE（IE8 以及更早版本）和 Opera Mini。要想支持较早版本的 Android WebKit 浏览器（以及其他古老的 WebKit 版本），需要使用-webkit-前缀。Firefox（以及其他 Mozilla 系浏览器）很早就支持不带前缀的属性，因此可以省略-moz-前缀。

第 4 章我们介绍过 text-shadow 属性的语法，box-shadow 属性的语法与之类似，但有一些新东西。

比如，下面的代码给用户头像加了一个阴影，效果如图 5-22 所示：

```
.profile-photo {
  box-shadow: .25em .25em .5em rgba(0, 0, 0, 0.3);
}
```

图 5-22　带一点阴影的头像

这个例子中代码的语法跟 text-shadow 完全一样：头两个值表示 x 轴和 y 轴的偏移；第三个值表示模糊半径（阴影边界的模糊程度）；最后是颜色，使用 rgba()。而且阴影的形状跟盒子的圆角也是一致的。

5.6.1　扩展半径：调整阴影大小

box-shadow 比 text-shadow 稍微灵活一点。比如，可以在模糊半径的值后面再加一个值，表示**扩展半径**，用于扩展阴影的大小。这个值默认为 0，即阴影与所属元素一样大。增大这个值，阴影相应增大，负值导致阴影缩小（见图 5-23）。

```
.larger-shadow {
  box-shadow: 1em 1em .5em .5em rgba(0, 0, 0, 0.3);
}
.smaller-shadow {
  box-shadow: 1em 1em .5em -.5em rgba(0, 0, 0, 0.3);
}
```

图 5-23　不同扩展半径的阴影

5.6.2　内阴影

box-shadow 的另一个比 text-shadow 更为灵活之处是可以使用 inset 关键字。这个关键字可以为元素应用内阴影，即把元素当成投影表面，可以创造一种背景被"镂空"的效果。比如，可以给个人页面顶部背景应用内阴影，制造一种在页面上凹陷或者被头像及其他页面内容并遮住的感觉（见图 5-24）。相应的代码如下：

```
.profile-box {
  box-shadow: inset 0 -.5em .5em rgba(0, 0, 0, 0.3);
}
```

图 5-24   个人头像组件的局部，大背景上添加了内阴影

5.6.3   多阴影

与 text-shadow 类似，也可以给一个元素应用多个阴影，以逗号分隔多组值。下面我们看一个例子，这个例子中的阴影应用"平铺"技术，完全没有模糊半径。

如果省略模糊半径或者把它设置为 0，那么得到的阴影边界是清晰的。这样就可以摆脱原先伪装阴影的局限，把阴影当成不影响布局的"额外盒子"，用于实现各种效果。

比如，考虑到 border 只能给元素添加一个边框（不算 double 关键字），可以利用这个技术给元素添加更多"边框"。通过给阴影一个值为 0 的模糊半径，就可以通过不同的扩展半径值来生成多个类似边框的区域（见图 5-25）。由于阴影不影响布局，这个效果又类似 outline 属性。代码如下：

```
.profile-photo {
  box-shadow: 0 0 0 10px #1C318D,
              0 0 0 20px #3955C7,
              0 0 0 30px #546DC7,
              0 0 0 40px #7284D8;
}
```

图 5-25 使用多个阴影绘制轮廓

5.7 渐变

在背景上使用渐变色是一种常见设计，能给页面增加一种纵深感。要实现这种效果，可以使用带渐变的图片，但 CSS 也提供了一种绘制渐变图的机制。这个机制包含多种渐变方案，可以与任何接受图片的属性联合使用，包括 background-image。假设我们有一个个人主页，用户尚未上传背景图片（如图 5-26 所示），此时我们希望显示一个渐变背景：

```css
.profile-box {
  background-image: linear-gradient(to bottom, #cfdeee 0%, #8da9cf 100%);
}
```

图 5-26 给个人主页顶部元素应用线性渐变

5.7.1   浏览器支持与浏览器前缀

现代浏览器都支持 CSS 渐变，但 IE9（及更早版本的 IE）和 Opera Mini 是例外。有些旧版本的 WebKit 浏览器只支持线性渐变。以下几节将介绍各种渐变。

注意   自从被 Safari 作为非标准属性引入至今，渐变的语法也经历了几次变化。视需要支持的浏览器而定，你可能需要同时用到 3 种不同的渐变语法，还有各种前缀。为了让本节内容不至于冗长，也不会让你迷迷糊糊，我们只采用不带前缀的属性。推荐大家抽空看一下 SitePoint 网站上 Jennifer Yu 的一篇文章，*Using Unprefixed CSS3 Gradients in Modern Browsers*。

5.7.2   线性渐变

前面的例子使用了 linear-gradient() 函数，沿一条假想线，从元素顶部到底部绘制了一个渐变背景。这条线的角度由这个函数的第一对关键字（to bottom）表示，其后是由逗号分隔的色标。色标用于在渐变线上标出颜色发生变化的位置，在这个例子中，位置 0% 处的颜色是浅蓝灰色，而位置 100% 也就是元素底部的颜色是深蓝色。

渐变线的方向可以使用关键字 to，再加上一个表示边（top、right、bottom、left）或表示角（top left、top right、bottom left、bottom right）的关键字来指定，后者指定的是对角线。渐变线总是始于元素的一个边或一个角，然后穿过元素的中心区域。此外，还可以使用 deg 单位指定渐变线的角度，0deg 表示垂直向上，增大角度值就意味着沿顺时针方向旋转，直到 360 度，跟 HSL 色轮类似。此时，度数表示绘制渐变的方向，因此起点就在我们指定的相反方向。比如下面就是一个 45 度角的渐变：

```
.profile-box {
  background-image: linear-gradient(45deg, #cfdfee, #4164aa);
}
```

此时，渐变线的起点并不是背景图片区域的边，而是自动延长到区域的角，即 0% 和 100% 恰好是背景图片区域的两个角的位置。图 5-27 展示了这个过程。

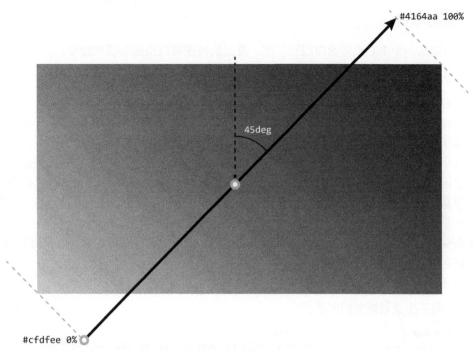

图 5-27　对角渐变的起点与终点位置

默认值及色标位置

　　线性渐变的默认方向是自上而下（**to bottom**），而 0% 和 100% 分别表示第一个和最后一个色标的位置，因此前面第一个例子（见图 5-26）实际上可以简写如下：

```
.profile-box {
  background-image: linear-gradient(#cfdfee, #8da9cf);
}
```

　　新增色标若未指定位置，则在 0%~100% 范围内取均值。比如，有 5 个未指定位置的色标，那么它们的位置分别为 0%、25%、50%、75% 和 100%：

```
.profile-box {
  background-image: linear-gradient(red, green, blue, yellow, purple);
}
```

　　除了百分比，还可以使用绝对值指定色标位置，比如：

```
.profile-box {
  background-image: linear-gradient(#cfdfee, #8da9cf 100px);
}
```

　　这行代码生成的渐变是顶部从浅蓝色开始，往下到 100 像素位置时过渡到深蓝色，然后一直到背景图片区域底部都是同样的深蓝色。

5.7.3　放射渐变

放射渐变从一个中心点开始向四周扩散，覆盖的范围可以是圆形或椭圆形。

放射渐变的语法稍微复杂一些，涉及如下属性。

- 放射渐变的类型：圆形（circle）或椭圆形（ellipse）。
- 射线半径决定渐变范围大小。圆形只接受一个半径值，而椭圆形接受 x 轴和 y 轴两个方向的半径值。椭圆形可以接受任意长度或百分比值，百分比值相对于对应轴向的背景图片大小。圆形只接受长度值，不接受百分比值。此外，还可以使用关键字，关键字代表渐变区域结束的位置：closest-side 和 farthest-side 分别表示渐变区域延伸至最近边还是最远边，closest-corner 和 farthest-corner 分别表示渐变区域边缘接触最近角还是最远角。
- 渐变区域中心的位置使用类似 background-position 属性的相对值，但前面要加 at 关键字，以说明它们不表示大小。
- 色标沿渐变扩展方向指定，以逗号分隔。

下面就是一个放射渐变的例子：

```
.profile-box {
  background-image: radial-gradient(circle closest-corner at 20% 30%, #cfdfee, #2c56a1);
}
```

这样就会得到一个圆形放射渐变，中心点为 x 轴方向 20%、y 轴方向 30%，圆周范围到与最邻近的角接触为止。在圆周外部，由终点色标颜色覆盖整个背景图片区域（见图 5-28）。

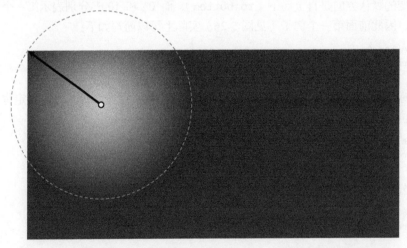

图 5-28　圆形放射渐变，中心点 at 20% 30%，大小为扩展至最近角

我们个人主页的头部可能需要设置成居中的放射渐变，而且是一个椭圆形。那我们就来点魔幻的，如图 5-29 所示：

```
.profile-box {
  background-image: radial-gradient(#cfdfee, #2c56a1, #cfdfee, #2c56a1, #cfdfee, #2c56a1);
}
```

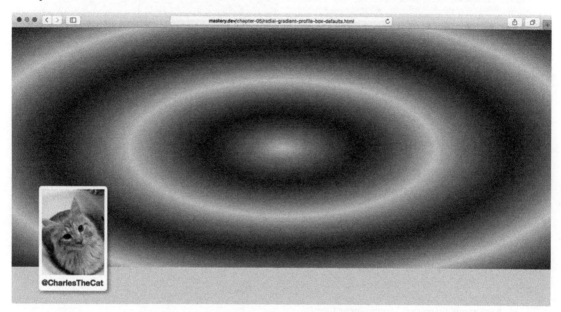

图 5-29　重复几次相同色标的放射渐变

　　代码中并没出现声明椭圆、居中和覆盖整个元素（扩展至最远角）的关键字，因此使用的都是它们的默认值。但即便如此，重复多次的渐变色标也很冗余，于是就有了接下来要讲的重复渐变。

5.7.4　重复渐变

　　重复渐变函数可以沿渐变直线（或射线）重复某个渐变色标组合，重复次数视其大小（由 background-size 决定）及允许的大小（元素大小）而定（见图 5-30）。

　　以下代码是重复的线性渐变：

```
.linear-repeat {
  background-image: repeating-linear-gradient (#cfdfee, #2c56a1 20px);
}
```

　　以下代码是重复的放射渐变：

```
.radial-repeat {
  background-image: repeating-radial-gradient(#cfdfee, #2c56a1 20px);
}
```

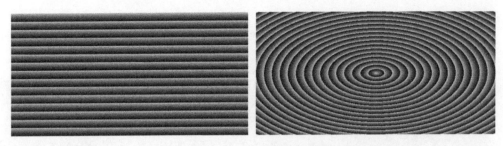

图 5-30 重复渐变函数可以在整个背景图片区域重复渐变色标组合

5.7.5 把渐变当作图案

渐变不一定需要很多像素来过渡，它也可以是突然的变化，从而形成锐利的线条或圆环。再搭配可以相互叠加的多重背景，就可以通过声明语法创造出简单的背景图案，甚至都无须打开图形处理软件。

创造边缘锐利的图案，关键在于正确地放置色标。比如，要绘制一条垂直线，就要把相邻的两个色标重叠在一起，让渐变无从发生（见图 5-31）。

```
body {
    background-color: #fff;
    background-image: linear-gradient(
        transparent,
      transparent 50% ,
      rgba(55, 110, 176, 0.3) 50%
    );
  background-size: 40px 40px ;
}
```

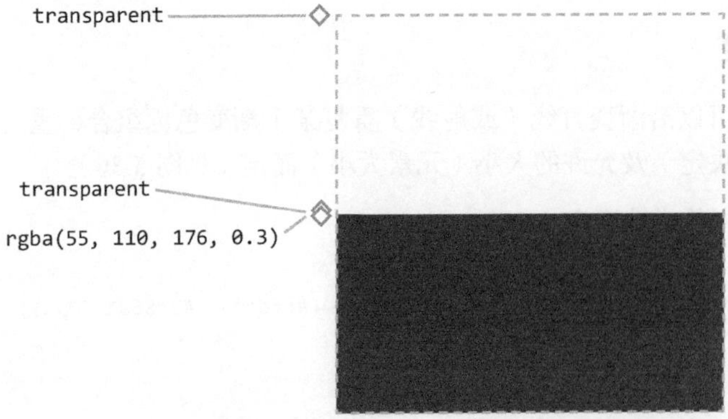

transparent

transparent
rgba(55, 110, 176, 0.3)

图 5-31 第二个和第三个色标都定位于 50%，形成颜色突变

在有些浏览器中，图案边缘也不是绝对锐利，而是每一侧都有 1 像素的模糊。随着浏览器渐变渲染性能的提升，这种现象也会有所改进，改进之后对追求细节的图案会有很大提升。

　　我们没有在整个元素上使用多个线性渐变，而是只使用了一个，然后通过背景相关的属性控制其大小和重复。这样不仅能控制线条的多少，还不影响色标。然后我们再添加一个类似的水平方向的渐变，就完成了一张"桌布"似的花格图案（见图 5-32）：

```
body {
    margin: 0;
    background-color: #fff;
    background-image: linear-gradient(
            transparent,
            transparent 50%,
            rgba(55, 110, 176, 0.3) 50%
        ),
      linear-gradient(
          to right,
          transparent,
          transparent 50%,
          rgba(55, 110, 176, 0.3) 50%
        );
    background-size: 40px 40px;
}
```

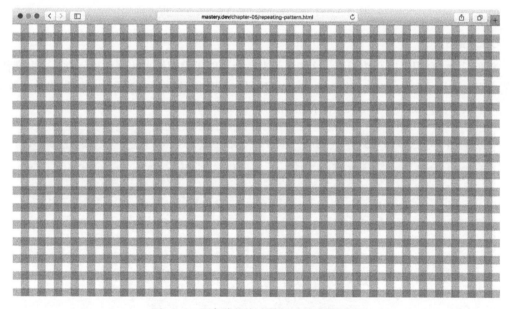

图 5-32　两条线性渐变线形成的背景图案

　　不难想象，通过组合线、角（填充了一半对角线的线性渐变）、圆、椭圆等简单图形，就可以得到各种各样的图案。

　　这里推荐大家看一看 Lea Verou 的 CSS3 Patterns Gallery（见图 5-33）。

图 5-33   Lea Verou 的 CSS3 Patterns Gallery

CSS 绘图

渐变图案、盒阴影以及伪元素，这些加起来**完全可以代替图片**来实现各种创意。这里推荐一下艺术家、设计师 Lynn Fisher 的 A Single Div 项目，这个项目展示了能通过 CSS 做出什么效果，而且每个效果都只用了一个元素，没有用到图片（见图 5-34）。

图 5-34   A Single Div 实现的效果

需要说明一下，实现这些效果的 CSS 代码相比于实现同样效果的 SVG（或 PNG），可能确实不太好理解。另外，虽然渐变可以替代外部图片，但其本身也可能影响性能，特别是在资源有限的设备上，比如手机。放射性渐变尽量少用为妙。

5.8　为嵌入图片和元素添加样式

文档中的图片与其他元素不同，它本身是有像素宽度和高度的，而且宽度和高度的比例固定。在可伸缩的设计中，元素宽度要随浏览器窗口宽度变化而变化，此时也需要 CSS 来控制图片及其他嵌入的元素。

注意　根据需要把图片渲染成不同大小（所谓的响应式图片）对性能影响很大，但我们这里不会过多涉及。第 8 章在讨论响应式技术时会重新提起。

5.8.1　可伸缩的图片模式

怎么做到让图片伸缩的同时，既不会超出其固有尺寸，又不会破坏其宽高比例？可以使用 Richard Rutter 最早提出的方案（http://clagnut.com/blog/268），该方案的核心如下所示：

```
img {
  max-width: 100%;
}
```

max-width 属性意味着图片会随着包含它的容器缩小而缩小，但在容器变大时，它不会大到超过自身的固有尺寸（见图 5-35）。

图 5-35　max-width 设置为 100% 的一张位图图片，其固有宽度为 320 像素，当容器宽度分别为 100 像素和 500 像素时的缩放效果

在上述代码基础上稍加扩展，就可以涵盖更多的情况：

```
img {
  width: auto;
  max-width: 100%;
  height: auto;
}
```

为什么要增加两条属性声明呢？这是因为有时候某些设计者或内容管理系统，会在 HTML 源代码中给图片添加 width 和 height 属性。

这里把 width 和 height 设置为 auto，某种程度上可以覆盖之前的声明，同时也可以解决 IE8 在不声明 width 时无法正确缩放图片的问题。

5.8.2   控制对象大小的新方法

有时候，我们可能需要根据显示容器设置 img 或其他嵌入对象（video 或 object 元素）的大小。举例来说，如图 5-36 所示，有一个矩形的图片，但我们希望通过 CSS 将其设置为方形。

图 5-36   矩形用户头像点位图

这时候可以使用一些最近标准化并被浏览器实现的新属性，这些新属性支持对上述类型元素更灵活的控制。比如使用 object-fit 属性，可以像使用 background-size 属性一样，保持元素的宽高比：

```
img {
  width: 200px;
  height: 200px;
}
img.contain {
  object-fit: contain;
}
img.cover {
  object-fit: cover;
}
img.none {
  object-fit: none;
```

```
}
img.scaledown {
  object-fit: scale-down;
}
```

图 5-37 展示了 object-fit 属性的几个关键字对不能按固有大小显示的图片所产生的效果。

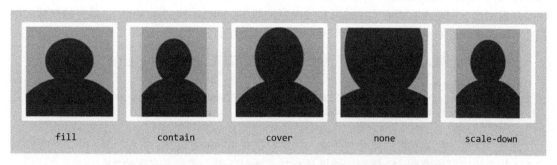

fill　　　　contain　　　　cover　　　　none　　　　scale-down

图 5-37　object-fit 属性的不同关键字对图片产生的不同影响

object-fit 属性的默认值为 fill，意味着图片内容会在必要时拉伸以填满容器，因此可能破坏宽高比。

cover 和 contain 则与 background-size 属性中对应的关键字作用相同。none 会采用图片固有大小，不管容器有多大。最后，scale-down 会自动从 none 和 contain 中选一个，哪个结果尺寸小就用哪一个。最终的图片会居中，但可以通过 object-position 重新设置，与定位背景图片时类似。

上述属性只有 Chrome、Opera 和 Firefox 的新版本才支持，Safari 在本书写作时暂时不支持 object-position。IE 和 Edge 还不支持它们，不过 Edge 不久可能也会支持。

5.8.3　可保持宽高比的容器

对于具有固定宽高比的位图，把高度设置为 auto，只改变宽度，或者把宽度设置为 auto，只改变高度，都是可以的。

但如果是没有固定宽高比的元素呢？如何使其在可伸缩的同时保持固定宽高比？

iframe 和 object 元素就属于这种情形，某些情况下的 SVG 内容也是。常见的例子是在页面中通过 iframe 嵌入一段视频：

```
<iframe width="420" height="315" src="https://www.youtube.com/embed/dQw4w9WgXcQ"
frameborder="0" allowfullscreen></iframe>
```

如果像这样给它设置一个可伸缩的宽度：

```
iframe {
  width: 100%; /* 或者其他任何比例 */
}
```

就会导致 iframe 宽度为 100%，而高度始终是 315 像素。因为视频本身也有宽高比，所以我们希望这里的高度也可以自适应。

此时无论把 iframe 的高度设置为 auto 还是删除 height 属性都不管用，因为 iframe 本身没有固定的宽高比。此外，这样做很可能导致 iframe 的高度变成 150 像素。为什么是 150 像素？CSS 规范指出，对于没有指定大小的可替代内容（如 iframe、img、object），最终的默认大小为 300 像素宽或 150 像素高。听上去不可思议，但这是真的。

要解决这个问题，需要借助一些巧妙的 CSS 技术。首先，把 iframe 包在一个元素里：

```
<div class="object-wrapper">
    <iframe width="420" height="315" src="https:////www.youtube.com/embed/dQw4w9WgXcQ"
frameborder="0" allowfullscreen></iframe>
</div>
```

然后，让这个包装元素的尺寸与要嵌入的对象具有相同的宽高比。简单计算一下，用原始高度 315 像素除以原始宽度 420 像素，结果是 0.75。换句话说，高度是宽度的 75%。

接下来，将包装元素的高度设置为 0，但把 padding-bottom 设置为 75%：

```
.object-wrapper {
  width: 100%;
  height: 0;
  padding-bottom: 75%;
}
```

第 3 章介绍过，内边距和外边距如果使用百分比值来设置，那它们的实际值是基于**包含块的宽度**来计算的。这里的宽度是 100%（与包含块宽度相等），因此内边距就是包含块的 75%。于是我们就创建了一个具有宽高比的元素。

最后，在这个包装元素中绝对定位嵌入对象。尽管包装元素的高度是 0，仍然可以通过绝对定位把嵌入对象放到一个"可保持宽高比"的内边距盒子里：

```
.object-wrapper {
  width: 100%;
  height: 0;
  position: relative;
  padding-bottom: 75%;
}
.object-wrapper iframe {
  position: absolute;
  top: 0;
  left: 0;
  width: 100%;
  height: 100%;
}
```

成功！这样就可以在页面中包含可伸缩的嵌入对象了。图 5-38 通过 3 张图解释了整个过程。

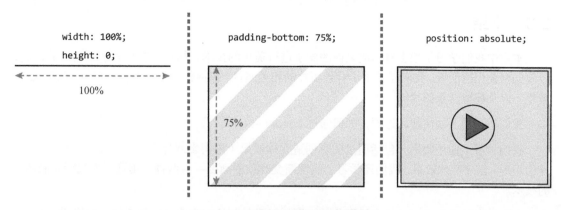

图 5-38 创建可保持宽高比的容器

友情提示：如果我们后来又不想让包装容器的宽度是 100% 了，那么必须重新计算 `padding-bottom`。为此，再嵌套一层包装容器，就可以避免这种情况，进一步提升灵活性。这是因为只需要设置最外层的容器宽度即可，内部的包装容器还是 100% 宽，不用改。

前面的技术是由 Thierry Koblentz 推而广之的，详细的技术分析请移步这个链接：https://alistapart.com/article/creating-intrinsic-ratios-for-video。

5.8.4 减少图片大小

如果你的网页中要用到图片，一定要确保图片不会超出必要大小。没错，CSS 可以帮你缩放或裁剪，但每个多余的像素都会影响性能：下载时间会加长，电池消耗会增加，CPU 也会因缩放图片而浪费时间。

减少图片大小的第一步是优化图片。图片文件中经常包含一些元数据，它们对浏览器显示图片没有用处。有一些程序和服务可以帮我们剔除这些数据。Addy Osmani 对此写过一篇评测文章 *Tools for Image Optimization*。他在文章中提到的很多工具都可以作为任务自动执行，第 12 章会再讨论任务执行工作流。

对于内容比较简单的 PNG 图片，可以通过减少图片中用到的色彩数量来有效压缩图片大小。如果图片中使用了半透明通道，那么多数图形处理软件都只允许你导出为 PNG24 格式。实际上，更简单（也更小的）PNG8 格式也可以包含半透明通道，所以把 PNG24 转换成 PNG8 可以实现压缩效果。有一些在线服务，如 https://tinypng.com，可以帮我们转换 PNG，还有支持不同操作系统的软件可以选择。Photoshop 的新版本也已内置这个转换功能。

如果你使用 SVG 图形，那你应该知道多数处理 SVG 的图形编辑器都会输出很多不必要的数据。Jake Archibald 的 OMGSVG 可以帮你优化 SVG，通过调整一系列参数让文件瘦身，这个工具甚至离线也可以用！

关于分析与调试性能，我们在第 12 章再详细讨论。

5.9   小结

本章中我们学习了很多对构成页面的盒子进行美化的技术，探讨了各种表示颜色值的语法，以及如何使用透明度。我们还尝试了背景图片的相关属性，包括相对于元素盒子定位、调整大小、重复，以及裁剪背景图片。

我们还介绍了如何使用边框，如何通过 border-radius 创建圆角，甚至圆圈。

我们学习了使用阴影，包括通过阴影创造立体效果（内阴影或外阴影），以及通过绘制"额外的矩形"创建特殊效果。我们还学习了线性渐变和放射渐变——两种让浏览器为我们绘制图案的技术。

本章还展示了内容图片与背景图片的区别，以及如何给内容图片应用可伸缩的样式。当然，本章还包括其他可嵌入内容，以及创建可保持宽高比的包装容器。

第 11 章还会再来讨论一些高级（但支持度略低）的特性。在此之前，我们在下一章会综合运用前面学到的给盒子与文本设置大小、样式和位置的知识，实践一下网页布局，其中同样会涉及各种新老技术和属性。

第 6 章

内容布局

6

网页是由不同内容块构成的：标题、段落、链接、列表、图片、视频，等等。这些元素可以按照主题组织起来，比如一个标题，几段文本，外加一张图片就是一篇新闻报道。通过控制每个组件内部元素的位置、大小、顺序，就可以更好地传达它们的功能与含义。

所有内容块会进一步组织成整个页面的布局。至于如何系统化地布局页面，我们留到下一章再讲。本章仍然聚焦于个别的内容块，从而深入理解如何对每个内容块进行布局。

前几章也大致讲过使用定位和浮动来实现布局，这两种手段各有千秋。此外，也可以使用表格显示模式和行内块来实现布局，当然也各有各的优缺点。CSS 新增的 Flexible Box Layout Module（或 Flexbox）为内容块布局提供了一大批顺序、方向、对齐及尺寸相关的属性。Flexbox 是非常强大的布局功能，本章会详细介绍。

本章内容：

❑ 绝对与相对定位，以及 z-index 的常见应用场景
❑ 使用浮动、行内块及表格显示模式达到布局目的
❑ 掌握垂直对齐与垂直居中
❑ 通过 Flexbox 控制方向、对齐、顺序与大小

6.1　定位

第 3 章提到过，定位并不适合总体布局，因为它会把元素拉出页面的正常流。反过来看，这也正是定位在 CSS 中之所以重要的原因。本节将简单讨论一下定位在哪些情况下最合适。

以下是第 3 章中相关内容的简单总结。

❑ 元素的初始定位方式为**静态定位**（static），意思是块级元素垂直堆叠。
❑ 可以把元素设置为**相对定位**（relative），然后可以相对于其原始位置控制该元素的偏移量，同时又不影响其周围的元素。与此同时，这也为该元素的后代元素创造了定位上下文。这一点也是相对定位真正的用处。以前，在一些古老的布局技巧中，经常要偏移元素，当然现在已经很少这样了。

- □ 绝对定位（`absolute`）支持精确定位元素，相对于其最近的定位上下文：或者是其非静态定位的祖先元素，或者是 `html` 元素。绝对定位的元素会脱离页面流，然后再相对于其定位上下文进行定位。默认情况下，它们会被浏览器定位于之前静态定位时所处的位置，但不会影响周围的元素。然后，我们可以相对于定位上下文来改变它们的位置。
- □ 固定定位（`fixed`）与绝对定位基本类似，只不过定位上下文被自动设置为浏览器视口。

6.1.1　绝对定位的应用场景

绝对定位非常适合创建弹出层、提示和对话框这类覆盖于其他内容之上的组件。它们的位置可以通过 `top`、`right`、`bottom` 和 `left` 属性控制。关于绝对定位，了解以下知识可以帮你写出更高效的代码。

1. 利用初始位置

比如有一篇介绍太空飞船的文章，我们想添加一些行内的评注。这些评注最好以气泡图的样式显示在文章外部的空白区域，如图 6-1 所示。

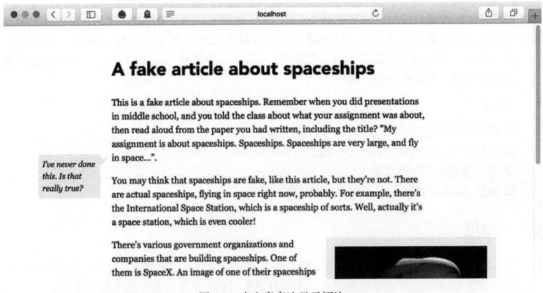

图 6-1　在文章旁边显示评注

每个评注组件都是一个 `aside` 组件，实际位置在它们指向的段落后面：

```
<p>This is a fake article[...]</p>
<aside class="comment"> I've never done this. Is that really true?</aside>
<p>You may think[...]</p>
```

为了让评注显示在段落之后，需要使其绝对定位。而我们**不必**为了在垂直方向上准确地定位它们而给出确切的上偏移量。

　　绝对定位的元素默认会待在自己静态定位时的地方，因此第一步是让评注显示在其初始位置（见图 6-2）：

```
.comment {
  position: absolute;
}
```

then read aloud from the paper you had written, including the title? "My
assignment is about spaceships. Spaceships. Spaceships are very large, and fly
in space...".

I've never done this. Is that really true? ke, like this article, but they're not. There
are actual spaceships, flying in space right now, probably. For example, there's
the International Space Station, which is a spaceship of sorts. Well, actually it's

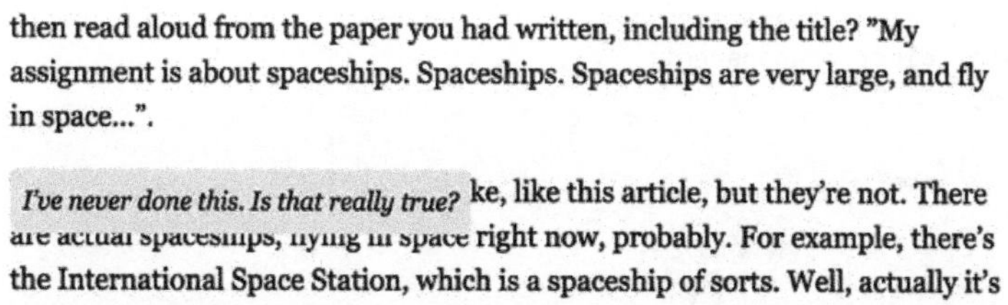

图 6-2　给评注组件应用绝对定位，把它拎出文档流，但默认情况下它的位置还是静态
　　　　定位时的位置

　　接下来需要把评注向左和向上偏移，把它定位到之前段落的旁边。这听起来像是要使用相对定位，但元素不能同时既是绝对定位又是相对定位。如果此时使用方向性偏移属性（`top`、`right`、`left` 和 `bottom`），那就既要用到定位上下文，又要设置确定的偏移量。好在我们不用这么麻烦，在这里完全可以通过负外边距来移动元素：

```
.comment {
  position: absolute;
  width: 7em;
  margin-left: -9.5em;
  margin-top: -2.5em;
}
```

在 CSS 中，负外边距是完全有效的，它们有如下有趣的行为。

- ❑ 左边或上边的负外边距会把元素向左或向上拉，盖住其旁边的元素。
- ❑ 右边或下边的负外边距会把相邻元素向左或向上拉，盖住设置了负外边距的元素。
- ❑ 在浮动的元素上，与浮动方向相反的负外边距会导致浮动区域缩小，使得相邻元素盖住浮动的元素。而与浮动方向相同的负外边距会在该方向上把浮动的元素向外拉。
- ❑ 给未声明宽度的非浮动元素应用负外边距时，左、右负外边距会向外拉伸元素，导致元素扩张，有可能盖住相邻元素。

　　对我们的评注气泡组件而言，使用左和上负外边距把元素拉到位的做法，与使用相对定位很相似。

2. 创建三角形

　　在图 6-1 中的评注气泡组件中，指向前面段落的小三角形又相对于评注气泡进行了绝对定位。它是通过伪元素创建的，使用了一种很古老的基于边框的技巧。（这种技巧至少可以追溯到 2001年，参考 Tanted Celik 的文章 *A Study of Regular Polygons*。）图 6-3 展示了其实现原理。

```
.comment:after {
  position: absolute;
  content: '';
  display: block;
  width: 0;
  height: 0;
  border: .5em solid #dcf0ff;
  border-bottom-color: transparent;
  border-right-color: transparent;
  right: -1em;
  top: .5em;
}
```

0像素的元素

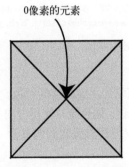

图 6-3　通过零宽度内容及其边框创建指向箭头，因为右和下边框是透明的，所以形成
　　　　了一个箭头的形状

这里我们创建了一个 0 像素的块，其边框是 0.5em，而且边框也只显示左、上边框。结果浏览器就只渲染出一个三角形。好不好，不用图片一样可以创造出三角形来！然后再把三角形定位到评注气泡的右上角位置（结果如图 6-4 所示）。

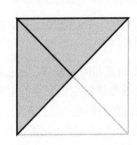

图 6-4　相对于组件的内容定位指向三角形

3. 利用偏移实现自动大小

从另一个角度看，我们也有必要知道：在绝对定位的情况下，如果声明了多个或所有偏移值，那么结果会怎样。如果没有显式声明**元素大小**，那么绝对定位元素的大小由自身包含内容的多少来决定。如果相对于定位上下文的各个边声明偏移值，那么元素会被拉伸以满足设定的规则。

比如，我们希望让某元素总是与其外部元素保持一定距离，但又不给任何元素设定大小。如图 6-5 所示，一张图片上有一个包含文本的元素。

```html
<header class="photo-header">
  <img src="images/big_spaceship.jpg" alt="An artist's mockup of the "Dragon" spaceship">
  <div class="photo-header-plate">
    <h1>SpaceX unveil the Crew Dragon</h1>
    <p>Photo from SpaceX on <a href="https://www.flickr.com/photos/spacexphotos/16787988882/">
    Flickr</a></p>
  </div>
</header>
```

图 6-5　图片上方半透明的盒子相对于右、下、左边绝对定位，上空距离由内容决定

假设我们不想给这个包含标题的盒子设定明确的宽度，那么可以只指定其右、下、左边的偏移，让它自己去计算上空距离：

```css
.photo-header {
  position: relative;
}
.photo-header-plate {
  position: absolute;
  right: 4em;
  bottom: 4em;
  left: 4em;
  background-color: #fff;
  background-color: rgba(255,255,255,0.7);
  padding: 2em;
}
```

　　无论图片多大，标题区始终都会位于距离底边及左、右两边 4em 的地方，而且会在标题折行的情况下自动调整高度，从而适应不同的屏幕大小（见图 6-6）。

图 6-6　在小屏幕上，文本会随盒子变高而折行

6.1.2　定位与 z-index：堆叠内容的陷阱

　　要用好定位，还有一个重点技术必须掌握，那就是 z-index，也就是堆叠元素的次序。第 3 章介绍过基本原理：静态定位（static）以外的元素会根据它们在代码树中的深度依次叠放，就像打扑克发牌一样，后发的牌会压在先发的牌上面。它们的次序可以通过 z-index 来调整。

　　设置了 z-index 的元素，只要值是正值，就会出现在没有设置 z-index 的元素上方。尚未设置 z-index 的元素在 z-index 值为负的元素上方。

　　除了 z-index，还有其他影响元素堆叠次序的因素。这里也有一个概念，叫**堆叠上下文**。就像一盒扑克牌，每张牌本身也是一个上下文（牌盒），而牌只能相对当前的牌盒排定次序。有一个**根堆叠上下文**，所有 z-index 不是 auto 的定位元素都会在这个上下文中排序。随着其他上下文的建立，就会出现堆叠层级。

　　堆叠上下文是由特定属性和值创建的。比如，任何设定了 position: absolute 及值不是 auto 的 z-index 属性的元素，都会创建一个自己后代元素的堆叠上下文。

　　在一个堆叠上下文内部，无论 z-index 值多大或多小，都不会影响其他堆叠上下文，毕竟不能相对于别的堆叠上下文重新排序（见图 6-7）。

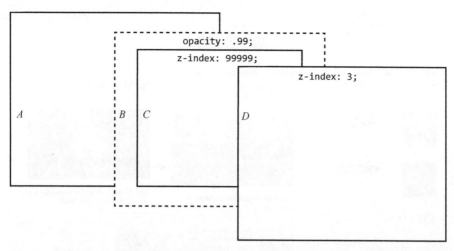

图 6-7 容器 *A*、*B*、*C* 和 *D* 都是绝对定位的，其中 *C* 是 *B* 的子元素。容器 *C* 和 *D* 设置
了 `z-index`，但由于容器 *B* 的 `opacity` 值小于 1，所以它又创建了一个新的独
立的堆叠上下文。于是，就算 *C* 的 `z-index` 值再大，它也不会跑到 *D* 的上方

设置小于 1 的 `opacity` 值也可以触发新的堆叠上下文。`opacity` 小于 1 的元素需要独立渲染
（包括它的所有后代元素），然后再放到页面上。这样就可以保证在把它们放到页面上时，原有的
元素不会与半透明的元素发生交错。本书代码中有一个例子，可以演示这个情形。

本书后面还会有类似的例子，比如 `transform` 和 `filter` 属性，也会触发创建新的堆叠上下
文。本章结束时，大家应该会了解 `z-index` 与 Flexbox 共同使用的一些技巧。

6.2　水平布局

通常，页面会随内容增加沿垂直方向扩展。后来添加的任何块容器（`div`、`article`、h1~h6，
等等）都会垂直堆放起来，因为块级元素的宽度是自动计算的。因此，在需要给内容块设置明确
宽度，并让它们**水平排列**时，就会出现问题。

第 3 章曾介绍过一个使用浮动来实现小型"媒体组件"布局的例子。这是一种基础的组件模
式，即组件一边是图片（或其他媒体），另一边是文本，"左边是这个，右边是那个，二者相互关
联"。很多网站都在使用这种模式，如图 6-8 所示。

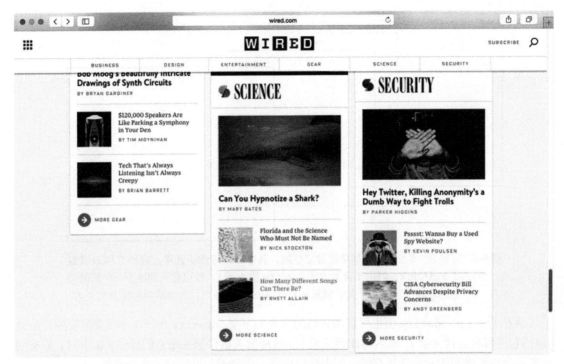

图 6-8　网站页面的局部截图，看看有多少"媒体组件"

除此之外，还有很多通用模式的组件，可见于各类网站。其中很多都涉及水平布局。为此，CSS 引入了 Flexbox 来专门解决水平布局问题（以及其他问题），但在得到浏览器完全支持之前，可能还要借助浮动、`inline-block` 显示，或者表格显示模式，才能完美实现水平布局。

6.2.1　使用浮动

在太空飞船那篇文章中，有一个使用浮动的例子。`figure` 浮动到了右侧，让行盒子对其四周环绕（见图 6-9）。同时通过 `margin-right` 的负外边距把图片向外推出去一点，以便与文本保持一些间距。

```
<p>You may think[...]</p>
  <figure>
    <img src="images/spaceship.jpg" alt="The Dragon spaceship in orbit around Earth.">
    <figcaption>The "Dragon" spaceship, created by SpaceX. Image from <a href="https://www.
    flickr.com/photos/spacexphotos/16787988882/">Flickr.com</a></figcaption>
  </figure>
<p>There's various [...]</p>
figure {
  background-color: #eee;
  margin: 0;
  padding: 1em;
  float: right;
```

```
  max-width: 17em;
  margin-right: -8em; /* 向右推出 */
  margin-left: 1em;
}
```

图 6-9　浮动的插图，使用负的 `margin-right` 向外拉出去一点

　　在图 6-10 中，我们删除这个负外边距，并把插图宽度设置为文章宽度的一半，而且还增加了第二幅插图。此时，两幅插图并肩而立。

```
figure {
  float: right;
  width: 50%;
}
```

图 6-10　两张浮动的插图并肩而立，各占一半宽度

　　这种布局方式是很多 CSS 布局会用到的一种基本技术，即让浮动的元素构成一行中的列。正如第 3 章讨论过的，浮动也会有一些问题。浮动的元素并不在页面流中，因此需要一个元素来包含浮动元素。为此，可以给容器内部的一个（伪）元素应用 clear，也可以通过规则让容器成为一个新的块级格式化上下文（BFC，block formating context）。必要时，浮动也可以包含多行，但如果上面的行有浮动元素，也可能会被卡住。

　　浮动也可以对有限的水平内容进行独立于源码次序的排序。比如，通过分别向左和向右浮动两个元素，可以调整两幅插图的次序（见图 6-11）。

a space station, which is even cooler!

The "Dragon" spaceship, created by
SpaceX. Image from *Flickr.com*

Artist mockup of Mars landing. Image
from *Flickr.com*

There's various government organizations and companies that are building

图 6-11　通过向不同方向浮动，交换插图位置

　　因为浏览器对浮动的支持极为普遍，所以浮动也成为了各种水平布局中的常用技术。第 7 章在构建用于页面整体布局的小型网格系统时，还会再用到浮动。除了浮动，实际上还有其他技术可以用来创建水平布局，虽然这些技术各有利弊。

6.2.2　行内块布局

　　文本行自身就是水平布局的，至少在从左往右和从右往左书写的语言中是如此。使用行内元素（如 span、time 或 a）时，它们会与文本沿相同方向水平对齐。也可以把**行内块**加入到文本流中，创造出水平对齐的元素，从视觉上看又是一个块。

　　比如，为太空飞船的文章末尾添加一些元数据，包括作者姓名、照片和电子邮件地址。为了添加样式，还使用了两个额外的 span 元素：

```
<p class="author-meta">
 <!-- 图片经 Jeremy Keith 授权使用 -->
 <img class="author-image" src="images/author.jpg" alt="Arthur C. Lark">
 <span class="author-info">
   <span class="author-name">Written by Arthur C. Lark</span>
```

```
    <a class="author-email" href="mailto:arthur.c.lark@example.com">arthur.c.lark@example.
com</a>
    </span>
</p>
```

现在，`.author-meta` 段落的底部会与图片底部及文本基线对齐。段落中的所有空白字符，包括图片和作者信息之间的换行符都被渲染为空格。这些空格的宽度取决于字体及其大小（见图 6-12）。

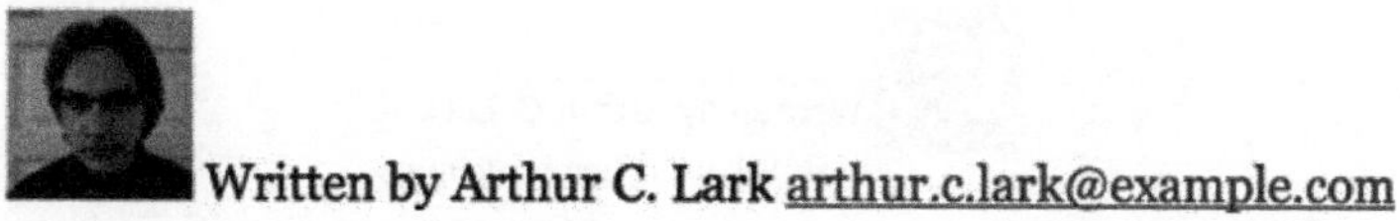

图 6-12　作者元数据，注意图片和文本间的空格

接下来，把图片和作者信息转换为行内块：

```
.author-image,
.author-info {
  display: inline-block;
}
```

渲染之后，其实并没有什么可见的差别。差别只在于现在图片和作者信息都是块了。比如，我们可以把作者信息中包含的姓名和电子邮件地址分别列为两行，只要把它们修改为块级元素即可：

```
.author-name,
.author-email {
  display: block;
}
```

现在已经比较接近我们想要的水平布局了：左边是浮动的图片，右边是一个文本块（就像第 3 章中的"媒体块"一样）。但还有一点，此时作者信息块最后一行的基线与图片底部是对齐的。图 6-13 展示了此时的状况，为清晰起见，我们特意给图片和作者信息块都添加了点线。

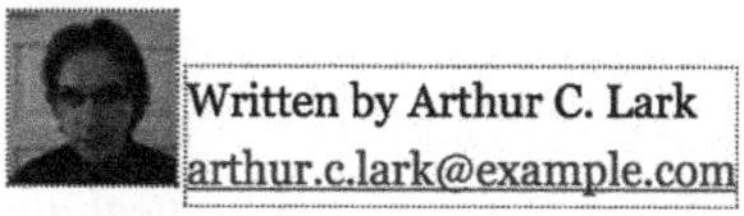

图 6-13　作者信息块的基线与图片底部对齐

现在可以通过 `vertical-align` 属性相对于图片来对齐作者信息。图 6-14 展示了在对齐关键字设置为 top 时，作者信息块的顶部与图片顶部对齐的效果。

图 6-14　通过 `vertical-align: top` 对齐作者信息与图片顶部

1. 行内块的垂直居中

假设我们的设计是让作者信息块相对于图片垂直居中。你可能会这么写:

```
.author-info {
  vertical-align: middle;
}
```

然而,结果可能并非你想要的,如图 6-15 所示。

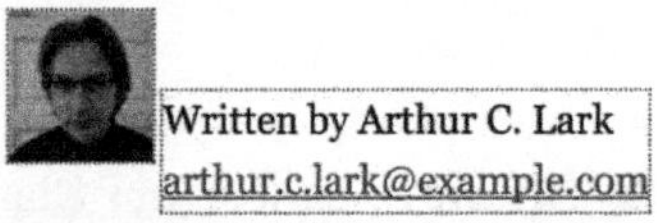

图 6-15   对作者信息块应用 `vertical-align: middle` 后的效果

这里有一点需要澄清。关键字 `middle` 在应用给行内块时,其含义是 "将这个行内块的垂直中心点与这行文本 x 高度的中心点对齐"。我们的例子中没有行内文本,(行内最高的)图片就成为决定行盒子高度以及基线位置的元素。而此时 x 高度的中心点就在图片底部(基线)靠上一点。要想将作者信息与图片一块垂直居中,需要让这两个元素都参照同一个 "中心点":

```
.author-image,
.author-info {
  vertical-align: middle;
}
```

因为图片此时也是行内块,所以它就与作者信息在同一个垂直点上居中对齐了,从而得到了我们想要的布局,如图 6-16 所示。

图 6-16   给图片和作者信息同时应用 `vertical-align: middle`,让它们在同一点上
　　　　　 垂直居中

如何确定行盒子的基线,以及这些规则如何影响行内及行内块元素,论述起来是比较复杂的。如果你想深入了解,推荐阅读 Christopher Aue 的文章 *Vertical-align: All You Need to Know*。对于利用行内块创建水平布局而言,如果需要垂直对齐,有以下两个要点:

- 要让行内块沿上方对齐(很像浮动),设置: `vertical-align: top;`
- 要让两个元素的内容垂直对齐,先把它们都转换成行内块,再对它们应用 `vertical-align: middle`。

2. 在容器元素中垂直居中

前面两个要点的第二个告诉我们:可以在**任意高度**的容器内垂直居中内容。其实也不完全对。唯一的前提是把容器的高度设置为确切的高度。

比如，假设我们想把作者元数据块设置为 10em 高，然后在其中居中放置作者图片和信息。首先，给.author-meta 块应用这个高度。为清晰起见，我们也添加了一个边框（见图 6-17）。

```
.author-meta {
  height: 10em;
  border: 1px solid #ccc;
}
```

图 6-17 设置了高度和边框的作者元数据块

但作者信息和图片并没有相对于容器块垂直居中对齐，而是仍然沿原来那条假想的文本行对齐。为了实现与容器垂直对齐，还需要增加一个行内块元素，让它占据 100%的容器高度。这个元素会让 middle 关键字认为容器的垂直中点是对齐点。为此，我们可以借助伪元素。如图 6-18 所示，在引入了这个"幽灵元素"后，假想的基线就以它为准了。

```
.author-meta:before {
  content: '';
  display: inline-block;
  vertical-align: middle;
  height: 100%;
}
```

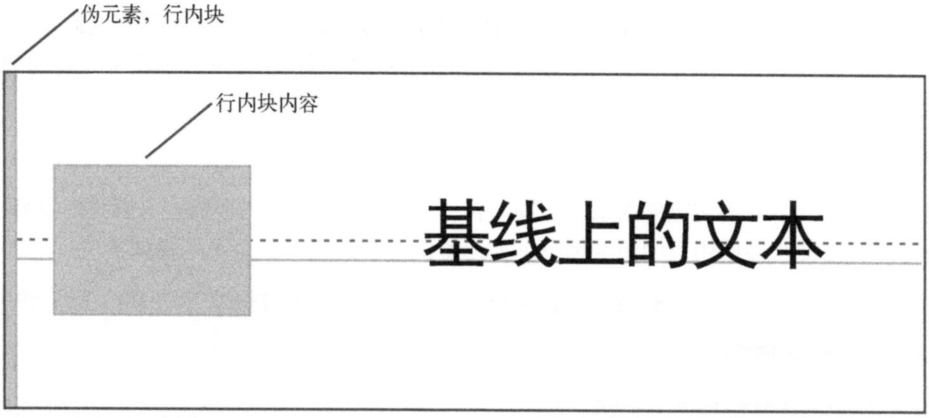

伪元素，行内块

行内块内容

基线上的文本

图 6-18 利用高度为 100%的伪元素，让 middle 关键字代表容器的垂直中心点

此时，就好像整个.author-meta 容器中只有一行文本，且高度与容器高度相同。因为这个

伪元素是一个行内块，且其垂直对齐方式设置为 `middle`，所以其他行内块也就与容器的中心垂直对齐了。接下来要做的就是水平居中内容。因为行内块像文本一样对齐，所以这里使用 `text-align`。

```
.author-meta {
  height: 10em;
  text-align: center;
  border: 1px solid #ccc;
}
.author-info {
  text-align: left;
}
```

结果就是 `.author-meta` 既水平居中又垂直居中，如图 6-19 所示。

图 6-19   水平且垂直居中的内容

确切来讲，这里的水平居中并不准确。这是因为行盒子内的任何空白符都会被渲染为一个空格。伪元素就会创建这么一个空格，导致内容向右偏移几个像素。通过给伪元素应用负外边距，可以抵消空格的宽度。

```
.author-info:before {
  margin-right: -.25em;
}
```

为什么是 `-.25em`？因为它就是当前字体中空格的宽度。这个值可能因字体不同而不同。因此，这个方案并不普适，也不推荐在任何系统性的布局工具中采用。在接下来的水平布局的例子中，我们会介绍 `inline-block` 作为布局工具更详尽的应用。

3. 追究细节：与空白战斗到底

对于每个块都占据确切宽度的水平布局而言，空白是一个突出的问题。下面我们以另一个常见的组件为例，介绍在使用行内块的情况下如何解决这个问题，尽量不用具体数值。

这一次我们要创建一个导航条，包含 4 个链接项，每一项都占据宽度的 1/4。标记如下：

```
<nav class="navbar">
  <ul>
    <li><a href="/home">Home</a></li>
    <li><a href="/spaceships">Spaceships</a></li>
    <li><a href="/planets">Planets</a></li>
    <li><a href="/stars">Stars</a></li>
  </ul>
</nav>
```

以下 CSS 标记为导航条添加了基本的颜色及字体样式，并通过轮廓线突出了链接项的边界。这里将每一项设置为占据 25% 的宽度，4 项正好占据全部宽度。

```css
.navbar ul {
  font-family: Avenir Next, Avenir, Century Gothic, sans-serif;
  list-style: none;
  padding: 0;
  background-color: #486a8e;
}
.navbar li {
  text-transform: uppercase;
  display: inline-block;
  text-align: center;
  box-sizing: border-box;
  width: 25%;
  background-color: #12459e;
  outline: 1px solid #fff;
}
.navbar li a {
  display: block;
  text-decoration: none;
  line-height: 1.75em;
  padding: 1em;
  color: #fff;
}
```

通过使用 `box-sizing: border-box` 确保每一项的边框及内边距都包含在各自 25% 的宽度以内。导航条本身的背景颜色是蓝灰色，链接项的颜色是深蓝色，链接文本颜色是白色。

图 6-20 展示了当前的效果。

图 6-20　列表项没能占据一行，而且项与项间还有空隙

HTML 源代码中的换行符被渲染成了空白符，再加上每一项 25% 的宽度，就导致了折行。要消灭这些空白符，可以尝试把所有 `<li>` 标签都排到一行，但这种要求显示不友好。

我们解决问题的方法也很简单粗暴，就是把包含元素的 `font-size` 设置为 0（从而让每个空格的宽度为 0），然后在每一项上重新设置大小：

```css
.navbar ul {
  font-size: 0;
}
.navbar li {
  font-size: 16px;
  font-size: 1rem;
}
```

这样就如期解决了空白问题，每一项都相互靠拢，只占据了一行，如图 6-21 所示。

图 6-21　包含 4 个等宽链接项的导航条

但这个技术也有缺点。首先与可以继承的 `font-size` 有关。假设我们在导航条上设置的是 16 像素的 `font-size`，那么我们就不能再使用 em 单位或比例，让每一项继承一个可伸缩的大小了。它会变成与 0 相乘。不过，我们可以通过使用 rem 单位，相对于根字体大小来保持可伸缩性。对于不支持 rem 单位的浏览器（主要是 IE8 及更早版本的 IE），还有一个像素值作为后备。

其次，稍微早一点的 WebKit 浏览器不一定支持 `font-size` 值为 0。比如 Android 4 早期版本中的 WebKit 浏览器。本章的后面会介绍，我们通常只把行内块作为兼容旧版本浏览器的后备手段，在此之上则会采用更现代的 Flexbox。随着这些浏览器慢慢开始支持 Flexbox，空白问题很可能就不再是问题了。

提示　假设你确实要在这些旧版的 Andoid 浏览器中采用行内块技术作为后备，还有一个与字体相关的终极技术。其思路是给父元素应用一个极小的自定义字体，该字体仅包含一个宽度为零的空格。最初的 `font-family` 会在子元素上重置。详细信息请参考 Matthew Lein 的文章 *Another Way to Kill Space between Inline-blocks* 中的演示。

6.2.3　使用表格显示属性实现布局

表格中的行恰好具有导航条例子中我们想要的特质：一组单元格恰好占满一行，而且永远不会折行。这也正是 HTML 表格在 Web 发展早期成为页面布局垄断技术的缘由。今天，我们可以通过 CSS 来借用表格的显示模式，不必求诸 HTML 表格标记。

如果将前面导航条的例子改为对 ul 元素使用的一种表格显示模式，并将其中的每一项设置为表格单元，那么也会得到与使用行内块一样的效果：

```
.navbar ul {

  /* 为简洁起见，省略了部分属性 */
  width: 100%;
  display: table;
  table-layout: fixed;
}
.navbar li {
  width: 25%;
  display: table-cell;
}
```

这样可以得到与图 6-21 中相同的布局结果。

注意这里将 ul 元素的宽度设置为 100%，是为了保证导航条能扩展到与父元素同宽。与常规块不同，不设置宽度的表格会"收缩适应"内容宽度，除非包含内容的单元把它撑开，让它的宽度足以填充父容器。

表格行中每一列的宽度有两种算法。默认情况下，浏览器会使用"自动"算法。这是一种没有明确规定，但某种程度上又是事实标准的算法，基本上就是根据自身单元格内容所需的宽度来决定整个表格的宽度。

另一种算法是"固定"表格布局，即使用 `table-layout: fixed`。这种算法下的列宽由表格第一行的列决定。第一行中声明的列宽具有决定性，后续行如果遇到内容较多的情况，只能折行或者溢出。

在利用表格显示模式来创建布局时，必须清楚这样也会引入表格的问题。比如，渲染为表格单元的元素无法应用外边距，给表格单元应用定位时的行为也无法预料。本书还会在第 9 章再讨论 HTML 表格与 CSS 表格显示模式。

表格单元中的垂直对齐

使用表格显示模式时，表格单元中的垂直对齐效果无须借助任何额外的技术。只要给显示为 `table-cell` 的元素应用 `vertical-align: middle`，就可以令其中的内容在单元格中垂直居中。如图 6-22 所示，给表格显示模式下的列表设定高度后，只需一条声明就能让列表项垂直居中：

```
.navbar ul {
  display: table;
  height: 100px;
}
.navbar li {
  display: table-cell;
  vertical-align: middle;
}
```

图 6-22　设置高度后，再将显示为表格单元的元素垂直居中

6.2.4　不同技术优缺点比较

在实现水平布局以及垂直对齐时，浮动、行内块，以及表格显示模式，到底该用哪一个呢？以下总结了它们各自的优缺点。

❑ **浮动**与行内块一样，可以包装多行文本。浮动也会基于自己的内容来"收缩适应"，有时候这种行为很有用。说到缺点，浮动的包含或清除，以及在被之前更高的浮动元素卡住时，你可能会很头疼。另一方面，浮动某种程度上可以不依赖元素在代码中的次序，因为可以让一行中的某些元素向左浮动，其他元素则向右浮动。

- ❑ **行内块**有空白符问题，但可以解决，尽管有点黑科技的色彩。从好的方面来说，行内块也可能包含多行文本，而且支持控制垂直对齐。它们具有和浮动一样的"收缩适应"大小的特性。
- ❑ 使用**表格显示模式**进行水平布局同样很便捷，但仅支持不会发生折行的内容。表格有的问题，这种方案同样也有。比如，无法给它们应用外边距，内部的元素无法重新排序。但实现表格内容的垂直居中确实简便。

6.3　Flexbox

Flexbox，也就是 Flexible Box Layout 模块，是 CSS 提供的用于布局的一套新属性。这套属性包含针对容器（**弹性容器**，flex container）和针对其直接子元素（**弹性项**，flex item）的两类属性。Flexbox 可以控制弹性项的如下方面：

- ❑ 大小，基于内容及可用空间；
- ❑ 流动方向，水平还是垂直，正向还是反向；
- ❑ 两个轴向上的对齐与分布；
- ❑ 顺序，与源代码中的顺序无关。

假如行内块、浮动和表格格式让你觉得很棘手，那么 Flexbox 很可能适合你。因为它就是为了应对本章前面提到的各类问题而生的。

6.3.1　浏览器支持与语法

Flexbox 已经得到主流浏览器较新版本的广泛支持。对于某些需要兼容的旧版本浏览器，只要调整一下语法或提供商前缀，基本上也没问题。

具体而言，要支持 IE10 及更早版本的 WebKit 浏览器，需要在本章标准代码基础上补充提供商前缀属性和一些不同的属性，因为 Flexbox 规范本身在发展过程中也经过几次修改。关于这方面，有很多文章和工具，比如 Flex Boxes 代码生成器（http://the-echoplex.net/flexyboxes/）。

注意，IE9 及更早版本的 IE 不支持 Flexbox。本章后面会再讨论针对这些浏览器的后备策略。

6.3.2　理解 Flex 方向：主轴与辅轴

Flexbox 可以针对页面中某一区域，控制其中元素的顺序、大小、分布及对齐。这个区域内的盒子可以沿两个方向排列：默认水平排列（成一行），也可以垂直排列（成一列）。这个排列方向称为**主轴**（main axis）。

与主轴垂直的方向称为**辅轴**（cross axis），区域内的盒子可以沿辅轴发生位移或伸缩，如图 6-23 所示。通常，Flexbox 布局中最重要的尺寸就是主轴方向的尺寸：水平布局时的宽度或垂直布局时的高度。我们称主轴方向的这个尺寸为**主尺寸**（main size）。

Flexbox行
Flexbox列
辅轴
宽度
主轴
主轴
主尺寸
高度
辅轴

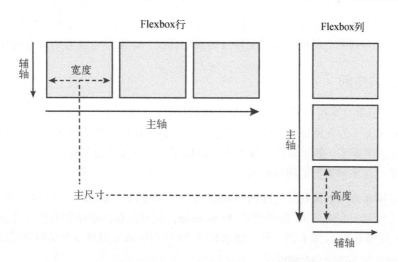

图 6-23　水平与垂直布局时的主轴与辅轴，以及相应的主尺寸

回头再看看图 6-20 中展示的导航条（包含链接的无序列表和容器），它很容易转换成 Flex 容器。假设其他样式（颜色、字体、链接、边框）都一样，那么只要一行 CSS 代码即可。至于列表项，无须声明任何属性，而且也不必给每一项指明宽度（见图 6-24）。

```
.navbar ul {
  display: flex;
  /* 除非另有声明，否则这行代码也相当于声明了 flex-direction: row; */
}
```

HOME
SPACESHIPS
PLANETS
STARS

图 6-24　通过 Flexbox 创建导航条

从图 6-24 中可以看到，链接项是水平排列的，而且根据各自的内容进行了收缩适应。结果就好像是块级文档流被旋转了 90 度一样。

所有链接项集中在左侧，是从左到右书写的语言环境下的默认行为。如果把 `flex-direction` 改成 `row-reverse`，那么所有链接项就会集中到右侧，而且变成从右向左排列（见图 6-25）。注意，排列方向反转了！

```
.navbar ul {
  display: flex;
  flex-direction: row-reverse;
}
```

STARS
PLANETS
SPACESHIPS
HOME

图 6-25　`row-reverse` 模式下的项目排列

6

如果不指定大小，Flex 容器内的项目会自动收缩。也就是说，一行中的各项会收缩到各自的最小宽度，或者一列中的各项会收缩到各自的最小高度，以恰好可以容纳自身内容为限。

6.3.3   对齐与空间

Flexbox 对子项的排列有多种方式。沿主轴的排列叫**排布**（justification），沿辅轴的排列则叫**对齐**（alignment）。（为方便记忆，大家可以想象一下铅字排版。默认情况下铅字是沿水平方向排布的，也就是水平排字。如果要排竖版书呢？那铅字就要沿垂直方向排布，也就是垂直排字。无论如何，只要记住主轴方向的叫**排布**就行了。）

用于指定排布方式的属性是 justify-content，其默认值是 flex-start，表示按照当前文本方向排布（也就向左对齐）。如果改成 flex-end，所有项就都会挤到右侧（变成向右对齐），但顺序不变（见图 6-26）。图 6-27、图 6-28 和图 6-29 分别展示了另外 3 个关键字的效果：center、space-between 和 space-around。

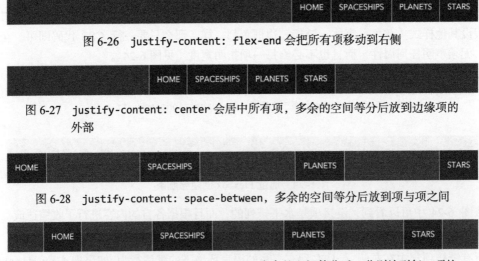

图 6-26   justify-content: flex-end 会把所有项移动到右侧

图 6-27   justify-content: center 会居中所有项，多余的空间等分后放到边缘项的外部

图 6-28   justify-content: space-between，多余的空间等分后放到项与项之间

图 6-29   justify-content: space-around，多余的空间等分后，分别放到每一项的两侧；注意，两项之间的空间不会重叠

Flexbox 不允许通过以上这些关键字指定个别项的排布方式。然而，对 Flexbox 的子项指定值为 auto 的外边距在这里却有不同的含义。因此，我们可以利用这一点。具体来说，如果指定某项一侧的外边距值为 auto，而且在容器里那一侧还有空间，那么该外边距就会扩展占据可用空间。利用这一点，可以创造让一项位于一侧，其他项位于另一侧的布局。图 6-30 展示了第一项在左侧，其他项在右侧的布局。

```
.navbar li:first-child {
  margin-right: auto;
}
```

图 6-30 对第一项应用 `margin-right: auto` 可以吃掉所有剩余空间，把其他项推到右侧

本质上来说，像这样使用自动外边距抵消了其他项的排布效果，因为之后就没有多余空间可分了。尽管如此，对其他项仍然可以应用外边距。

1. 辅轴对齐

前面通过 Flexbox 轻松解决了水平布局的基本问题。实际上，Flexbox 还支持对另一轴向的控制。如果我们增加 Flex 容器自身或其中一项的高度，会发现控制另一轴向属性的默认值会产生有趣的效果（见图 6-31）。

```
.navbar ul {
  min-height: 100px;
}
```

图 6-31 默认情况下，Flex 子项会沿辅轴方向填满 Flex 容器

好像这些子项自动就等高了！实际上，控制辅轴对齐的属性 `align-items`，其默认值是 `stretch`（拉伸）。也就是说，子项默认拉伸，以填满可用空间。其他的关键字还有 `flex-start`、`center` 和 `flex-end`，效果分别如图 6-32、图 6-33 和图 6-34 所示。这 3 个关键字都会把子项收缩成原有大小，然后再沿辅轴进行上、中、下对齐。

图 6-32 应用 `align-items: flex-start` 的效果

图 6-33 应用 `align-items: center` 的效果

图 6-34 应用 `align-items: flex-end` 的效果

最后，还可以使用 `baseline` 关键字，将子项中文本的基线与容器基线对齐，效果与行内块

的默认行为类似。如果子项大小不一，而你希望它们在辅轴上虽然位置不同，但本身对齐，那么就可以采用这种方法。

在图 6-35 中，我们添加一个类名表示当前活动的项。

```html
<ul>
    <li><a href="/home">Home</a></li>
    < li class="navbar-active" ><a href="/spaceships">Spaceships</a></li>
    <li><a href="/planets">Planets</a></li>
    <li><a href="/stars">Stars</a></li>
</ul>
```

图 6-35　通过 navbar-active 类表示选中的状态

这个活动项的 font-size 稍大一点，而且 z-index 值为 1。

```css
.navbar .navbar-active {
    font-size: 1.25em;
}
```

现在，容器的基线由较大活动项的基线决定，其他项都自动与之对齐。

2. 对齐个别项

除了同时对齐所有项，还可以在辅轴上指定个别项的对齐方式。比如，可以让"HOME"项对齐到左上角，让其他项对齐到右下角（见图 6-36）。

```css
.navbar ul {
    min-height: 100px;
    align-items: flex-end;
}
.navbar li:first-child {
    align-self: flex-start;
    margin-right: auto;
}
```

图 6-36　使用 align-self 对齐个别项

3. Flexbox 中的垂直对齐

终于，Flexbox 可以让我们轻松解决垂直对齐问题了。在容器里面只有一个元素时，只要将容器设置为 flex，再将需要居中的元素的外边距设置为 auto 就行了。这是因为 Flexbox 中各项的自动外边距会扩展"填充"相应方向的空间。

```
<div class="flex-container">
  <div class="flex-item">
    <h2>Not so lost in space</h2>
    <p>This item sits right in the middle of its container...<p>
  </div>
</div>
```

想要水平并且垂直居中 `.flex-item`，仅需以下 CSS 代码，无论容器或其中元素有多大。在这个例子中，我们让容器与视口一样高（在 `html`、`body` 和 `.flex-container` 元素上都设置了 `height: 100%`），就是为了让效果更明显（见图 6-37）。

```
html, body {
  height: 100%;
}
.flex-container {
  height: 100%;
  display: flex;
}
.flex-item {
  margin: auto;
}
```

图 6-37　使用 Flexbox 和自动外边距实现垂直并水平居中

如果 Flex 容器中有多个元素，就像前面作者元素数据的例子一样，那么可以使用对齐属性把它们聚拢到水平和垂直中心上（见图 6-38）。为此，把排布和对齐都设置为 `center`。（当然，这也适用于单个元素的情况，只不过 `margin: auto` 的代码更少。）

```
.author-meta {
  display: flex;
  flex-direction: column;
```

```
justify-content: center;
align-items: center;
}
```

图 6-38　通过 Flexbox 可以轻松实现多个元素的垂直居中

6.3.4　可伸缩的尺寸

Flexbox 支持对元素大小的灵活控制。这一点既是实现精确内容布局的关键，也是迄今为止 Flexbox 中最复杂的环节。如果第一遍没有看懂本节的内容，也不要苦恼。可伸缩的尺寸在实现之前，确实是很难预测的。

1. 相关属性

Flex 的意思是"可伸缩"，这体现在以下 3 个属性中：`flex-basis`、`flex-grow` 和 `flex-shrink`。这 3 个属性应用给每个可伸缩项，而不是容器。

- ❑ `flex-basis`：控制项目在主轴方向上、经过修正之前的"首选"大小（`width` 或 `height`）。可以是长度值（如 `18em`）、百分比（相对于容器的主轴而言），也可以是关键字 `auto`（默认值）。

  关键字 `auto` 的意思好像是把 `width` 或 `height` 设置为自动，但实际上并不是那么回事。这里 `auto` 值的意思是这个项目可以从对应的属性（`width` 或 `height`）那里获得主尺寸——如果设置了相应属性的话。如果没有设置主尺寸，那么该项目就根据其内容确定大小，有点类似浮动元素或行内块。

  也可以设置 `content` 值，意思也是根据项目内容确定大小，但是会**忽略**通过 `width` 或 `height` 设置的主轴尺寸（与 `auto` 不同了）。注意，`content` 关键字是后来才加入 Flexbox 的，支持程度可能不一致。

- ❑ `flex-grow`：一个**弹性系数**（flex factor）。在通过 `flex-basis` 为每一项设置了首选大小之后，如果还有剩余空间，该系数表示该如何处理。其值是一个数值，表示剩余空间的一个比值。这个比值怎么算，我们稍后会解释。默认值是 `0`，表示从 `flex-basis` 取得尺寸后就不再扩展。

- ❑ `flex-shrink`：也是一个弹性系数，与 `flex-grow` 类似，但作用相反。换句话说，如果空间不够，该项如何收缩？增加了 `flex-shrink` 这个因素之后，计算过程更加复杂了，稍后我们会讨论。默认值是 1，表示如果空间不够，所有项都会以自己的首选尺寸为基准等比例收缩。

要理解 flex-basis 与 flex-grow 以及 flex-shrink 的关系，可并不容易。Flexbox 使用了相当复杂的算法来计算各伸缩项的大小。但是，如果我们将计算过程简化为以下两个步骤，那么理解起来就容易多了。

(1) 检查 flex-basis，确定假想的主尺寸。

(2) 确定实际的主尺寸。如果按照假想的主尺寸把各项排布好之后，容器内还有剩余空间，那么它们可以伸展。伸展多少由 flex-grow 系数决定。相应地，如果容器装不下那么多项，则根据 flex-shrink 系数决定各项如何收缩。

为了理解这些属性，我们来举一个例子。在这个例子中，假设容器宽度是 1000 像素。标记中，这个容器包含两个子元素。其中一个包含一个短单词（用"Short"表示），另一个包含一个长单词（用"Loooooong"表示）。因此，前者要占据 200 像素宽度，后者要占据 400 像素宽度（见图 6-39）。此时项目还没有放到容器中。

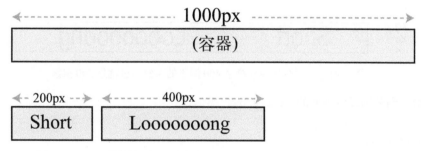

图 6-39　1000 像素宽的 Flex 容器和两个（未放到容器中的）Flex 项

如果这两项的 flex-basis 值都是默认的 auto，而且都没有设置 width 属性，那么当它们放到容器中时，它们会各自依据自身内容确定宽度（见图 6-40），因此一共会占据 600 像素。这是 flex-basis 默认值的结果，与前面导航条中的例子一致。

```
.navbar li {
  flex-basis: auto; /* 默认值 */
}
```

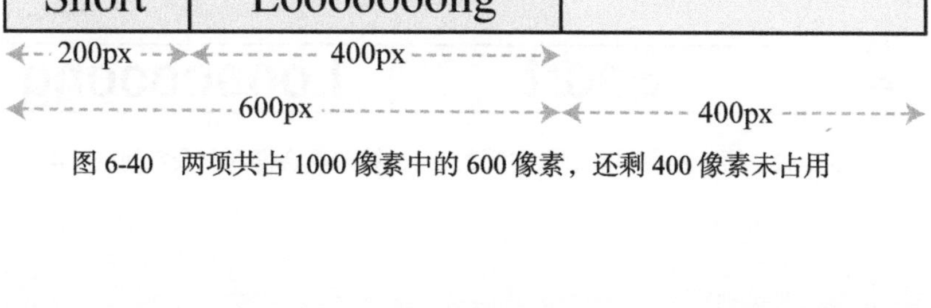

图 6-40　两项共占 1000 像素中的 600 像素，还剩 400 像素未占用

因为有剩余空间可分配，所以可以考虑 flex-grow 了。默认情况下，flex-grow 的值为 0，对各项的大小没有影响。假如此时把 flex-grow 的值设置成 1 会怎么样呢？

```
.navbar li {
  flex-basis: auto;
  flex-grow: 1;
}
```

默认的 0 和现在的 1 都代表什么？嗯，有点像调配鸡尾酒：1 份这个，2 份那个，3 份苏打水。对，它们并不表示特定的大小，而表示占整体的"几份"。

这个例子里有两项，结果是两项会伸展相同的距离。它们的"1 份"表示各自分得剩余空间的一半，也就是 200 像素。换句话说，第一项最终的宽度是 400 像素，第二项最终的宽度是 600 像素。加在一起，正好是容器的宽度，如图 6-41 所示。

图 6-41　两项分别得到剩余 400 像素的 1 份，也就是 200 像素

假如给它们分别设置不同的 flex-grow，类似这样：

```
.navbar li:first-child {
  flex-grow: 3;
}
.navbar li:last-child {
  flex-grow: 1;
}
```

这会导致第一项分得剩余空间的 3/4，第二项分得 1/4。结果就是，两项各占 500 像素的宽度！图 6-42 展示了这种情况下布局算法计算各项大小的过程。

图 6-42　第一项会得到剩余空间的 3/4，第二项会得到剩余空间的 1/4

此例中的两项最终恰好平分秋色。如果我们希望各项能够按比例占据整个空间而不考虑各自内容，那么还有更合适的 Flexbox 技术，下面会介绍。

2. 纯粹按伸缩系数计算大小

在上一节用到的"简化版 Flexbox 布局算法"的第一个步骤中，我们是根据内容宽度来确定项目宽度的，因为 `flex-basis` 的值是默认的 `auto`，而且也没有给项目设定明确的宽度。假如第一步中 `flex-basis` 的值是 `0`，那在这一步就不会给项目分配空间了。这种情况下，容器内部的**全部空间**都会留到第二步再分配，就是根据伸缩系数切分，然后将最终尺寸指定给具体的项目。

在图 6-43 中，两个项目的 `flex-basis` 值为 `0`，`flex-grow` 值为 `1`。这意味着容器的全部空间要分成两部分，从而每个项目恰好占据可分配空间的一半。这个效果很接近使用百分比计算的布局，但好在无论有多少项目，Flexbox 都会自动伸缩以适应整个宽度。

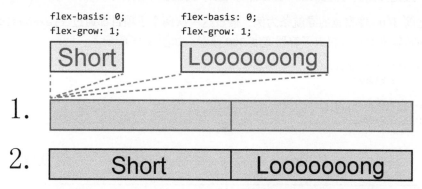

图 6-43　在算法的第一步，`flex-basis` 值为 `0`，导致两个项目都不会分得剩余空间，而是在第二步完全靠自己的 `flex-grow` 扩展系数来取得宽度

接下来要使用 `flex` 这个简写属性一次性设置 `flex-grow`、`flex-shrink` 和 `flex-basis` 属性，顺序就是这样，值以空格分隔：

```
.navbar li {
  flex: 1 0 0%;
}
```

注意，最后一个 `flex-basis` 值加了百分号。这是因为简写法中的 `flex-basis` 必须带单位，因此这里要么加百分号，要么就写成 `0px`。

如果想让第一个项目占据的空间是其他项目的 2 倍，就把其 `flex-grow` 值设置为 `2`：

```
.navbar li {
  flex: 1 0 0%;
}
.navbar li:first-child {
  flex-grow: 2;
}
```

　　将以上规则应用给包含 4 项的导航条标记后，第一项占据 2/5（40%）的宽度，后三项各占 1/5（20%）的宽度，如图 6-44 所示。

图 6-44　导航条第一项占 2 份剩余空间，其余项占 1 份

3. 收缩项目

　　当项目宽度总和超过容器宽度时，Flexbox 会按照 flex-shrink 属性来决定如何收缩它们。此时的收缩机制比 flex-grow 稍微麻烦一点。麻烦的根源在于，不能因为某个大项目导致总体宽度超出，就把小项目压缩得不可见了。让项目占据更多空间（比如前面的 flex-grow）比较容易理解，不过是按比例分配而已。但收缩的时候，情况就不一样了。

　　再以之前 1000 像素宽的导航条为例，假设这一次两个子项目都通过 flex-basis 预先设置了宽度。两项宽度的总和超出了容器宽度 300 像素，如图 6-45 所示。

```css
.navbar li:first-child {
  flex: 1 1 800px;
}
.navbar li:last-child {
  flex: 1 1 500px;
}
```

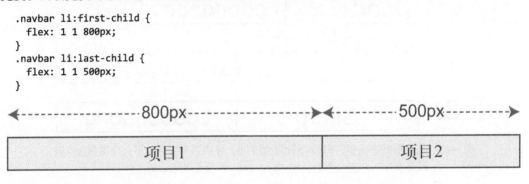

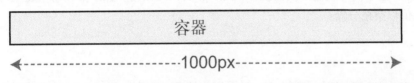

图 6-45　两个项目的 flex-basis 值加起来超出了容器宽度

　　加在一起的首选宽度（800 像素+500 像素=1300 像素）超出了容器宽度 300 像素。而且两个项目的 flex-shrink 值都是 1。你可能以为此时两个项目会分别收缩 150 像素，以便适应容器宽度。然而事实并非如此。它们会怎么收缩呢？它们会根据自己 flex-shrink 系数和 flex-basis 的值来按比例收缩。具体来说，每个项目先用自己的 flex-shrink 乘以自己的 flex-basis，然后再用乘积除以每一项的 flex-shrink 与 flex-basis 的乘积之和，最后再拿得到的比例系数去乘以超出的宽度（负空间），从而得到该项目要收缩的空间数量。

要记住这几个步骤有点困难，我们再简化一下表达：首选尺寸大的项目比首选尺寸小的项目收缩得更多（相对于 `flex-shrink` 系数而言）。因此就算这里两个项目的 `flex-shrink` 系数都是 1，它们收缩的量也是不一样的。以下是求第一个项目要收缩的量的过程：

((800 × 1) / ((800 × 1) + (500 × 1))) * 300 = 184.6

第一项要收缩 184.6 像素。用同一个公式计算第二项的收缩量：

((500 × 1) / ((800 × 1) + (500 × 1))) * 300 = 115.4

第二项要收缩 115.4 像素。两者相加，正好是为适应容器宽度而必须减少的 300 像素（见图 6-46 ）。

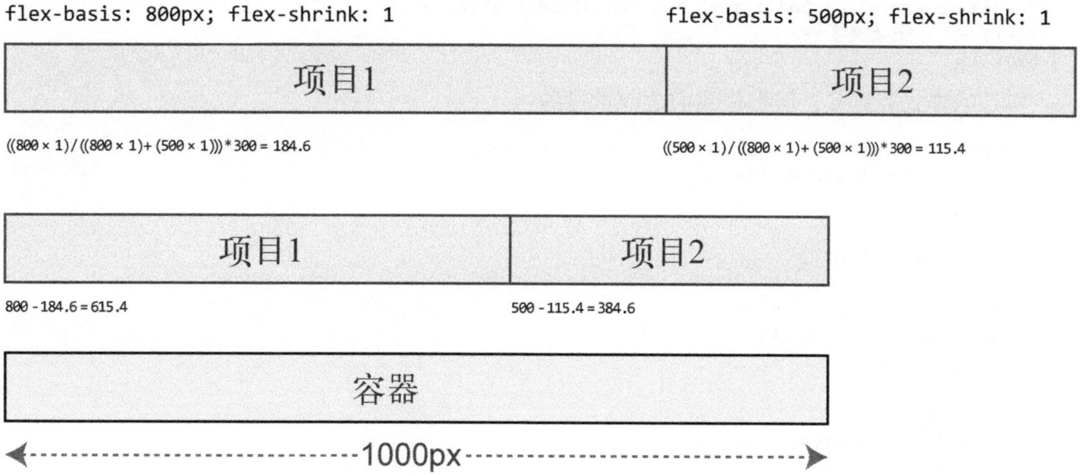

flex-basis: 800px; flex-shrink: 1　　　　　　　flex-basis: 500px; flex-shrink: 1

项目1　　　　　　　　　　　项目2

((800 × 1) / ((800 × 1)+ (500 × 1))) * 300 = 184.6　　　　((500 × 1) / ((800 × 1)+ (500 × 1))) * 300 = 115.4

项目1　　　　　　　项目2

800 - 184.6 = 615.4　　　　500 - 115.4 = 384.6

容器

◄‑‑‑‑‑‑‑‑‑‑‑‑‑1000px‑‑‑‑‑‑‑‑‑‑‑‑‑‑►

图 6-46　更复杂的 `flex-shrink` 计算过程

在使用 Flexbox 的时候，需要把这些都背下来吗？也许不用。不过，在碰到真实的布局问题时，能够想起来 `flex-shrink` 与 `flex-grow` 的计算方法不一样，或许有助于快速定位问题。

6.3.5　Flexbox 布局

前面导航条和作者元数据的例子只涉及一行内容。与行内块和浮动类似，Flexbox 也支持让内容排布到多行（列），但具有更强的可控性。

> **警告**　多行或多列 Flexbox 布局是新版本规范中才引入的。支持旧版本 Flexbox 规范的浏览器，像旧版本的 Safari、4.4 版本之前的 Android 浏览器、28 版本之前的 Firefox，都不支持多行或多列 Flexbox 布局。

这次我们来设计一组标签，表示星球的种类。这些标签是包含链接的一个无序列表，跟导航条例子中类似。但这里的列表项目可要多出好几倍，因此不可能让它们都挤在一行中。我们会给标签设置统一的背景颜色，并使用前面评注气泡中用到的伪元素技术，给它们应用实际标签的外观（见图 6-47）。

图 6-47　标签列表

```
<ul class="tags">
  <li><a href="/Binary_planet">Binary planet</a></li>
  <li><a href="/Carbon_planet">Carbon planet</a></li>
  <!-- ……还有更多-->
</ul>]
```

标签的样式有点多，但都是我们之前学过的：

```
.tags {
  border: 1px solid #C9E1F4;
  margin: 0;
  padding: 1em;
  list-style: none;
}
.tags li {
  display: inline-block;
  margin: .5em;
}
.tags a {
  position: relative;
  display: block;
  padding: .25em .5em .25em .25em;
  background-color: #C9E1F4;
  color: #28448F;
  border-radius: 0 .25em .25em 0;
  line-height: 1.5;
  text-decoration: none;
  text-align: center;
}
.tags a:before {
  position: absolute;
  content: '';
  width: 0;
  height: 0;
  border: 1em solid transparent;
  border-right-width: .5em;
  border-right-color: #C9E1F4;
  left: -1.5em;
  top: 0;
}
```

应用前面的样式之后，标签都成了行内块，可以随时折行。接下来该 Flexbox 上场了。首先，把列表元素转换为 Flex 容器，再通过 flex-wrap 属性的 wrap 值告诉它允许子元素折行：

```
.tags {
  display: flex;
  flex-wrap: wrap;
  margin: 0;
  padding: 0;
  list-style: none;
}
```

结果跟刚才差不多。但现在我们可以用 Flexbox 来控制方向、大小和行的对齐了。

1. 折行与方向

首先，可以反转行中标签的排布方向（跟导航条例子中一样）。把 `flex-direction` 的值改为 `row-reverse`，所有标签一下子就变成了从右上角起从右向左排布，每一行都变成了右对齐，如图 6-48 所示。

图 6-48　通过 `flex-direction: row-reverse` 反转行的排布方向

也可以反转垂直排布的方向，让第一行从底部开头，然后向上折行！在图 6-49 中，`flex-direction` 还是 `row-reverse`，而 `flex-wrap` 设置成了 `wrap-reverse`。

图 6-49　通过 `flex-wrap: wrap-reverse` 让标签从下向上折行

> **注意**　Flexbox 的方向是**逻辑方向**，即以文本方向决定哪里是边界的开头和末尾。如果你在做一个从右向左排版的阿拉伯语网站，水平方向将是相反的（假设你在标记中设置了 `dir` 属性），但垂直方向还是从上向下。

2. 多行布局中可伸缩的大小

Flexbox 对多行布局的另一个好处就是，可以利用可伸缩的大小均匀填充每一行（见图 6-50）。`flex-grow` 的计算是以行为单位的，因此项目的可扩展空间以行的宽度为限。

```
.tags li {
  flex: 1 0 auto;
}
```

图 6-50　应用 `flex-grow` 系数，创造出完美的整行效果

此时，稍微缩小一点浏览器窗口，就会导致最后一个标签折行，从而创建一个新行，看着很不舒服（见图 6-51）。然而，多行 Flexbox 布局中没有办法控制特定的某一行。换句话说，我们无法告诉这些项目，让它们到了最后一行就不再扩展了。

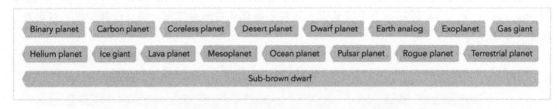

图 6-51　最后一个标签另起一行后变得非常长

要解决当前这个问题，可以给所有标签设置 `max-width`，限制可伸缩的范围（如图 6-52 所示）。

```
.tags li {
  display: inline-block;
  margin: .5em;
  flex: 1 0 auto;
  max-width: 14em;
}
```

图 6-52　通过给标签设置合理的 `max-width`，可以防止标签变得过长

总体来说，可以填充多余空间是 Flexbox 的核心优势。通过综合使用 `flex-grow` 及 `min-width` 和 `max-width`，就能实现非常智能的多行 Flexbox 布局。无论屏幕多大，或者容器里项目有多少，所有项目都会有合理的大小。第 8 章讲解响应式 Web 设计时还会深入讨论这项技术，以及如何让布局适应不同的环境。

3. 对齐所有行

在前面介绍辅轴对齐属性（`align-items` 和 `align-self`）时，我们知道 Flexbox 允许我们相对于一行的 `flex-start`、`center`、`baseline` 和 `flex-end` 这几个点来对齐项目。而在多行布

局中，我们则可以相对于容器来对齐行或列。

如果在标签列表容器中，我们设置了 `min-height: 300px`，就可以知道相对于容器对齐行或列的 `align-content` 属性的效果了。默认情况下，这个属性的值是 `stretch`，意思是每一行都会拉伸以填充自己应占的容器高度。如果通过浏览器右键菜单中"检查"来看一看标签，会发现每一个 `li` 元素都拉伸为容器高度的 1/3，如图 6-53 所示。

```
.tags {
  display: flex;
  flex-wrap: wrap;
  min-height: 300px;
  /* align-content: stretch; 在这里是默认值*/
}
```

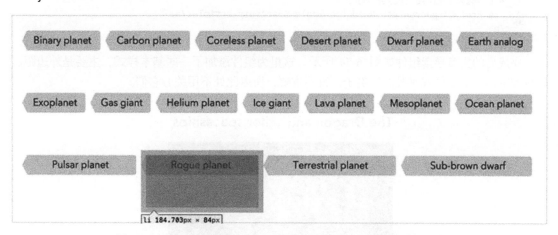

图 6-53　每一行都拉伸后，所有行高度的总和正好填满容器高度

`align-content` 对容器中多行的作用，与 `justify-content` 对主轴内容排布的作用非常相似。换句话说，通过 `align-content` 还可把多行排布到 `flex-start`（容器顶部）、`flex-end`（容器底部）、`center`（容器中部），还可以通过 `space-between` 或 `space-around` 让多行分隔开。

6.3.6　列布局与个别排序

使用 Flexbox 的 order 属性，可以完全摆脱项目在源代码中顺序的约束。只要告诉浏览器这个项目排第几就行了。默认情况下，每个项目的 order 值都为 0，意味着按照它们在源代码中的顺序出现。

通过 Flexbox 可以任意摆放项目顺序。在接下来的例子中，我们先放下水平布局技术，来创建一个小小的"文章导读"组件，其中包含飞船文章的节选，有标题、图片，还有一个阅读全文的链接。这个组件会以一列的形式出现。

首先从标记开始，组件内容的次序按照它们的重要性来排定：

(1) 以文章标题为内容的标题；

(2) 导读正文；

(3) 与文本主题相关的插图；

(4) 指向文章的链接。

```
<div class="article-teaser">
  <h2>The Dragon and other spaceships</h2>
  <div class="article-teaser-text">
    <p>There are actual spaceships...</p>
  </div>
  <img src="images/medium_spaceship.jpg" alt="The Dragon spaceship in orbit around Earth.">
  <p class="article-teaser-more">
    <a href="/spaceships">Read the whole Spaceship article</a>
  </p>
</div>
```

完成后的文章导读组件如图 6-54 所示。这里为组件添加了一些基本样式，主要是外边距、颜色和字体。这些样式对我们的例子而言不重要，所以此处不用关心它们。

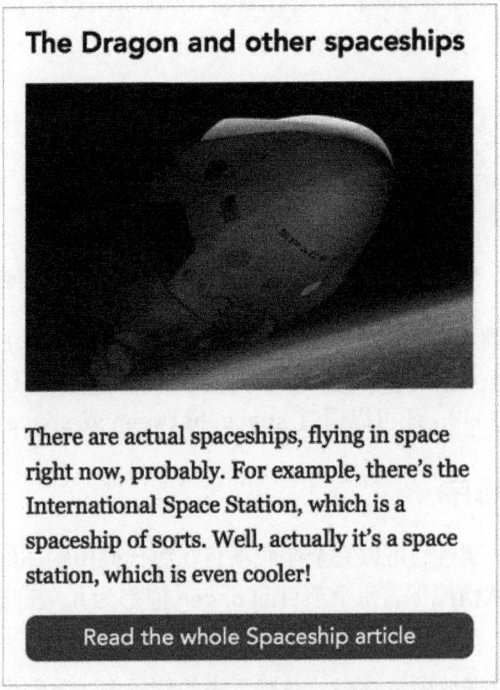

图 6-54　文章导读组件的第一版

从设计上说，把图片放在最前头可以抓住读者的眼球。但在标记中，把图片放在第一位不一定合适。这是因为对屏幕阅读器而言，最好是一上来就拿到文章标题，然后播报给读者。

为了能让图片排在最前头，需要把 `.article-teaser` 容器转换成一个 Flexbox 列：

```
.article-teaser {
  display: flex;
  flex-direction: column;
}
```

然后，给图片一个比默认值 0 小的 order 值，让它第一个出现（见图 6-55）：

```
.article-teaser img {
  order: -1;
}
```

图 6-55　重新排序后的文章导读组件

如果我们仍然希望标题在前头，可以像这样设置它们的 order 值：

```
.article-teaser h2 {
  order: -2;
}
.article-teaser img {
  order: -1;
}
```

　　其他项目的位置不会变，它们的 order 值仍然是 0。order 的值不一定要连续（标题和图片可以分别是 -99 和 -6），而且正、负值都可以。只要是可以比较大小的数值，相应的项就会调整次序。记住默认值为 0 即可。

> **警告** 通过 Flexbox 重排次序只影响呈现的结果。按 Tab 键切换键盘焦点和屏幕阅读器并不会受 order 属性的影响。因此 HTML 代码还是要按逻辑来写，不要因为有 Flexbox 就乱写一气。

6.3.7　嵌套的 Flexbox 布局

最后一个例子会展示可嵌套的 Flexbox 布局，以及一种非常实用的技术。

我们重用文章导读组件的例子，但这次有两个组件，并排在一起。为此，给它们加一个包装元素，将 Flexbox 方向设置为 row。

```
<div class="article-teaser-group">
  <div class="article-teaser">
    <!-- 第一个组件的内容 -->
  </div>
  <div class="article-teaser">
    <!-- 第二个组件的内容 -->
  </div>
</div>
```

将包装元素设置为一个 Flexbox 行：

```
.article-teaser-group {
  display: flex;
}
```

在图 6-56 中，我们看到了两个可伸缩项在辅轴方向拉伸的熟悉效果：两个组件的高度相同。

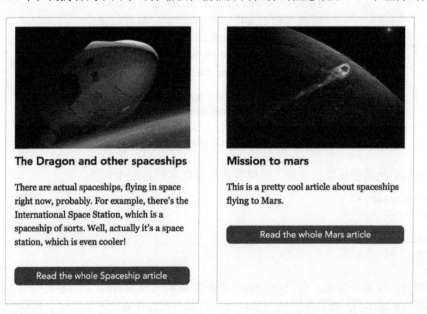

图 6-56　两个文章导读组件是嵌套的 Flexbox 列，同时也是 Flexbox 行的可伸缩项

之前我们也看到过等高的 Flexbox 可伸缩项。但在可伸缩项本身又是 Flexbox 容器时，比如本例的情况，我们还得再祭出一个"终极大法"。因为两个组件虽然一样高，但它们的内容却不是。第二个组件明显短一截，"阅读详情"按钮一个高一个低，视觉上明显不平衡。Flexbox 可以解决这个问题。

还记得把外边距设为 auto 就能让可伸缩项吃掉所有剩余空间吗？所以这里只要在"阅读详情"元素上设置 margin-top: auto，就可以把它推到列的底部，让两个组件的元素在视觉上对齐（见图 6-57）。

```
.article-teaser-more {
  margin-top: auto;
}
```

图 6-57　使用 margin-top: auto 把链接推到列的底部，实现组件完美对齐

如果使用之前的老技术，比如浮动、行内块和定位，那么实现这种动态内容布局肯定会相当麻烦。但如果 Flexbox 不可用呢？那么这两个组件会回退为更简单但绝对可用的设计，而这也正是下一节的主题。

6.3.8　Flexbox 不可用怎么办

虽然 Flexbox 确实已经得到了浏览器的广泛支持，但难免也会有需要通过浮动或行内块来以防万一的时候。比如要支持旧版本的 IE（即 IE10 之前的版本），或者浏览器 bug 影响 Flexbox 功能，或者要保证 Web 设计在旧版本安卓机上也能表现一致。总之，你明白的。

我们运气不错，实现 Flexbox 的后备方案，不少人已经总结过了。

首先，因为 Flexbox 只是一种显示模式，所以不理解 flex 关键字的浏览器会忽略它。也就是说，不支持 Flexbox 的浏览器仍然会按照一个常规块元素来显示原来的容器。

其次，给可伸缩项加上 float 声明，或者将其设置为 display: inline-block，都不会影响 Flexbox 布局。float 和 clear 关键字对可伸缩项没有影响，而设置不同的 display 值也不影响元素布局。这样的话，在水平布局中使用 Flexbox 就安全多了。首先写一个适合任何场景的布局，然后再通过 Flexbox 来增强外观。比如加入自动外边距、垂直对齐，以及其他锦上添花的改进。

有时候，你可能需要明确区分支持和不支持 Flexbox 的浏览器。此时，推荐使用 Modernizr 这个 JavaScript 库，它会检测浏览器的能力，为 HTML 标记加上相应的类名，作为你应用样式的依据。第 7 章还会具体讨论 Modernizr 的应用。

如果你只关心新版浏览器对该规范最新特性的实现，可以使用@supports 注解，从而基于浏览器支持情况设计差异化的样式：

```
@supports (flex-wrap: wrap) {
  /* 这里写 Flexbox 规则 */
}
```

这里仅限于那些理解条件规则语法和 flex-wrap: wrap 声明的浏览器。应该有不少浏览器支持 Flexbox 但不支持@supports，反之亦然。这类声明特别适合只应用某些新的 Flexbox 特性，或者绕过早期实现的 bug。

至于 Flexbox 的后备方案，关键是先有一个基准，然后是在这个基准之上的增强。

6.3.9 Flexbox 的 bug 与提示

Flexbox 总体来说还是一个新技术，但经过多次迭代，bug 或不一致问题已经不多了。

要跟进 Flexbox 在旧版本浏览器中的 bug，可以参考 Philip Walton 的社区合作的 Flexbugs 仓库（https://github.com/philipwalton/flexbugs），其中既有 bug 也有解决方案。

除了纯粹的 bug，还有以下提示给大家。

- ❑ 图片、视频，以及其他带有固定宽高比的对象，在作为可伸缩项时可能会有问题。这方面的规范也在不断改进，但最保险的方案是给这些对象加个包装元素，让包装元素作为可伸缩项。
- ❑ Flex 的可伸缩项也具有所谓的"隐性最小宽度"（implied minimun width）。换句话说，即便你通过属性指定可伸缩项要收缩，但它们可能也不会收缩到可容纳内容的大小之下。为此，可以覆盖 min-width 属性，明确指定一个主尺寸。
- ❑ order 属性的值决定了可伸缩项的绘制次序，但这个值可能也会影响这些项的叠加次序，与 z-index 类似。

❑ 而且，与常规块不同，不用将可伸缩项设置为非 `static` 的定位值，也可以直接给它们一个 `z-index` 属性。如果给了 `z-index` 属性，它的值会覆盖堆叠次序。带 `z-index` 属性的可伸缩项也会创建一个新的堆叠上下文。

❑ 某些元素的渲染模型会与常规渲染模型有出入。比如，`button` 和 `fieldset` 元素的默认渲染并不会完全遵从 CSS 指定的常规模式。如果让这些元素成为可伸缩容器，会遇到非常多的麻烦。

6.4 小结

本章依次介绍了几种常用的内容布局技术，以及它们各自的应用场景。具体来说，有行内块、表格显示模式、浮动等布局方法，以及这些技术的优缺点。

本章还讨论了使用绝对或相对定位的一些模式，辅以一些外边距设置，即可实现可用的组件模式。

最后，本章通过大量篇幅介绍了 Flexbox 标准，学习如何有效利用它来实现水平或垂直方向的元素分布、大小、对齐及次序调整。

接下来两章会继续向布局领域进军，先探索如何把我们学到的布局技术应用于整个页面的布局，包括专门为此设计的新 Grid 模块，然后再看一看怎么让 Web 设计适应各种不同的屏幕，也就是响应式 Web 设计。

6

第 7 章

页面布局与网格

本章介绍页面布局的系统性方法。上一章主要探讨的是个别页面组件的布局方式。了解页面布局最好先从个别组件开始。但与此同时，你也会发现总体结构中有重复出现的模式。本章主要讨论如何以可重用的方式实现这些结构，也就是能够盛放内容的容器。

创建容器的时候，一般都需要一个包含预置尺寸和比例的网格系统。本章会介绍用 CSS 创建该系统的几种方法，首先介绍相对传统的方法，然后演进到使用 Flexbox。后半章还会介绍面向未来的 CSS Grid Layout 规范。

本章内容：

❑ 页面布局的系统手段
❑ 与页面网格相关的术语
❑ 通过浮动和行内块创建页面布局，再通过 Flexbox 增强
❑ 使用 Grid Layout 模块

7.1　布局规划

在把设计方案转换成模板时，很多人想都不想，就开始写标记和写 CSS。这样写着写着，很快就会发现自己没有了任何回旋余地。如果能在事前稍微做一番规划，那么将来很可能就避免了大量的无用功。正所谓"三思而后行"嘛。

规划阶段的关键在于从设计方案中找出重复的模式，并识别出一些本质的东西。

7.1.1　网格

说到一个网站的整体布局，大家经常会想到**网格**系统。网格系统是设计师在切分布局时作为参照的一组行和列（见图 7-1）。行和列之间的空白叫作**空距**（gutter）。无论是设计师还是开发者，对他们说"一个元素占三列，左右各有一个空距"，谁都能明白。于是，网格系统就成为了页面布局常用的参照系。当然，也可以撇开网格系统来做非对称设计，但这不是主流。

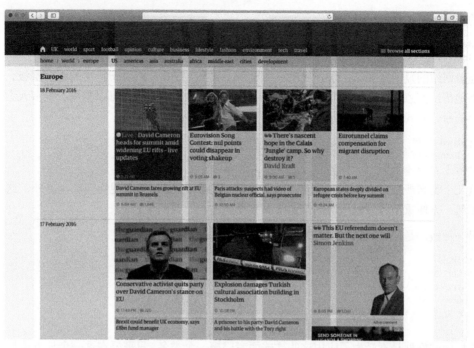

图 7-1　网格系统的应用示例。总体上这个页面使用了 5 列，而右边 4 列又使用了内嵌的 3 列

网格相关术语

早在 Web 设计出现的几百年之前，网格系统就已经在图形设计领域广泛使用了。在 Web 设计中，我们常用的概念就是行、列、空距，而在传统的平面设计中，网格系统的概念更为丰富。

按照最传统的说法，行和列指的是网格中的横条或竖条，分别撑满网格的宽度或高度。行与列相交的一个单元格，称为**单元**（unit）或**模块**（module）。多个单元按照某个比例可以构成更大的区块，比如三行两列。这些单元组合构成的区块，或水平或垂直，过去被称为**区域**（field）或**范围**（region）。

每一维度的单元数量，常常与可以创建的比例相关。比如，24 列网格可以进一步分成 4 栏，每栏 6 列，或者 3 栏，每栏 8 列。

这些传统的术语对 Web 设计可能没啥用。但从另一方面来看，了解这些背景也没什么坏处，可能还有助于你与同事沟通，或者在编写代码时命名。一开始就有一套常用的命名方案，对编写结构化的代码非常有好处，比如可以参考它们命名一些辅助类。

7.1.2　布局辅助类

类名用于为布局添加样式。对于简单的网站，几个类名就够用了。比如，用于控制两栏博客布局的类名大概这样就可以了：

```
.main-content {}
.secondary-content {}
```

随着网站的复杂度提高，你会发现一些规律：由于某些部分从属于特定的内容层级，类名无法清晰地传达其意图。这时候类名重用就成了一个问题。为了让样式可以重用，很多人尝试“可视化”的命名方式，比如：

```
.column { /* 一般列的样式 */ }
.column-half { /* 占行宽的一半 */ }
.row { /* 一般行的样式 */ }
```

这几个类名严格来说是表现性的，也就是在 HTML 中要加入表现性信息。另外，这样命名一目了然，方便重用，可以**一次到位**地解决布局问题。

另一种做法是把具有共用样式的选择符集中到一起：

```
.thing,
.other-thing,
.third-thing,
.fourth-thing {
  /* 这里共用的样式 */
}
```

这样做的好处是不必为了应用这些样式而专门搞一个类名，只需要在这一个地方添加或删除即可。但如此一来，选择符可能会越来越多，变得难以维护。这也会给代码组织带来问题。而且像这样根据共用样式而非可重用组件来分割样式，还会让修改网站中特定部分的样式变得非常麻烦，因为你不得不在很多样式块之间跳来跳去。

命名规范是高质量代码的重要组成部分，把表现与标记混在一起也是权衡的结果。本章将走一条中间路线，一方面会使用一些辅助类，另一方面会尽可能少地与表现绑定起来。这是创建布局系统的简便方式，可以快速实现原型，同时还能保持样式的一致性。第 12 章会继续探讨模块化及可重用的 CSS。

无论是你自己设计，还是你来实现别人的设计，都要三思而后行，做出可靠的实现。另外，给布局中的各个部分起个合适的名字也很重要，这样有助于跟设计师和开发团队沟通。如果设计很复杂，那么最好选择一个现成的 CSS 布局框架。

7.1.3　使用现成的框架

CSS 布局需要考虑很多因素，而你的设计中用到的东西，很多别的网站中可能也有。因此，出现了一些现成的 CSS 框架或者库，能够提供某种网格系统。

很多 CSS 框架都非常可靠，通过它们能迅速做出一个原型，而且能兼容很多浏览器。这当然很好，因为可以节省大量的时间。特别是涉及尺寸关系复杂的布局时，Gridset 等工具能帮你生成 CSS（见图 7-2）。

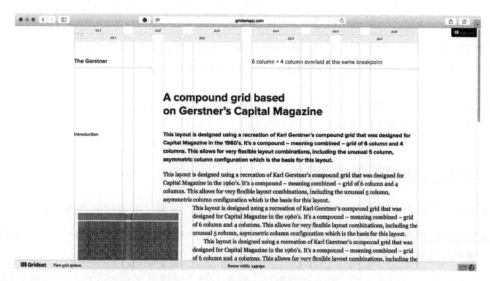

图 7-2　Gridset 是一个帮你生成网格线的布局工具

　　使用现成框架的问题在于，很多大型的 CSS 框架会包含一整套布局规则，而其中很多你都用不到。这意味着你的网站会包含占用带宽的无用代码，而且眼看着那么多代码却根本用不上，你也会心烦。

　　到底是该选择现成的框架还是自己写呢？视情况而定。如果你要快速做一个原型以验证某个想法，当然要选现成的框架。如果你的网站复杂到要修改已有框架的很多代码，那可能还不如自己写更好。

7.1.4　固定、流动还是弹性

　　可能你也看到过"固定布局""流动布局"或"弹性布局"的说法。这些说法指的是在某种布局下如何约束元素的尺寸。

- ❑ **固定布局**。指页面具有特定的宽度，比如 960 像素。固定布局已经流行很长时间了，因为这样设计师和开发者会轻松很多。但是，也有设计师质疑到底什么尺寸才是最好的：现在用户屏幕的主流宽度是 1024 像素，还是 1280 像素呢？
- ❑ **弹性布局**。指布局元素的尺寸使用 em 单位。这样，即使用户缩放文本大小，布局的比例也不会变。再与最小和最大宽度结合使用，还能使页面更好地适应屏幕大小。虽然弹性布局在今天有点过时了，但其利用最大宽度限制 em 单位的思想是创建流动布局的关键。
- ❑ **流动布局**。也称为"流式布局"，指页面元素会按比例缩放，但元素与元素之间的比率（有时候连元素之间的距离也）保持不变。这其实是 Web 的默认模式，即块级元素没有预置的宽度，其尺寸会随可用空间大小而变化。

　　固定布局现在仍然被广泛使用，因为设计师容易控制其中的元素。但是这种固定布局对网站访问者而言并不友好，同时也无法适应多种设备和屏幕尺寸。

我们建议尽量不要使用固定布局，最好使用流式布局，使其适应不同的设备。这种让设计能响应环境的设计方法叫作**响应式 Web 设计**（responsive Web design）。

注意　*响应式布局需要用到更多 CSS 特性，具体将在第 8 章介绍。本章为简化问题，假设布局都是在较大屏幕上展示的。*

7.2　创建灵活的页面布局

本节会介绍几种实用的布局方法，可以用来创建可靠、灵活、可重用的页面布局。

这里用到的很多技术和 CSS 属性都是第 6 章学习过的相应属性的变化，只不过应用视角变成了页面布局级别。

我们会创建一个如图 7-3 所示的页面布局，这个布局会随屏幕大小变化而展示不同的列数，同时水平的分节也会变化。

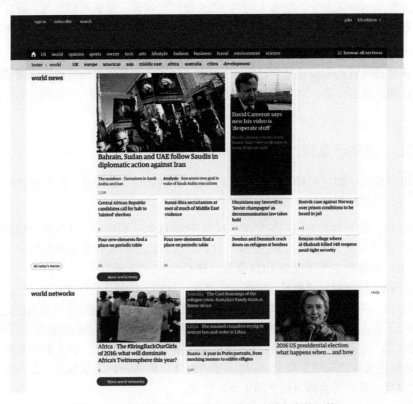

图 7-3　页面布局包含不同的列数和不同大小的区块

把这个页面的布局简化成线框图，可以得到如图 7-4 所示的样子。本节后面就来讨论如何实现这个布局。

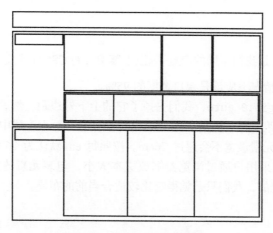

图 7-4 不同列数的线框图

这个线框图中没有表现出布局整体是居中的，有一个最大宽度限制。我们就从这个限制宽度包装元素开始。

7.2.1 包装元素

包装元素是页面布局中常用的一个盛放内容的元素，比如：

```
<body>
    <div class="wrapper">
        <h1>My page content</h1>
    </div>
</body>
```

为什么不使用 body 作为包装元素呢，毕竟它就在那儿嘛。这是因为很多时候我们需要的不仅仅是一个包装元素。比如，包装元素外面可能会有一个宽度不同的网站级的导航条，或者几个跟屏幕一样宽的区块中分别包含一个居中的包装元素。

好，下面为这个包装元素添加一些样式。这些样式通过自动外边距，将包装元素设置为在页面上居中，同时使用了最大宽度。对于流动布局而言，使用百分比来设置一个稍微小于 100% 的宽度是很常见的。最大宽度则相对于文本大小来设置，单位是 em。

```
.wrapper {
  width: 95%;
  max-width: 76em;
  margin: 0 auto;
}
```

body 元素默认是有外边距的，为避免不必要的干扰，我们得去掉它。第 2 章曾建议使用 Eric

Meyer 的 CSS Reset 或 Nicolas Gallagher 的 Normalize.css 来重置浏览器默认样式，以提供一致的样式基准。但有时候先自己动手也不错。这里我们就简单地去掉 body 的外边距：

```
body {
  margin: 0;
}
```

图 7-5 所示的结果就是我们布局的起点了。以上寥寥几行 CSS 样式反映了如下几个布局抉择。

❑ 主包装元素正常情况下应该是视口宽度的 95%。

❑ 通过简写的 margin:0 auto，我们去掉了它的上下外边距，然后将水平剩余空间平均分配给左、右外边距（每一侧是 2.5%），这样就让它在页面上居中了。

❑ 但是，这个包装元素最宽不会超过 76em。按照每 em 默认为 16 像素计算，相当于 1216 像素。不过，如果用户通过浏览器缩放文本大小，包装元素的宽度也会同比例缩放。76em 不是谁规定的，我们只是觉得它比较适合当前的布局。

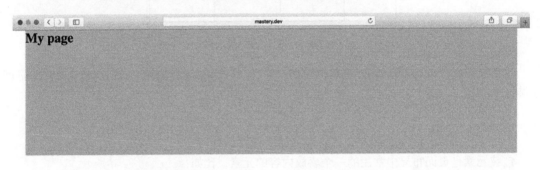

图 7-5　内容包装元素，这里临时给了它一个灰色的背景和一个高度值

这里屏蔽了一些不可控因素，比如屏幕大小及用户的字体设置，因为我们不希望布局的宽度值固定。

但我们知道，一个居中的布局两侧应该留出一些空白区域，这跟屏幕大小无关。而且我们希望布局的宽度有一个上限，以防止文本行的长度超出可读范围。假如用户的浏览器有不同的默认文本大小，那么布局的最大宽度应该也能自动缩放。

由于设计不同，你选择的度量方式也可能不同，但原理都是一样的：首先大体上确定内容包装元素的限制条件，但又不能把它们的值写死。要让布局能随机应变。

"随机应变"是软件设计的各种领域中经常能听到的一句话。在整体布局时不使用特定的像素值，就可以实现这一点。而这些样式一旦写完，就可以应用给任何包装元素，只要给它们添加相应的类即可。

换句话说，现在只要应用 wrapper 类就行了。以下代码中有 3 个地方应用这个类。首先是页头部分，然后是导航条。这两个元素本身是与浏览器视口一样宽的，但通过在它们内部包含一个包装元素，就可以实现内容在布局层面上居中。这两个块之后的 main 元素也是包装元素，用于盛放特定于页面的内容。

```html
<header class="masthead">
  <div class="wrapper">
    <h1>Important News</h1>
  </div>
</header>
<nav role="navigation" class="navbar">
  <div class="wrapper">
    <ul class="navlist">
        <li><a href="/">Home</a></li>
        <!-- ……还有更多 -->
    </ul>
  </div>
</nav>
<main class="wrapper">
  <!-- 这里是主体内容 -->
</main>
```

这里不讨论页头和导航条的样式（见图 7-6），但本书 CSS 示例中已经包含了这一内容，而且第 6 章也讲过了怎么创建导航条组件。

图 7-6　使用包装类在两个堆叠的页面区块内居中元素

7.2.2　行容器

接下来看看内容在水平方向上的分组。此时，我们唯一想让行组件做的事就是可以包含浮动元素。第 3 章介绍过，只要创建一个块级格式化上下文，就可以通过 overflow 属性来包含浮动元素。虽然对于较小的组件来说，使用 overflow 会比较容易实现包含，但这里使用的是一个设置了清除的伪元素。因为比较大的区块很可能会有定位内容被摆放到行容器之外，所以使用 overflow 可能对我们不利。

```css
.row:after {
  content: '';
  display: block;
  clear: both;
  height: 0;
}
```

7.2.3　创建列

行容器的样式写好了，下面就该把行分成列了。此时最重要的是确定使用哪种水平布局的方法。上一章介绍过水平布局的几种方法，其中浮动是最常用的，也是浏览器支持最好的技术。因此，这里用浮动创建列。对于从左到右书写的语言，默认的向左浮动应该是最佳选择。

考虑到将来可能会在不影响列宽度的前提下，直接给列容器添加边框和内边距，还应该把 `box-sizing` 属性设置为 `border-box`。

```
.col {
  float: left;
  box-sizing: border-box;
}
```

好，下面又该确定如何设置列宽了。很多 CSS 库都使用直接表示宽度的类来指定列宽，比如：

```
.col-1of4 {
  width: 25%;
}
.col-1of2 {
  width: 50%;
}
/* ……省略更多…… */
```

这种方式非常适合面向台式电脑或笔记本电脑的快速原型。根据前面定义的规则，很容易在 HTML 中定义一个 3 列的、最左列占一半宽度的布局。

```
<div class="row">
  <div class="col col-1of2 "></div>
  <div class="col col-1of4 "></div>
  <div class="col col-1of4 "></div>
</div>
```

这种方式的缺点是过分强调某种布局。如果将来需要根据屏幕大小动态调整布局，那么这种命名方式就不太合适了。

如果我们想通过可重用的类名来控制尺寸，就必须让标记与表现有一个结合点。可以给这个结合点换个名字，不使用特定的宽度或者比率，让它更加普适。用音乐来比喻的话，可以创建一条规则，让行容器在正常情况下包含 4 个宽度相等的部分（quartet，四重奏）。

```
.row-quartet > * {
  width: 25%;
}
```

然后使用通用选择符，直接针对行容器的子元素，同时可以降低这条通用规则的特殊性。因为通用选择符的特殊性为 0，所以后面可以用一个特殊的类名来覆盖这个宽度。此时通过以下标记就可以创建一个包含 4 个等宽列的行：

```
<div class="row row-quartet">
  <div class="col"></div>
  <div class="col"></div>
  <div class="col"></div>
  <div class="col"></div>
</div>
```

这样，`.row-quartet` 中的列如果想改变宽度，就可以应用覆盖宽度的一个类名，但这个类名并不与布局相关。于是前面的 3 列布局就可以这样来写：

```
<div class="row row-quartet">
  <div class="col my-special-column"></div>
  <div class="col"></div>
  <div class="col"></div>
</div>
.my-special-column {
  width: 50%;
}
```

除了四重奏，当然还应该有三重奏：

```
.row-quartet > * {
  width: 25%;
}
.row-trio > * {
  width: 33.3333%;
}
```

在前面的线框图中，两个子分类都有一个标题区，占布局区的 1/5，内容区占剩下的 4/5。而在第一个子分类中，还有一个更大的文章列，占内容区的 50%。

```
.subcategory-content {
  width: 80%;
}
.subcategory-header {
  width: 20%;
}
.subcategory-featured {
  width: 50%;
}
```

HTML 代码如下：

```
<section class="subcategory">
  <div class="row">
    <header class="col subcategory-header">
      <h2>Sub-section 1</h2>
    </header>
    <div class="col subcategory-content">
      <div class="row row-quartet">
        <div class="col subcategory-featured"></div>
        <div class="col"></div>
        <div class="col"></div>
      </div>
      <div class="row row-quartet">
        <div class="col"></div>
        <div class="col"></div>
        <div class="col"></div>
        <div class="col"></div>
      </div>
    </div>
  </div>
</section>
<section class="subcategory">
  <div class="row">
```

7

```
<header class="col subcategory-header"></header>
<div class="col subcategory-content">
  <div class="row row-trio">
    <div class="col"></div>
    <div class="col"></div>
    <div class="col"></div>
  </div>
</div>
</div>
</section>
```

使用额外的包装元素

在这个例子中，我们使用了额外的嵌套元素，即类名为row的元素，对"内部"列进行分组。为了让标记简洁，这里也可以将row类应用给col元素。但由于少了一层标记，万一规则发生冲突，也就会失去回旋余地。额外的元素可以降低冲突发生的可能性，当然代价就是标记会多一点。

把整个包装元素和一个简单的页头放一块儿，基本上就在页面中重现了我们的线框图。如图 7-7 所示，我们添加了示例标签和内容，还给列添加了最低高度及轮廓线。（因为不影响元素尺寸，所以轮廓线适用于元素可视化和调试布局。）

```
.col {
  min-height: 100px;
  outline: 1px solid #666;
}
```

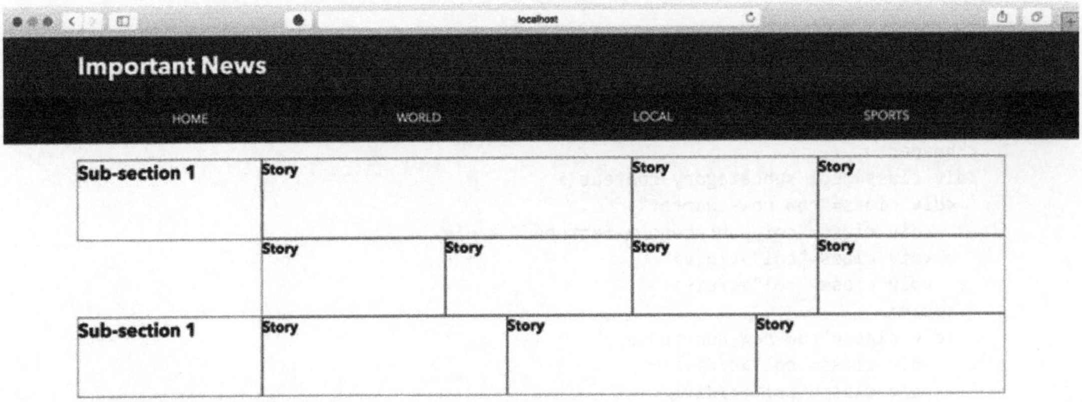

图 7-7　页面布局基本成形

在这些定义好的网格类基础上，很容易组合和扩展出更复杂的布局模式。下面在每个容器中添加一些示例内容，以充实细节。

以下是带图片的文章：

```
<div class="col">
  <article class="story">
    <img src="http://placehold.it/600x300" alt="Dummy image">
    <h3>Cras suscipit nec leo id.</h3>
    <p>Autem repudiandae...</p>
  </article>
</div>
```

图 7-8 展示了填充示例内容后的效果。

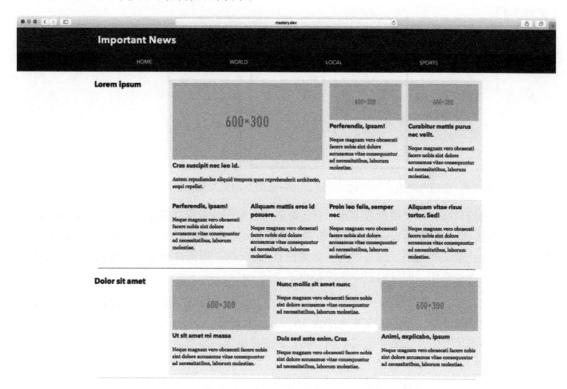

图 7-8   给网格添加了一些内容和样式后的布局效果

在列容器（类名为 col 的元素）中，我们使用了带 story 类名的 article 元素。这个额外的元素将布局与内容隔离开来，避免因加重包装元素的负担而导致其过载。

示例内容的样式包括背景颜色、一点内边距，以及一条让其中的图片流动布局且与元素同宽的规则：

```
.story {
  padding: .6875em;
  background-color: #eee;
}
.story img {
  width: 100%;
}
```

7.2.4 流式空距

现在显然该给列间添加一些空白了，这样布局才不会看起来紧绷绷的。没错，意思就是要添加空距（gutter）。

在流动布局中，空距可以是百分比，也可以是相对于字体大小的固定宽度。不管采用哪种方式，列元素两边的宽度都应该相等。换句话说，每一边的空距宽度都应该是预期空距宽度的一半（见图 7-9）。

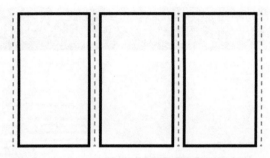

图 7-9 在列的两边添加等宽的空距，每一边的空距宽度都是预期空距宽度的一半

如果你想给列添加背景颜色或图片，而且希望背景和图片也保持间距，那就应该以外边距作为空距。这样，兼容不支持 box-sizing 的古老浏览器（如 IE7）也是没问题的。对于流动布局，应该使用百分比定义外边距。这是因为，如果没有 calc()，那么百分比和其他长度单位混合使用会让调试变得很麻烦，而且旧版本浏览器也不支持 calc()。

但不管怎么样，你都应该知道如何计算百分比外边距的实际值，这样才能保证空距与列宽相协调。在前面的例子中，我们的文本大小为 16 像素，行高为 1.375em，即 22 像素。假设我们希望在一般的屏幕尺寸中，空距等于文本的行高，从而将排版与布局联系起来。先从布局的最宽点开始，即 76em 或 1216 像素。

因为外边距相对包含块来计算，所以计算空距与总宽度的比例与计算相对文本大小是一样的：预期的宽度除以总宽度。22 除以 1216 等于 0.018092105。也就是说，一个空距大约是总宽度的 1.8%。最后，这个百分比再除以 2，就是每一列的每侧的外边距，即 0.9%：

```
.col {
  float: left;
  box-sizing: border-box;
  margin: 0 0.9% 1.375em;
}
```

这里也添加了一个下外边距，让两个内容行之间的距离等于行高。注意这里的垂直空间用 em 设置，而不是百分比。这是因为行高和屏幕尺寸无关，既然以行高为依据，就应该沿用计算行高的参照物（即文本大小）。

此时看一下我们的布局，会发现它乱了（见图 7-10）。这是给列添加了外边距所导致的。就

算我们设置了 `box-sizing: border-box`，对外边距也是无能为力。因此，接下来需要重新定义列宽。

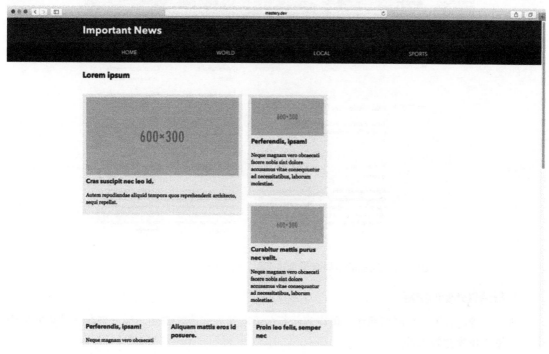

图 7-10　布局现在乱了，因为加上外边距之后，所有列的总宽度超过了 100%

因为给每一列加了 1.8% 的空距，所以只要从原先的列宽中减去它就可以了。

```css
.row-trio > * {
  width: 31.53333%;
}
.row-quartet > * {
  width: 23.2% ;
}
.subcategory-featured {
  width: 48.2% ;
}
.subcategory-header {
  width: 18.2% ;
}
.subcategory-content {
  width: 78.2% ;
}
```

减去之后的效果如图 7-11 所示。在这个屏幕截图中，我们稍微拖窄了一点浏览器窗口，可以看出空距也会随之缩小。

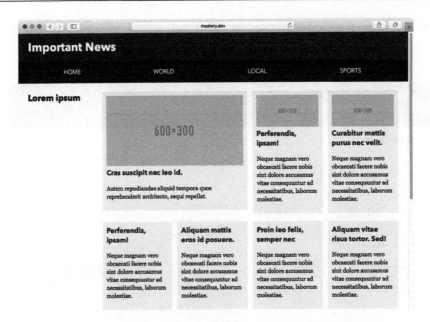

图 7-11 现在的布局有了流式空距，可以随浏览器窗口缩放

1. 抵消最外侧的空距

现在，我们有了一个网格系统，可以表示行、流动的列和流式空距。接下来要做的是处理细节，尽量避免视觉效果冲突。

首先，用于创建空距的外边距导致了外层容器左边和右边额外的缩进，这不是我们想要的。在内部行中嵌套的列也出现了同样的问题（见图 7-12）。我们应该去掉第一项的左外边距和最后一项的右外边距。但这样会导致列宽和空距的计算复杂化。

图 7-12 给每一列添加空距，导致 article 容器与
section 元素的边框出现了不应有的距离

我们运用另一个技巧来解决这个问题。第 6 章曾介绍过，没有特定宽度的非浮动块级元素，会在左、右负外边距**都**设置的情况下扩展其宽度。

由于我们使用了一个独立的元素作为行来分隔内容（而不是让列元素也充当行再去嵌套列），此时正好可以利用这一点来应用我们的技巧，那就是给每一行的左、右两侧都应用一个等于空距一半宽度的负外边距（见图 7-13）。

```
.row {
  margin: 0 -.9%;
}
```

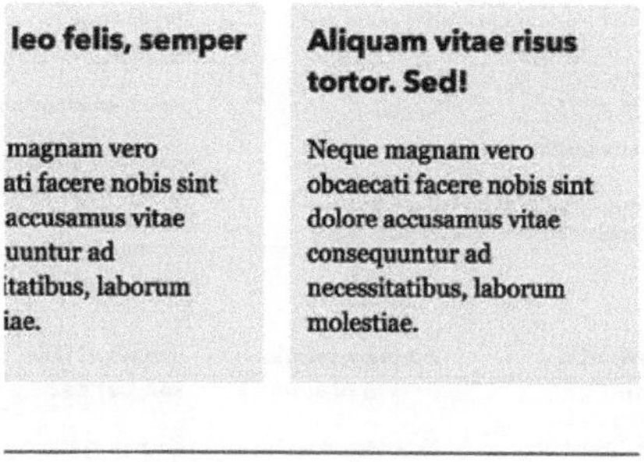

图 7-13　给行容器元素应用左、右负外边距，以抵消额外的缩进

2. 设置空距的替代方案

要想进一步简化列宽的计算，可以利用 **box-sizing** 属性，并使用内边距来设置空距。

如果想继续使用流式空距，那么只要把外边距改成内边距即可。这样就可以重新以整个宽度的适当百分比来表示列宽，而不必考虑空距了。

```
.col {
  float: left;
  box-sizing: border-box;
  padding: 0 .9% 1.375em;
}
.row-trio > * {
  width: 33.33333%;
}
.subcategory-featured {
  width: 50%;
}
/* ……省略更多…… */
```

这样一来就可以使用排版的基准来设置空距了。换句话说，可以使用 em 来设置空距，而不用基于网格宽度的百分比。在下面的例子中（见图 7-14），空距的大小与行高相同，在列之间创建了相同的垂直与水平间距，而这与网格的宽度无关。

```
.col {
  float: left;
  box-sizing: border-box;
  /* 左、右内边距各为行高的一半 */
  padding: 0 .6875em 1.375em;
}
```

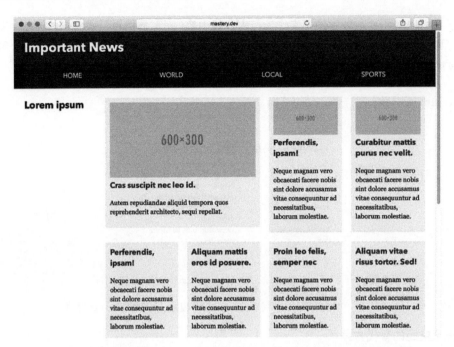

图 7-14　通过设置相对于文本大小的"弹性"空距，空距就跟内容宽度无关了

7.2.5　增强列：包装与等高

前面创建布局主要使用了浮动。其实上一章已经介绍过，除了浮动以外，还有很多其他布局方案。下面我们分别展示用其他方案创建同样布局的例子。掌握这些方法之后，可创造出更灵活的布局。

1. 用行内块包装行与列

仔细看一看图 7-15，会发现最多订阅区域的底部有两行是标题。在我们当前的布局中，只有一行稍微大一些的新闻预览。

图 7-15　最多订阅区域的底部包含两行标题新闻

使用浮动块来包装这些行可能会有问题。比如，某个新闻的标题很长，导致该列非常高，就

会出现难看的"锯齿"效果。

为此，可以创建一个通用的类名，预期的应用场景就是包装多行。对添加了这个类名的容器，应用第 6 章中基于文本大小技术的 `inline-block`。此时，由于 `font-size` 是 `0`，在设置行容器的负外边距时要使用 `rem` 单位。考虑到向后兼容，这里还增加了像素单位的后备规则：

```
.row-wrapping {
  font-size: 0;
  margin: 0 -11px;
  margin: 0 -.6875rem;
}
.row-wrapping > * {
  float: none;
  vertical-align: top;
  display: inline-block;
  font-size: 16px;
  font-size: 1rem;
}
```

有了这两条规则，就可以添加任意多个新闻预览，这些新闻预览会在填满一行四列后自动折行。在验证结果之前，我们先用 Flexbox 再打磨一下细节。

2. 使用 Flexbox 实现等高的列

第 6 章同样介绍过，Flexbox 可以用来创建等高的列。在创建一整套布局时，我们希望有些规则只在浏览器支持 Flexbox 时应用。

为检测浏览器是否支持 Flexbox，我们要在页面上方引入一小段脚本。这里我们使用 Modernizr，这个库会根据浏览器支持的特性，给 `html` 元素添加相应的类。访问 https://modernizr. com/，可以在上面定制你需要的检测脚本。本例所需的定制脚本只包含检测各种 Flexbox 特性的代码，以保持其最小化。

创建完检测脚本，把它复制到一个 JavaScript 文件里，然后在`<head>`元素中引入，但次序一定要**先于**所有引入 CSS 文件的元素。加载次序很重要，因为检测要在一开始加载时就进行，而此时还不能应用样式。

```
<script src="modernizr.js"></script>
```

然后就可以基于带前缀的类名来编写样式了。只有支持 Flexbox 的浏览器才会解析它们。`flexbox` 类表示浏览器支持 Flexbox，而 `flexwrap` 表示可伸缩项会折成多行或多列。

在完整的示例代码中，你会看到我们还使用了 `flexboxtweener` 类，这个类表示浏览器支持 IE10 中的 Flexbox。

首先，把标准行转换成 Flexbox 行：

```
.flexbox .row {
  display: flex;
}
```

这样，我们就已经创建了等高的列，其实这也是可伸缩项会拉伸以填充父元素的默认行为。

因为我们针对每一列的内容都使用了包装元素，所以需要对这些列应用更多的 Flexbox 属性，使其中的内容能均匀地填充这些列。这里每一列都会变身为一个列状的可伸缩容器，其子元素按照规则会均匀填充可分配的剩余空间。

```
.flexbox .col {
  display: flex;
  flex-direction: column;
}
.flexbox .col > * {
  flex: 1;
}
```

简写的 `flexbox: 1` 代表 `flex-grow: 1`、`flex-shrink: 1`、`flex-basis: 0`。

最后，再对包装行进行增强，让它们也能利用 Flexbox 的等高机制。

```
.flexwrap .row-wrapping {
  display: flex;
  flex-wrap: wrap;
}
```

现在再看一看我们的示例布局，如图 7-16 所示，行和列都完美地填充好了。

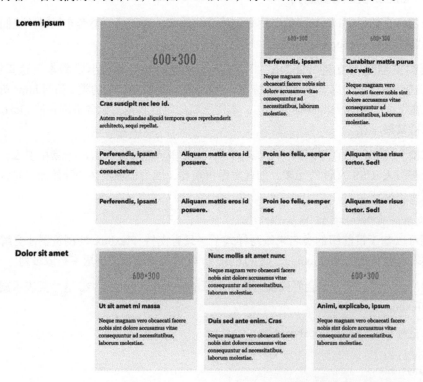

图 7-16 网格中的行和列完美地分布在容器里，每一行都以最高的内容项为准

好了，现在我们有了一组创建页面布局的规则。利用这组规则，只要组合运用一些类名，就可以控制行、列和空距。理解了这组规则，也就理解了 Bootstrap 和 Foundation 等 CSS 框架中的网格系统（当然，它们的类名是表现性的）。

根据本章介绍的布局思路，可以创建出适合自己项目的网格规则。同时，还可以做到代码最少和容易维护（最终示例文件中的代码只有 80 行左右，其中还包含空行和加了浏览器前缀的声明）。

7.2.6　作为网页布局通用工具的 Flexbox

第 6 章中详细解说了 Flexbox，它是一种强大的设计工具，可以实现精细而又灵活的内容布局。本章在基于浮动的布局基础上又应用了 Flexbox，做到了最大限度的向后兼容。这种做法是非常靠谱的，而且也正是图 7-3 中的布局所采用的策略。你如果察看该网站的源码，会发现很多相似之处！

第 6 章中也解释了为什么这种"在浮动之上应用 Flexbox"的策略非常重要。由于 Flexbox 本身会忽略可伸缩项的浮动（float）和显示（display）属性，使用它能够轻松打磨基于浮动的布局。可伸缩项从已经设置的属性中获取宽度、外边距、内边距等。但这就意味着 Flexbox 是用于创建整页布局以及类似网格结构的正确工具吗？

当然，没人能阻止你使用 Flexbox 进行页面布局（除非旧版本的浏览器不支持）。但 Flexbox 并非为此而创造出来的。没错，浮动也不是！因此使用 Flexbox 作为整体布局工具同样有其利弊。

1. 利弊

从有利的方面来看，Flexbox 性能出色，至少在实现最新规范的浏览器中是如此。现代 Flexbox 性能一般都比浮动要优越。早期 Flexbox 的实现性能并不好，因此在相应的旧版本浏览器中使用时要特别注意。

Flexbox 让页面布局变得非常简单，只需几行代码，就可以把元素切分成可伸缩的区块，而且可以通过扩展和收缩因子来控制。这种不用考虑组件数目就可以快速分布内容的能力，自然可以用于创建类似网格的布局。

从不利的方面来看，Flexbox 会随着其中内容的加载而重新计算尺寸，因此在页面首次加载时会跳一下，体验不太好。比如，可伸缩项中的图片在加载完成后，会把其他项向四周推开。

前面的例子中，因为使用基于 Flexbox 按行分布的默认值（元素不会自动扩展）和显式声明的宽度，所以将跳动最小化了。

2. 一维和二维布局

迄今为止，我们介绍的所有布局技术，包括 Flexbox 在内，都是基于把项目排成行或列的思路。虽然有的技术支持内容折行（从而在垂直方向上显示为堆叠），但本质上它们都是一维布局技术，即内容排列要么从左向右，要么从右向左，要么从上到下（见图 7-17），却不能跨行或跨列。这就意味着必须借用包装元素来进一步切分布局。

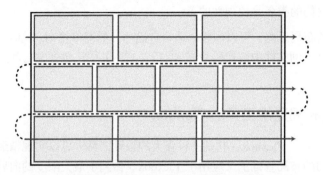

图 7-17　迄今为止，我们介绍的所有布局方法都是一维的，
因为通过它们来组织的内容流都是单向的

在 Web 发展早期可用的布局技术很少，其中一项就是 HTML 表格。在 CSS 出现很久之后，大家还一直"坚持"使用表格布局的一个重要原因就是，表格可以让我们实现二维布局。换句话说，就是表格中的单元可通过 colspan 和 rowspan 实现复杂的布局，如图 7-18 所示。

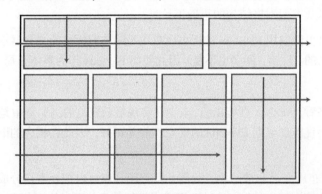

图 7-18　二维布局：算一算，如果图中布局使用浮动或 Flexbox，得用多少包装元素

从使用 CSS 实现页面布局至今，我们都默默地接受了一个事实：布局中任何嵌套的区块都需要一个自己的包装元素，而布局其实是我们分别控制单个元素得到的结果。现在，CSS Grid Layout 模块有望颠覆以往所有的做法。

7.3　二维布局：CSS Grid Layout

说到整体的页面布局，之前我们学习的任何技术都不是一个全面的解决方案，不能在二维空间里控制元素的顺序、位置和大小。不过，CSS Grid Layout 模块专门为此定义了一组 CSS 属性。

使用 Grid Layout 模块，可以抛开之前用到的很多辅助控制元素，从而大幅精简 HTML 标记。

与此同时，这个模块也把基于元素本身来设置水平和垂直维度的负担，转移到了在页面中表示网格的一个包含元素上。

警告：以下是实验性属性

应该提醒大家注意，在本书写作时，Grid Layout规范还没有得到浏览器广泛支持，仍处于实验阶段。

而在本书中文版翻译时，Chrome、Firefox、Safari、IE（Edge）基本上都已经在其最新或较新的版本中全面实现了Grid Layout。可以参考https://css-tricks.com/snippets/css/complete-guide-grid/。

难以置信的是，IE10居然是第一个支持Grid Layout的浏览器。不过当时的规范现在已经发生了变化，而且当时的实现也不完整。如果要兼容IE10，需要使用 `-ms-` 前缀的属性。Edge也支持这种老语法。

本章以写作时的规范为准来讲解。如果你要适配IE10~11和Edge，可以参考微软MDN的Grid Layout页面：http://msdn.microsoft.com/en-us/library/ie/hh673533(v=vs.85).aspx。

7.3.1 网格布局的术语

图 7-19 展示了 CSS 规范中定义的网格。

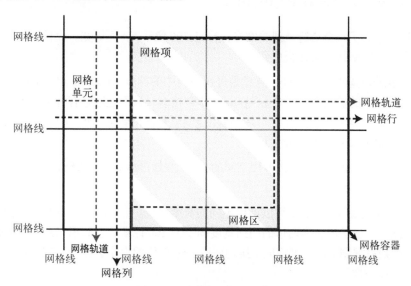

图 7-19 网格容器及其组件

下面来解释一下。

❑ 被设置为 `display: grid` 的元素叫**网格容器**（grid container），即图中的粗线框区域。

- 容器进一步被网格线（grid line）划分为不同的区域，叫**网格单元**（grid cell）。
- 网格线之间的水平或垂直路径叫**网格轨道**（grid track）。具体来说，水平方向的网格轨道叫**网格行**（grid row），垂直方向网格轨道叫**网格列**（grid column）。
- 由相邻网格单元组合起来的矩形区块叫**网格区**（grid area）。
- 网格容器的直接子元素叫**网格项**（grid item），网格项可以放在网格区内。

你可能已经注意到，本章开头提到的传统平面设计中的网格系统的术语，跟这里的术语概念几乎一样，但名字不同。曾经有一位设计师 Mark Boulton，在他的文章 *Open letter to W3C CSS Working Group re CSS Grids* 中批评过这种不沿用原有名字的做法。然而，规范的编写者认为，使用与电子表格和 HTML 表格有关的名字更容易得到开发者的认同。无论如何，我们都得接受这些术语。

7.3.2　定义行和列

创建网格需要告诉浏览器网格行与网格列的数量和行为。要实现图 7-19 所示的 4×2 的网格，仍以我们久经考验的 `div` 作为包装元素，需要将其显示模式设置为 `grid`。同时，再通过网格模板（grid template）指定行和列的数量及大小。

```
.wrapper {
    display: grid;
    grid-template-rows: 300px 300px;
    grid-template-columns: 1fr 1fr 1fr 1fr;
}
```

前面的代码定义了一个 2 行 4 列的网格，行高 300 像素，4 列等宽。而且该网格中每行和每列的边缘都会生成网格线，后面会用到。

这里用于表示列宽的单位是 `fr`，意思是可用空间中的部分（fraction of available space）。这个单位跟 Flexbox 中的扩展系数（`flex-grow`）非常相似，只不过这里有特定的单位符号，应该是为了避免跟其他没有单位的值发生冲突。可用空间就是网格轨道（通过明确指定的长度值或根据自己的内容）确定尺寸后的剩余空间。

每个 `fr` 单位在这里都表示网格可用空间的 1/4。假如再添加一个 `1fr`，那么每个 `fr` 单位表示的就是可用空间的 1/5。

指定行和列的数量及大小时，可以混用不同的长度单位。比如，声明列时可以这样写：`200px 20% 1fr 200px`。这就是说，靠两边的两列宽度固定为 200 像素，左起第二列的宽度是总空间的 20%，而第三列则占据剩下的全部空间。换句话说，`fr` 单位的大小会在计算完其他长度值之后再确定，跟 Flexbox 一样。

生成页面子区块的网格

看一看前面例子中的页面布局，会发现每个子区块都可以转换为网格。每一个子区块对应的最简单网格应该是 3 行 5 列。每一列是总宽度的 1/5，而行的高度可以自动调整，完全取决于内容（见图 7-20）。

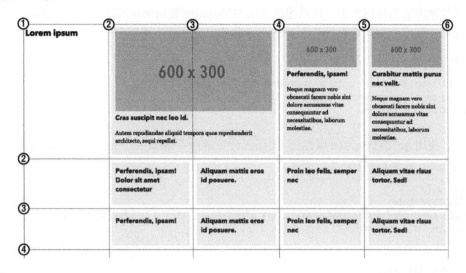

图 7-20 示例页面的第一个子区块需要切分成 3 行 5 列的网格，其中的数字代表网格线

组织内容的标记瞬间就变得极其简单了。当然，为了分隔不同的子区块，最外层还是需要一个包装元素。而在包装元素内部，每篇新闻就可以直接用一个子元素来表示了。

```
<section class="subcategory">
  <div class="grid-a">
    <header class="subcategory-header">
      <h2>Lorem ipsum</h2>
    </header>
    <article class="story story-featured">
      <!-- 此处是较大的 article -->
    </article>
    <article class="story">[...]</article>
    <article class="story">[...]</article>
    <!-- 此处是所有的 article，以下省略 -->
  </div>
</section>
```

接下来定义这个网格的 CSS。从图 7-20 的切分图来看，3 行的高度应该是自动的，而 5 列则分别占 1/5 的宽度。

```
.grid-a {
  display: grid;
  grid-template-rows: auto auto auto;
  grid-template-columns: repeat(5, 1fr);
  margin: 0 -.6875em;
}
```

这里使用了网格布局模块提供的函数 repeat，可以用它为网格轨道指定重复的行或列声明，省去重复书写的麻烦。

因为网格轨道在 DOM 中并没有特定的元素表示，所以不能通过 max-width 或 min-width 之类的属性来为它们指定大小。如果想在声明网格轨道时使用同样的功能，可以使用 minmax() 函数。比如，可以声明最后两行至少 4em 高，除此之外还要占据相等的可用空间。

```
.grid-a {
  display: grid;
  grid-template-rows: auto minmax(4em, 1fr) minmax(4em, 1fr) ;
  grid-template-columns: repeat(5, 1fr);
  margin: 0 -.6875em;
}
```

此外，使用 grid-tempale 属性还可以把行和列的声明都放在一行上，前面是行的定义，后面是列的定义，中间以斜杠（/）分隔。

```
.grid-a {
  display: grid;
  grid-template: auto minmax(4em, 1fr) minmax(4em, 1fr) / repeat(5, 1fr);
  margin: 0 -.6875em;
}
```

7.3.3　添加网格项

添加网格项要以其起止处的网格线作为参考。例如，子区块的标题区要占据左侧一整列。而添加相应网格项的最麻烦的方式，就是同时指定两个维度上起止的网格线编号（见图 7-21）。

```
.subsection-header {
  grid-row-start: 1;
  grid-column-start: 1;
  grid-row-end: 4;
  grid-column-end: 2;
}
```

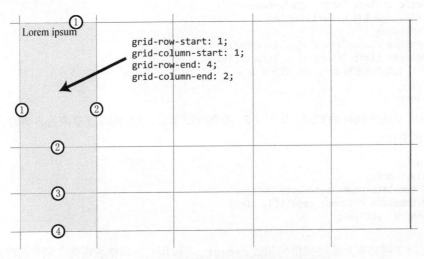

图 7-21　使用网格线编号添加标题区的网格项

当然也可以简化 grid-row 和 grow-column 属性，把行和列的起止网格线声明放在一行。起止网格线的编号以斜杠（/）分隔。

```
.subsection-header {
  grid-row: 1/4;
  grid-column: 1/2;
}
```

假如只知道这个网格项应该跨所有行，但并不知道会有多少行，那么就需要一种方式来表示最后一行。Grid Layout 支持使用负值来反向表示行号。换句话说，-1 就是最后一个网格轨道的终止网格线的编号。另外，默认的跨度是一个网格单元，也就是说这里可以省略 grid-column 值的最后一部分。

```
.subsection-header {
  grid-row: 1/-1;
  grid-column: 1; /*等价于 grid-column: 1/2 */
}
```

最后，还有一个终极的 grid-area 属性，可以进一步简化网格项的声明。这个属性的值最多 4 个，由斜杠分隔。4 个值全给出的话，分别表示 grid-row-start、grid-column-start、grid-row-end 和 grid-column-end。

```
.subsection-header {
  grid-area: 1/1/-1;
}
```

这段代码里省略了第四个参数，也就是表示列方向终止位置的值。实际上，两个方向上的终止参数都是可以省略的。省略的话，网格定位时生成的网格项在两个方向上会默认跨一个网格轨道。

1. 对齐网格项

添加完网格项后，它们会自动撑满相应的网格区。这里的高度自动扩展与 Flexbox 中的可伸缩项非常相似。这并非巧合。

Flexbox 和 Grid Layout 都是根据 CSS Box Alignment 规范确定其子项行为的。CSS Box Alignment 负责规范几种 CSS 上下文中元素的对齐与分布。

与 Flexbox 中的行一样，网格项的垂直对齐也是通过 align-items 和 align-self 来控制的。这两个属性的默认值都是 stretch，也就是让网格项在垂直方向上扩展以填满相应网格区。其他关键字值也跟 Flexbox 的行一样，只不过没有 flex-前缀：start、end 和 center。图 7-22 解释了这几个值的差异。

网格项与块级元素类似，会自动填充自己所在网格区的宽度，除非明确设置它的宽度。百分比值相对于网格项所在网格区（而非网格容器）的宽度来计算。

如果网格项没有在水平方向填满网格区，可以通过 justify-items 和 justify-self 属性指定它的左、中、右分布。

与 Flexbox 类似，`align-self` 和 `justify-self` 用于个别网格项。`align-items` 和 `justify-items` 则用于在网格容器上设置所有网格项的默认对齐。

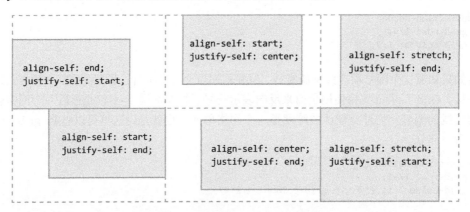

图 7-22　控制网格项对齐的属性和值

2. 对齐网格轨道

在网格区没有占满的情况下可以对齐网格；同理，也可以在网格容器中对齐网格轨道。只要网格轨道的总和没有覆盖整个网格容器，就可以使用 `align-content`（垂直方向）和 `justify-content`（水平方向）来移动轨道。

比如，下面这个网格中的列总和小于容器的尺寸。

```
.grid {
  width: 1000px;
  grid-template-columns: repeat(8, 100px); /*共 800 像素*/
}
```

此时，可以控制剩余空间在容器里如何分配。默认情况下，`justify-content` 的计算结果是 `start`。图 7-23 展示了这个属性可能的值及效果。

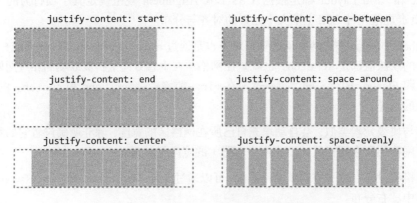

图 7-23　通过 `justify-content` 移动网格轨道

类似地，也可以在垂直方向上对齐轨道（如果容器的高度是固定的），关键字一样，属性是`align-content`。

3. 网格布局中的空距

在网格中创建空距的方法有很多。比如，给网格项声明外边距，利用网格轨道的不同对齐方式（如前面的 `space-between`），或者创建空的网格轨道来充当空距。

如果你希望所有轨道间的空距都是一个固定的值，那么最简单的方法是使用如下的 `grid-column-gap` 和 `grid-row-gap` 属性。通过它们可以创建固定宽度的空距，就好像网格线有了宽度一样。这其实就相当于多栏布局中的 `column-gap` 或表格中的 `border-spacing`。

```
.grid {
  display: grid;
  grid-template-columns: repeat(5, 1fr);
  grid-column-gap: 1.5em;
  grid-row-gap: 1.5em;
}
```

7.3.4　自动网格定位

在示例新闻网站的子区块中，最左边的列是为标题保留的，其他空间则全部由 `.story` 元素填充。如果像下面这样使用`:nth-of-type()`选择符来明确地定义它们的网格位置，那就太麻烦了。

```
.story-featured {
  grid-area: 1/2/2/4;
}
.story:nth-of-type(2) {
  grid-area: 1/4/2/5;
}
/* ……还有更多*/
```

好在 Grid Layout 规范提供了一种**自动定位**（automatic placement）的机制。这种机制是 Grid Layout 中默认的，不会改变网格项的源代码次序。所有网格项自动从第一行第一个可用的网格单元开始，逐列填充。一行填满后，网格会自动开启一行并继续填充。

这就意味着，只要指定以下几点，Grid Layout 就会自动完成网格项的定位：

□ 网格定义
□ 标题区域
□ 重点文章跨两列

剩下的元素会依序填充。实现我们之前基于浮动的布局的所有代码就这些：

```
.grid-a {
  display: grid;
  grid-template-rows: auto auto auto;
  grid-template-columns: repeat(5, 1fr);
}
```

```
.subcategory-header {
  grid-row: 1/-1;
}
.story-featured {
  grid-column: span 2;
}
```

只有 5 条声明！没错，完整的代码还会更多一些，因为还要设置网格项的间距什么的，但区区这几行代码就实现了之前基于浮动实现的布局。图 7-24 展示了 .story 元素填充网格的过程。

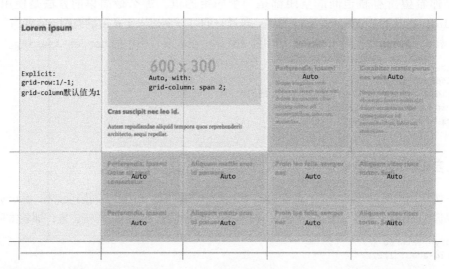

图 7-24　只有标题区明确指定了位置，即使如此也利用了第一列这个默认值。其他网格项逐列依序填充，每满一行就自动换行

1. 自动定位的次序

自动定位机制就可以满足我们的需求。在此之上，我们还可以控制一些东西，同时也不必明确指定网格项的起止位置。

当前的例子中，网格项的次序与源代码次序一致。就像 Flexbox 一样，也可以使用 order 属性来控制摆放网格项的位置。每个网格项的默认次序是 0。整数值，包括负值在内，都是有效的。

```
.story:nth-of-type(2),
.story:nth-of-type(3) {
  order: -2;
}
.story-featured {
  order: -1;
}
```

这样就把重点文章放到了第三项，原来的第二项和第三项（在网格容器中带有 .story 类名的第二个和第三个 article 元素）跑到了前头。此后，所有文章都按默认的 order: 0 排列，如图 7-25 所示。

图 7-25 通过 order 属性控制自动定位的网格项的次序

注意 同一网格区可以放多个重叠的元素。此时，order 属性也会影响它们的绘制次序。而且与 Flexbox 中一样，可以通过 z-index 控制网格项的堆叠顺序，而无须设置任何定位属性。每个网格项分别构成自己的堆叠上下文。

---

2. 切换自动定位算法

默认的自动定位算法是逐行地填充网格项，也可以设置为逐列填充，通过 grid-auto-flow 属性来控制这一顺序：

```
.my-row-grid {
  grid-auto-flow: row; /* 默认值 */
}
.my-columnar-grid {
  grid-auto-flow: column;
}
```

这个默认定位算法很简单：从头开始，只跑一遍，逐个寻找要放置网格项的网格单元。如果网格项跨多个网格单元，那么网格中就会出现空洞（见图 7-26）。

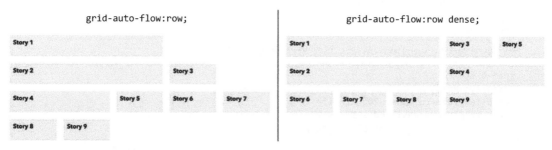

图 7-26 网格项跨多个单元时，默认的稀疏算法会导致出现空洞。如果使用稠密算法，则能更有效地填充网格项

如果改成使用稠密模式（默认为稀疏模式），自动定位算法会跑多遍，每次都从头开始，尽力找到最前面的空位置。结果就是网格会更稠密。

```
.grid {
  grid-auto-flow: row dense ;
}
```

7.3.5　网格模板区

CSS Grid Layout 的"命名模板区"（named template area）也许是其最不可思议的特性之一。通过这个特性，能够以可视化方式来指定如何排布项目。因为这个特性更适合简单的网格，所以我们以之前示例中的第二个子区块为例（见图 7-27）。假设我们想在这个区块中放两篇新闻和两个广告。

图 7-27　第二个区块，最左侧是标题，右侧是两篇新闻中间夹着两条广告

在标记中，我们按照内容的重要程度来排序，标题、新闻，最后是广告：

```
<section class="subcategory">
  <div class="grid-b">
    <header class="subcategory-header"></header>
    <article class="story"></article>
    <article class="story"></article>
    <div class="ad ad1"></div>
    <div class="ad ad2"></div>
  </div>
</section>
```

然后使用 grid-template-areas 属性来声明网格布局：

```
.grid-b {
  display: grid;
  grid-template-columns: 20% 1fr 1fr 1fr;
  grid-template-areas: "hd st1 . st2"
                       "hd st1 . st2";
}
```

grid-template-areas 属性的值是以空格分隔的字符串列表，每个字符串本身是空格分隔的

自定义标识符，表示网格中的一行，其中每个标识符表示一列。标签符的名字随便起，只要不跟 CSS 关键字冲突即可。

跨行或跨列相邻的同名网格单元构成所谓的**命名网格区**。命名网格区必须是矩形。用点号表示的区域是匿名单元，没有名字。

如图 7-28 所示的网格区中，使用了类似 ASCII 字符图的方式，可视化地声明了网格行如何从上往下排列（当然两行字符串写成一行也可以，不过写成两行更形象）。

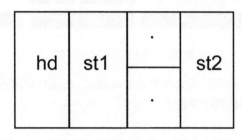

图 7-28　根据我们的模板声明生成的命名网格区

列模板指定第一列宽度为 20%，其他列各占剩余宽度的 1/3。

为了把网格项放到网格中，我们仍然使用 `grid-area` 属性，但这次使用自定义的网格区名。

```
.grid-b .subcategory-header {
  grid-area: hd;
}
.grid-b .story:nth-child(2) {
  grid-area: st1;
}
.grid-b .story:nth-child(3) {
  grid-area: st2;
}
```

之所以没给广告指定命名网格区或具体位置，是因为对这个例子来说没必要。默认的自动定位算法就可以把它们放到剩余的空单元中。好了！

如果现在你的老板像以往一样突然出现，让你在新闻的上头和下头再插入 5 条广告，你只要把广告追加到标记末尾，然后像下面这样改一改 `grid-template-areas` 就行了（见图 7-29）。

```
.grid-b {
  display: grid;
  grid-auto-columns: 1fr;
  grid-template-areas: "hd ... ... ..."
                       "hd st1 ... st2"
                       "hd ... ... ...";
}
```

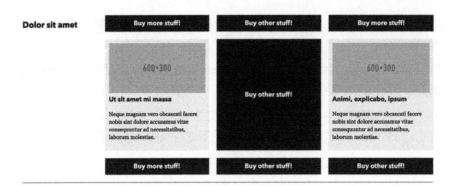

图 7-29　轻松插入更多广告

这个例子也展示了另一种表示未命名单元的点模式。规范允许用连续多个点表示一个匿名单元，因为这样更方便对齐多行模板字符串。

关于布局网格

前面基本把 Grid Layout 模块最重要的特性都介绍完了，但确实还有更多内容没讲到。这个模块支持以多种方式表达网格结构，所以本身还是挺庞大也挺复杂的。

要等到把 Grid Layout 作为默认布局方式的那一天，可能还需要一些时日。很多不支持它的浏览器肯定还会存活相当长一段时间。由于它对页面结构的影响非常大，所以也很难以渐进增强的方式来应用，除非可以接受一个单栏布局。不过，也有 JavaScript 腻子脚本可以作为后备，比如 Francois Remy 所提供的（https://github.com/FremyCompany/css-grid-polyfill）。

任何新技术都一样，设计师或开发者怎样能创造性地把 Grid Layout 应用于实践，还有待观察。但鉴于在你读到这本书时，可能多数浏览器都已经开始支持 Grid Layout 了，我们希望大家能尽早把它派上用场。

7.4　小结

本章全部围绕如何对网页进行系统化布局而展开，布局要素就是行、列和空距。一开始，我们构建了向前、向后都兼容的基于浮动的网格系统，而且加入了行内块和 Flexbox，让这个系统的可靠性更胜一筹。

纵观 CSS 的历史，我们始终都需要一种嵌套性元素结构来创建整体布局。即使 Flexbox 布局也是如此，当然 Flexbox 本身也是一种强大的布局工具。本章后半的篇幅介绍的是 CSS Grid Layout 规范，它能帮我们解决很多布局问题。使用网格属性的布局把关注点从单个元素提升到了网格容器，我们要做的只是把项目摆放到正确的位置而已。

理解了以上布局技术，下一步就该考虑 Web 设计的另外一个层次的问题了：如何让网页适配不同的设备。好，坐稳了，下一章将驶向新的目的地：响应式 Web 设计与 CSS。

第 8 章

响应式 Web 设计与 CSS

iPhone 在 2007 年的首次亮相，标志着移动设备上网体验的巨大进步。于是人们争先恐后地针对手机和触屏分别设计独立的网站，由此造成了"移动 Web"和"桌面 Web"的分野。

时至今日，浏览器的身影可谓无处不在。手机、平板电脑、台式电脑、智能电视、智能手表，以及各式各样的游戏机和游戏终端里，都可以看到它们。

专为这些设备和终端分别建立网站终究不现实，而且它们之间的界限其实也很模糊。于是，只创建一个能适配多种设备的网站，或者响应式网站，成为一种常规的套路。

响应式 Web 设计原理很简单，主要难在细节上。本章就来介绍相关的 CSS 和 HTML 技术，让你从基本原理上理解什么是响应式 Web 设计。

本章内容：
- ❏ 响应式 Web 设计的历史和起源
- ❏ 视口、媒体类型及媒体查询的原理
- ❏ 响应式网站设计的"移动优先"法则
- ❏ 何时以及在何处创建断点
- ❏ 使用 Flexbox、网格布局及多列布局的响应式设计
- ❏ 响应式排版和响应式媒体内容

8.1 一个例子

从 CSS 的角度来看，响应式 Web 设计最核心的一点，就是可以适配不同视口大小的流式布局。本章就从改造第 7 章中的新闻站点开始，目标是将其改造成响应式布局。

8.1.1 简单上手

对于较窄的视口，比如手机屏幕，一个简单的布局通常就行了。这个布局只有一列，按照内容重要程度排列（也就是 HTML 源代码中的顺序），如图 8-1 所示。

图 8-1 窄屏幕下的单列布局

第 7 章的示例代码则需要删除一部分。所有指定宽度的代码基本都得去掉，只保留行和列设置内、外边距的代码。同时，还要把列设置为浮动和 100%宽度，以保证行可以包含浮动的子元素。

```
.row {
  padding: 0;
  margin: 0 -.6875em;
}
.row:after {
  content: '';
  display: block;
  clear: both;
}
.col {
  box-sizing: border-box;
  padding: 0 .6875em 1.375em;
  float: left;
  width: 100%;
}
```

8.1.2 媒体查询

如果视口更宽一些，那就有可能在一屏之内显示更多内容。比如，可以让第二篇和第三篇报道各占容器的一半，如图 8-2 所示。

图 8-2　在稍宽一些的屏幕下，重点报道下面的两则报道并列显示

通过缩放窗口来确定在什么情况下并排展示两篇报道，我们发现合适的最小宽度是 560 像素或 35em。这里需要添加所谓的**媒体查询**，让其中的规则只在满足最小宽度条件时才触发：

```
@media only screen and (min-width: 35em) {
  .row-quartet > * {
    width: 50%;
  }
  .subcategory-featured {
    width: 100%;
  }
}
```

如果之前用过 JavaScript、PHP、Python、Java 等编程语言，那你一定知道"if"语句：如果条件为真，就执行这些代码。媒体查询使用的@media 规则与@supports 规则相似，都是 CSS 中的"if"语句，针对的是显示网页的环境的能力。在这个例子中，条件就是浏览器视口至少 35em宽。而像这样引入媒体查询的宽度值，就叫作**断点**。

注意，断点相关的规则与设备类型无关，无论是手机还是其他什么设备都可以。换句话说，对于这个断点，我们只要关心在这么大的空间里该如何有效地展示内容就行了。不建议基于特定的设备宽度来设置断点，因为新设备层出不穷。我们也不能通过更多的断点来区分"移动 Web"和"桌面 Web"。

　　本章后面会讨论结构化的媒体查询和断点。现在关键是要知道，媒体查询中的 CSS 只在条件满足时才会应用。

8.1.3　加入更多断点

　　继续增大浏览器窗口，随着空间增大，我们可以找出更高效地利用空间的方式。在宽度约800 像素（50em）的时候，可以并排放 4 篇报道，此时让重点报道占总宽度的一半（见图 8-3）。此时的布局就有点类似刚开始时"非响应式的"例子了，除了子分类的标签还在报道上方。

```
@media only screen and (min-width: 50em) {
  .row-quartet > * {
    width: 25%;
  }
  .subcategory-featured {
    width: 50%;
  }
}
```

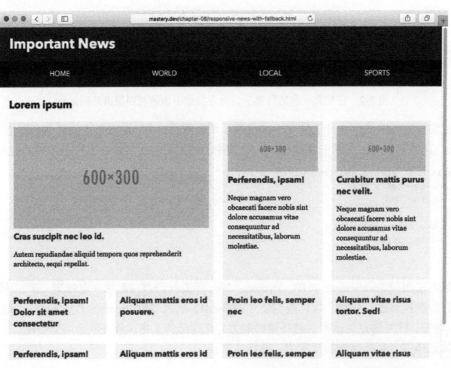

图 8-3　内容区现在并排放下了 4 列，而重点报道占据了 2 列，标题还在顶部

最后，我们发现在宽度约 70em 或 1120 像素时，可以把子分类标题放到一侧（见图 8-4）。

```
@media only screen and (min-width: 70em) {
  .subcategory-header {
    width: 20%;
  }
  .subcategory-content {
    width: 80%;
  }
}
```

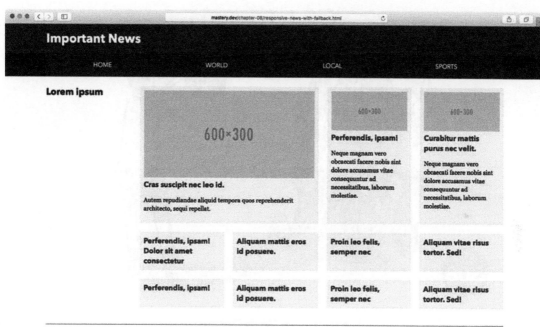

图 8-4   随着容器变宽，可以再添加媒体查询来调整子分类标题的位置，使其占据一个
         侧栏

到现在为止，我们就完成了这个例子的响应式版本，涵盖了 4 种不同的布局。当然，除了总体上的布局，细节还有相应的调整，这里并未详细说明。完整的示例代码（在随书下载的文件中）中包含所有调整，以及确保响应式布局在移动设备上起作用的视口声明。（本章随后会再深入探讨视口。）

前面的代码并不多，但是封装并体现了一些有用的技术和原理。首先，我们从一个纯粹的单列布局开始，然后使用媒体查询限定布局改变的条件，而这正是响应式 Web 设计的基础。在进一步探讨新内容之前，我们先来回顾一下响应式 Web 设计的起源。

8.2　响应式 Web 设计的起源

发明"响应式 Web 设计"一词的人叫 Ethan Marcotte，他是一位设计师兼开发者。2010 年，他在"A List Apart"网站上写过一篇文章，名称就是《响应式 Web 设计》（https://alistapart.com/article/responsive-web-design，见图 8-5）。文中使用"响应式 Web 设计"这一概念，描述综合了流动网格、弹性嵌入对象（图片或视频）及媒体查询适配，从而不受屏幕大小限制的布局模式。这篇文章后来被他扩展成一本小书，从此响应式 Web 设计就流行起来了。

图 8-5　最早为响应式 Web 设计发声的文章。好玩的是，文章插图也是响应式的。
不信可以打开那篇文章，缩放一下浏览器窗口来看看效果

虽然响应式 Web 设计作为一种设计思潮相对较新，但一套设计适配不同设备的想法则很早就有了。

从技术角度来看，响应式 Web 设计的构成要素其实早就存在了。媒体查询（及其前身，媒体类型）正是在有些人呼吁适配浏览器布局技术的背景下才得以成为标准的。事实上，Ethan 的文章也受到了 John Allsopp 在 2000 年发表的文章 *A Dao of Web Design* 的影响。在这篇文章中，John 主张优秀的 Web 设计应该更多地迎合用户，而不是追求像素级控制。这个转变需要时间，但转变确实已经发生了。

到了 2010 年，媒体查询得到了浏览器的广泛支持。而且那时移动设备也开始普及，通过手

机浏览器查看网页也变得习以为常。通过综合几种已有的技术并创造"响应式 Web 设计"的概念，Ethan 让这个 Web 设计期待已久的发展方向有了自己的名字。

响应式 Web 设计正在迅速成为网页设计约定俗成的方式，并可能在将来成为"优秀 Web 设计"的代名词。不过在那之前，响应式 Web 设计一般指适配多种设备和多种屏幕尺寸的 Web 设计。

CSS 之外的响应性

今天，响应式技术广泛应用于各种大大小小的网站。Ethan 响应式技术的"三驾马车"仍然是响应式 Web 设计的基础，但也得到了长足的发展和补充。其中最常见的就是通过 JavaScript 根据不同设备为页面添加交互功能或改变展示外观。

比如现今已司空见惯的"三明治菜单"。通常在大屏幕上，全局导航菜单会扩展开来，而在小屏幕上，它们会隐藏到一个"三明治"按钮后面（见图 8-6）。这里一般会用 JavaScript 根据视口大小来切换显示方式。但关键在于，原本的内容和 HTML 标记没有变化，与设备无关。这种"核心体验"可以通过编程方式进行任意转换。

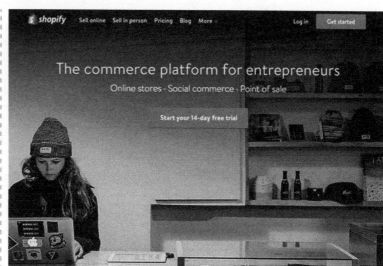

图 8-6　很多网站都在小屏幕上使用了"三明治菜单"，比如 Shopify

这里的模式想必大家都熟悉：先加载核心资源，之后再根据设备的能力决定是否加载更多资源。没错，响应式 Web 设计也是渐进增强的一个例子。

本章侧重讲解 CSS 与响应式 Web 设计的关系，稍带讲一下响应式图片。如果读者希望深入了解更多响应式网站的高级模式，推荐大家看一下 Brad Frost 的 *This is Responsive*（https://bradfrost.github.io/this-is-responsive/），其中汇集了大量使用模式和案例。

掌握响应式 CSS 的第一步就是理解呈现网页的这块画布：视口。

8.3　浏览器视口

视口就是浏览器显示网页的矩形区域。这个区域对布局的影响，用 CSS 的话来说，就是"有多少空间可用"。要恰当地使用视口进行响应式设计，需要理解视口的原理，以及如何操纵它。在桌面浏览器上，视口的概念很直观，就是通过 CSS 像素来合理利用视口中的空间。

这里有一点需要特别说明，那就是何为 CSS 像素。CSS 像素跟屏幕的物理像素不是一回事。CSS 中说的像素与屏幕物理像素之间存在一种灵活的对应关系。这个关系取决于硬件、操作系统和浏览器，以及用户是否缩放了页面。

我们可以想象一下，页面的 body 元素中有两个 div。如果将第一个 div 设置为 width: 100%，第二个 div 设置为以像素为单位的宽度，那么这里设置为多少像素才能让两个 div 宽度相等？答案是当前视口的 CSS 像素数，而这与屏幕当前有多少物理像素无关。

来看一个具体的例子，iPhone 5 的物理像素宽度为 640 像素，但在 CSS 中的视口宽度是 320 像素。看到了吧，这里有一个比例系数，也就是每个 CSS 像素相当于 2×2 个物理像素（见图 8-7）。

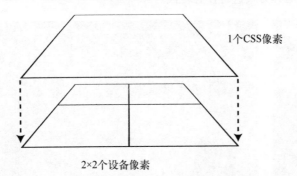

图 8-7　CSS 像素与设备物理像素的区别（高分辨率设备）

"虚拟的" CSS 像素与实际的硬件像素之间的比例系数，范围从 1（1 个 CSS 像素=1 个物理像素）到 4（1 个 CSS 像素=4×4 个物理像素）不等，视设备屏幕的分辨率不同而不同。

好消息是，对于响应式布局，我们要关心的只有 CSS 像素；至于它跟物理像素的比例，我们不用关心。坏消息是，我们必须就此深入理解视口的工作机制，以便让两者协调，来满足我们的需求。

8.3.1　视口定义的差别

触屏手机和其他移动设备把事情搞得有点复杂。在这些设备上，频繁缩放并不是查看网页的最佳方式。这就导致了设备制造商发明了一个新概念来影响视口。移动平台策略专家 Peter Paul Koch 深入研究过这些不同视口的差异，也曾试图给它们起一个好理解的名字。

1. 默认视口和理想视口

智能手机浏览器刚出现时，还没多少网站专门针对小屏幕做过优化。于是，多数移动设备（包括平板电脑）上的浏览器都会硬性呈现桌面大小的视口，从而让未经优化的网站能够显示。通常的做法是模拟一个大约 1000 像素宽的视口，然后在其中显示缩小后的页面。这种视口称为"默认视口"，它是我们实现响应式设计的第一道"关卡"。

既然默认视口是一个模拟的视口，那就意味着还有一个与设备自身尺寸接近的视口。没错，这个视口就称为"理想视口"。理想视口的大小因设备、操作系统和浏览器而异，但一般对手机而言，宽度大约在 300~500 CSS 像素之间；对平板电脑而言，宽度大约在 800~1400 CSS 像素之间。以 iPhone 5 为例，其理想视口的宽度就是 320 像素。

在响应式设计中，这才是我们设计要用的视口。图 8-8 展示了同一部手机显示经过优化和未经优化的同一个网站的样子。其中，为移动设备优化的网站使用的是理想视口，而未经优化的网站使用的是默认视口，其中显示的是缩小版的桌面网站。

图 8-8　《纽约时报》移动版网站使用了理想视口来布局（左）。如果切换到"桌面网站"，就会看到一个缩小的页面显示在了默认视口中（右），默认视口模拟了一个 980 像素宽的视口

2. 可见视口和布局视口

明确了移动设备中默认视口和理想视口的差别,我们就可以从视口实际工作机制的角度来给它们一个共同的、直观的定义了。首先,显示网页的这个矩形区域,我们称其为"可见视口"。这个视口等于浏览器窗口减去所有按钮、工作条、滚动条等组件之后,实际包含网页内容的空间(也称为"浏览器骨架",browser chrome)。

放大网页时,网页的某些部分会跑到可见视口之外,如图 8-9 所示。此时,我们看到的仍然是可见视口,而假想的那个约束"整个页面"的矩形区域,我们称其为"布局视口"。可见视口与布局视口的工作机制在桌面浏览器和移动浏览器中是一样的。

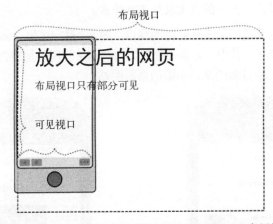

图 8-9   在手机上查看放大后的网页时的可见视口和布局视口

看到了吧,视口并不简单。不过,对于响应式 Web 设计而言,我们只会基于每个设备的"理想视口"来适配页面。桌面浏览器不需要任何特殊对待,因为桌面浏览器的理想视口就是其默认视口。但在智能手机和平板电脑中,就需要拆解模拟的默认视口,令其等于理想视口。这需要通过 HTML 中的 `meta` 元素来做到。

8.3.2   配置视口

要让具有不同默认视口的设备都使用各自的理想视口,只要在页面的头部元素中添加一个小小的视口 `meta` 标签即可。这个标签如下:

```
<meta name="viewport" content="width=device-width, initial-scale=1">
```

这行代码告诉浏览器,我们希望使用当前设备的理想尺寸(即 `device-width`)作为视口宽度的基准。这里同时还设置了 `initial-scale=1`,其作用是设置与理想视口匹配的缩放级别。这个配置也能帮我们避免 iOS 中一些奇怪的缩放行为。虽然在多数设备中,只要设置缩放级别,它们就会将视口宽度默认设置为 `device-width`,但为了确保跨设备和跨操作系统兼容,还是需要同时把这两项都设置上。

initial-scale 的值大于 1，表示要放大布局，实际会导致布局视口缩小，因为能显示的像素少了。相反，小于 1 的值会缩小布局，实际会导致布局视口中可容纳的 CSS 像素增多。

1. 其他可配置的值

这里也可以将 width 设置为具体的像素值，而不是 device-width 关键字，这样实际上将布局视口设置为指定的宽度。如果此时还设置了 initial-scale 值，那么移动浏览器会选择应用其中较大的。

> **不要禁用缩放！**
>
> 可以通过在视口meta标签中设置maximum-scale和minimum-scale属性（为数值）锁定缩放范围。通过设置user-scalable=no也可以完全禁用缩放。如下视口meta标签并不少见：
>
> ```
> <meta name="viewport" content="initial-scale=1.0, maximum-scale=1.0, minimum-scale=1.0,
> user-scalable=no">
> ```
>
> 这样用户在移动设备上就不能缩放网页了，因此网页的适应性会变差。
>
> 即使在设计网页时会考虑给文本和可操作的部分（如链接和按钮）应用较大和较明显的样式，视力或行动有障碍的用户可能仍然会感到不便。
>
> 有些开发者喜欢禁用缩放，以便让自己的Web应用看起来更像原生的移动应用。而且，这样也能在老平台上避免一些因缩放导致的奇怪问题，但随着平台发展，这些问题其实都已不复存在。
>
> 我们认为在响应式设计中禁用缩放，无异于把洗澡水和孩子一起倒掉。毕竟，通用、无障碍的访问才是Web最突出的优点之一嘛。

2. 设备适配及 CSS 的@viewport

在<meta>标签中声明视口相关的配置是目前为止的推荐做法。但是，它也是一种非标准的机制。这个标签最初只是苹果在其第一代 iPhone 中为 Safari 浏览器增加的一个"开关"，之后被其他移动浏览器照搬了。

既然这种做法已经成为移动浏览器渲染网页的标准，那就有必要在 CSS 中引入相应的视口属性。确实有一个针对性的建议标准，叫 CSS Device Adaptation。这个建议主张不用 meta 标签，而是在网页头部使用下面这样的样式声明：

```
<style>
@viewport {
  width: auto;
}
</style>
```

这里有一个重要的细节：把视口声明放到 HTML 的一个 style 元素里，而不是放在实际的 CSS 文件中。这是因为浏览器必须在 CSS 文件加载完成前就知道视口大小。把这个声明放到 HTML 中，可以保证浏览器不多费事。

截至本书写作时，`@viewport` 声明尚未得到浏览器的普遍支持。截至本书写作时，Winodws 和 Windows Phone 8 中的 IE10（及更新的版本）部分支持它。Chrome 和 Opera 等 Blink 系浏览器在某些平台上需要通过设置开启。但是它可能会成为将来控制视口的主要方式，虽然在你看到本书时很可能还没有。

与其他实验性技术一样，这个声明也有一些"坑"，Tim Kadlec 专门为此写过一篇文章 *Windows Phone 8 and Device-Width*。

8.4 媒体类型与媒体查询

现在，我们对约束布局的视口有了全面的理解，接下来该讲一讲怎么实现响应式设计了：通过媒体查询让设计适配设备。本章开始介绍了一个简单的例子，下面我们会深入剖析一下，从媒体查询的前身——媒体类型——讲起。

8.4.1 媒体类型

依据设备能力来分离样式的能力，始于媒体类型。HTML 4.01 和 CSS 2.1 定义了媒体类型，用于针对特定的环境应用样式，包括屏幕显示、打印和电视等。

通过给 `link` 元素添加 `media` 属性，可以指定在哪些设备上应用相关样式，比如：

```
<link rel="stylesheet" href="main.css" media="screen, print">
```

这段代码的意思是将相关的样式应用于（任意）屏幕显示和打印。如果不关心媒体类型，可以在这里使用 `all` 关键字，或者干脆不写 `media` 属性。逗号分隔的有效类型关键字列表，意味着只要其中一个匹配即可。如果一个都不匹配，则不应用该样式表。

除了在 HTML 中指定媒体类型，还可以在 CSS 文件中指定。最常见的方式就是使用@media 语法，比如：

```
@media print {
  /* 针对打印机的选择符和规则 */
  .smallprint {
    font-size: 11pt;
  }
}
```

除了 `screen` 和 `print`，还有一些常用的媒体类型，包括 `handheld` 和 `tv`。这两个貌似可以在响应式设计中使用，但其实不行。由于种种原因，浏览器开发商都不会明确给出某设备所属的媒体类型，因此用得上的类型就只剩 `screen`、`print` 和 `all` 了。

8.4.2 媒体查询

因为不仅要指定设备类型，还要指定设备的能力，所以 CSS3 的 Media Queries 规范应运而生。

这个规范扩展了媒体类型，而且语法也是媒体类型加（包含在括号中指定**媒体特性**的）**媒体条件**。此外，在媒体选择语法中，也增加了新关键字，用于支持更复杂的逻辑。

在 link 元素中，媒体查询可以这样写：

```
<link rel="stylesheet" href="main.css" media="screen and (min-width: 600px)">
```

这样就声明了 main.css 应该用于屏幕媒体，而且媒体条件是视口至少 600 CSS 像素宽。

注意　在媒体查询并不匹配的情况下，很多浏览器仍然会下载 CSS 文件。因此，不要过度使用带媒体查询的 link 标签，否则可能导致下载过多不必要的数据，影响性能。

同样的声明可以在 CSS 文件中通过@media 规则写成如下格式：

```
@media screen and (min-width: 600px) {
    /* 这里写规则 */
}
```

这里的 and 关键字负责把媒体类型与我们要测试的条件连接起来，因此可以同时测试多个条件：

```
@media screen and (min-width: 600px) and (max-width: 1000px) {}
```

多个媒体查询可以写成一连串，用逗号分隔，逗号相当于"或"。此时，大括号中的规则会在任意媒体查询结果为真时应用。如果所有媒体查询结果均为假，则跳过。

也可以完全忽略媒体类型，只保留括号中的媒体条件：

```
@media (min-width: 30em) {/*...*/}
/* 这相当于: */
@media all and (min-width: 30em) {/*...*/}
```

另外，使用 not 关键字可以对媒体查询取反。比如下面的媒体查询匹配除屏幕媒体之外的任何媒体：

```
@media not screen {
    /* 针对非屏幕媒体的样式 */
}
```

还有一个 only 关键字，其目的在于避免旧版本浏览器误解媒体查询。

正常情况下，不支持媒体查询的浏览器看到 screen and (min-width:...时，会认为它是语法错误的媒体类型声明，从而忽略它。但是，有些旧版本浏览器可能会在读取完 screen 时停下来，认为它是一个有效的媒体类型，然后为所有屏幕媒体应用样式。

为此，Media Queries 规范特意引入了 only 关键字。这样，当前面提到的旧版本浏览器看到 only 时，就会跳过整个@media 块，因为媒体类型中从未有过 only 这个关键字。所有支持媒体查询的浏览器则必须忽略掉 only 关键字，仿佛它不存在。

为防止旧版浏览器错误地应用样式，应该像下面这样声明只针对特定媒体类型的样式：

```
@media only screen and (min-width: 30em) {/*...*/}
```

如果不关心媒体类型，可以简化为：

```
@media (min-width: 30em) {/*...*/}
```

1. 尺度查询

在 width 和 height 中，width（以及 min-width 和 max-width）是响应式 Web 设计的主打属性。QuirksMode.org 的 Peter-Paul Koch 曾做过一次调查（*Media Query/RWD/Viewport Survey Results*），结果显示，与宽度相关的媒体查询占绝大多数。

宽度之所以如此重要，是因为我们创建网页的默认方式就是水平布局最多只能跟视口一样宽。而在垂直方向上，可以让内容自动扩展，用户可以垂直滚动页面。因此，知道什么时候有多少水平空间可用于布局是非常必要的。

不要使用设备相关的尺寸

也可以让浏览器去比对device-width和device-height，但这两个属性并不总能代表视口，其本质还是屏幕的尺寸。

实际应用中，很多人混用width和device-width，导致移动浏览器厂商跟风，以便让网站在他们的浏览器中正常展示。未来的Media Queries规范中也会废弃设备相关的关键字。无论如何，device-width和device-height的含义很模糊，除非真的必要，否则不要使用它们。

2. 更多尺度：分辨率、宽高比和方向

虽然查询视口的尺寸占据了媒体查询的绝大多数，但还可以查询其他设备特性。比如，可以仅在设备的宽度小于高度时，也就是方向改变时，改变布局：

```
@media (orientation: portrait) {
  /* 竖向屏幕时的样式 */
}
```

类似地，可以只在视口匹配最小宽高比时应用规则：

```
@media (min-aspect-ratio: 16/9) {
  /* 宽高比至少为 16:9 时应用 */
}
```

前面说过，设备的像素比很大程度上并不重要。对于**布局**来说，这是没问题的。本章后面会使用 min-resolution 媒体查询来适配要加载的图片，那时候像素比就很重要了。

媒体查询很可能在未来会被扩展，能够检测用户设备和环境的其他方面。虽然已经涌现出了不少令人激动的能力检测（有些甚至已经得到浏览器的实验性支持），但本书只关注那些最实用的查询，并着眼于当下。

3. 浏览器对媒体查询的支持

几乎所有浏览器都已经支持了基本的媒体查询。可惜很多其他的 "CSS3" 特性，IE8 及更早

版本的浏览器都不支持。

因此，可以使用一些策略。对这些旧浏览器，要么提供一个固定宽度的布局，要么使用腻子脚本，也就是让这些浏览器假装支持新特性的脚本 。

比如 Scott Jehl 的 Respond.js。在不支持媒体查询的浏览器中，这个脚本会从链接的所有 CSS 文件中搜索媒体查询语法，然后根据屏幕大小应用或删除相应的样式，模拟原生媒体查询的机制。

使用 Respond.js 有两个问题。比如，这个脚本对直接写在页面 `style` 元素中的媒体查询无效。此外，还有一些边界情况需要避免，因此在使用这个脚本前，需要仔细阅读一下其网站的说明。

如果使用 JavaScript 不能满足你的要求，那么可以通过条件注释包含特定的样式表，在旧版本 IE 中将其固定为特定的"桌面"宽度。

条件注释是 IE 直至（但不含）IE10 都存在的一组特殊语法。在非 IE 浏览器中，条件注释就像正常的 HTML 注释一样，会被忽略掉。相应版本的 IE 却可以识别其中包含的机关。总之，这是能够让你针对特定版本或某组版本的 IE 引入资源的特殊语法。

针对桌面 IE 应用宽屏样式的条件注释需要考虑旧版本 IE，同时不能针对旧版本 Windows Phone 中的 IE。写出来就像下面这样：

```
<!--[if (lt IE 9) & (!IEMobile)]>
<link rel="stylesheet" href="oldIE.css" media="all">
<![endif]-->
```

这个策略的前提是，你已经把其他样式放到了另一个样式表中，而且针对小屏幕的样式是"默认样式"，针对宽屏的样式通过媒体查询来单独应用。这是一种推荐做法，下一节也会用到。

8.5　响应式设计与结构化 CSS

在本章开始时举的例子中，我们从代码中删除了宽度和布局规则，又将它们添加到了 `min-width` 媒体查询块中。这种方式不仅有助于减少代码量，也是一个重要策略的一部分。

8.5.1　移动优先的 CSS

你应该早就听说过"移动优先"这个说法了吧。这是一种关于如何分配设计与开发资源的策略。移动设备的屏幕小，输入不便，通常处理器和内存等硬件配置比台式电脑要低一些。但这些设备也是很多人随身携带的。

通过在设计和开发中首先聚焦于这些设备，我们一开始就要考虑很多限制因素，从而能够着眼于数字产品的核心。而在面向其他设备开发更大型的网站或应用时，可以再引入扩展的能力。

如果我们采取相反的路线，那就要考虑怎么把已有的功能塞进一个有限的平台，难度会更大。

同样的思考方式也适用于 CSS，即使你在重构一个"桌面"网站。

CSS 文件中的第一批规则，既针对最小的屏幕，也针对那些不支持媒体查询的浏览器。

- ❑ **基本的版式**：大小、颜色、行高、标题、段落、列表、链接，等等。
- ❑ **基本的"盒子"**：特定的边框样式、内边距、弹性图片、背景颜色和一些背景图片。
- ❑ **基本的跳转和浏览组件**：导航、表单和按钮。

接下来在移动设备和各种浏览器中测试，通过调节窗口大小，你会发现这些样式在某个点上需要调整：行的长度变得过长，内容之间离得太远，等等。这时就可以考虑添加媒体查询了，这个点就叫**断点**。重申一下，断点可以使用任何度量方式表达，但重点是让代码适应内容，而不是某个设备的像素尺寸。

```
/* 开始时先写基本样式和小屏幕的样式 */
.myThing {
  font-size: 1em;
}
/* 然后在 min-width 媒体查询中调整 */
@media only screen and (min-width: 23.75em) {
  .myThing {
    width: 50%;
    float: left;
  }
}
/* 进一步调整 */
@media only screen and (min-width: 38.75em) {
  .myThing {
    width: 33.333%;
  }
}
```

看一看本章开始时那个例子的代码，就会发现我们也在使用这种方法。这是把"移动优先"策略落实到代码的结果。而且，这种方法也反映了移动优先、响应式 Web 设计及渐进增强等设计理念的相互融合。代码尽可能少，而适用的设备却尽可能多，这就说明你的方法对头！

媒体查询与em单位

在媒体查询中使用em单位可以进一步强化你的设计，使其更能适应变化的环境。多数桌面浏览器会在用户放大页面时，基于像素单位的查询来缩放，但用户也可以不缩放网页，而是修改浏览器的基准字号。

使用em单位可以让布局在后一种情况下正常伸缩，因为em就是以文档的基准字号为参照的。

注意，在媒体查询中使用的em始终相对于浏览器偏好中的基准字号，而**不是**可以通过CSS调整的html元素的字号（1rem）。

最大宽度查询与小屏幕样式

以 min-width 查询作为主要工具，可以基于视口宽度渐进地应用调整。但是也不能忽略

max-width 查询。有时候我们可能会应用一些适合小屏幕，但不见得适合大屏幕的样式。此时如果使用 min-width，就要先写出样式，再对选择条件取反。使用 max-width 查询可以省点事。

比如，你可能希望在小屏幕中给标题应用窄一点的字体，从而避免过多折行（见图 8-10）。

图 8-10 为避免折行过多，在小屏幕上应用窄一些的字体是响应式排版的一个技巧

使用 min-width 并应用"移动优先"策略，可以像下面这样写：

```
body {
  font-family: 'Open Sans', 'Helvetica Neue', Arial, sans-serif;
}
h1,h2,h3 {
  font-family: 'Open Sans Condensed', 'Arial Narrow', Arial, sans-serif;
}
@media only screen and (min-width: 37.5em) {
  h1,h2,h3 {
    font-family: 'Open Sans', 'Helvetica Neue', Arial, sans-serif;
  }
}
```

这里加粗的代码表示，由于小屏幕样式中要对窄字体标题取反，font-family 声明在这里不得不重复出现。如果在这里换成使用 max-width，那么代码量会减少，维护也更方便：

```
body {
  font-family: 'Open Sans', 'Helvetica Neue', Arial, sans-serif;
}
@media only screen and (max-width: 37.5em) {
  h1,h2,h3 {
    font-family: 'Open Sans Condensed', 'Arial Narrow', Arial, sans-serif;
  }
}
```

当然，还有一些可用的媒体查询可以改变你的网站设计。具体使用什么条件，要根据情况而定。但不管怎样，使用 min-width 作为主打属性，可以很好地将媒体查询作为渐进增强的一种方式。

8.5.2　媒体查询放在何处

示例中的样式表，前头是基本的"不限定范围"样式，后头是 `min-width` 查询，可以看作包含媒体查询的样式表的简单范例。

媒体查询也可用于不同的目的：调整细节或重排布局。通常这两类媒体查询的条件也不太一样，因此有必要区别对待。

样式表的结构并没有硬性规定。不过我们发现，把不同用途的媒体查询分门别类会比较清晰。

- □ 影响整个页面布局的媒体查询通常涉及一堆类名，这些类名代表的是网站中的主要组件，另外会涵盖几种不同的屏幕尺寸。这类媒体查询一般建议放在与布局相关的规则附近。
- □ 如果有调整网站组件中某些细节的媒体查询，可以把它们放在定义该组件样式的规则旁边。
- □ 最后，如果出现了在相同断点下对布局的很多修改，以及对个别组件的小修小补，那么把它们统一放到样式表最后可能比较好。这样做体现了先通用后具体的设计模式。

最重要的一点是，媒体查询放在哪里，并没有固定位置。这也意味着，作为开发者，你可以按照自己团队和项目的需要来组织 CSS 代码。

警告　媒体查询不会增加其选择符的特殊性，因此你的代码结构和顺序要确保它们不会在别处被覆盖。另外，把它们放在最后也不能保证它们可以覆盖前面的声明，它们仍然遵循正常的层叠规则。

8.6　几种响应式设计模式

"移动优先"的 CSS 编写方式体现了响应式设计的一种基本模式。除此之外，还有很多模式可以让你的设计更灵活、适配性更强。而且随着新技术的出现，还会涌现出更多更好的模式。本节介绍几种值得推荐的模式。

8.6.1　响应式文本列

第 4 章介绍的 CSS3 Multi-column Layout 规范是 CSS 中很早就以响应式设计为目标的一个规范，只不过当时还没有"响应式"这个词而已。这个规范使用列宽而不是列数，让内容能够在容器中分布到尽可能多的列中（见图 8-11）。

```
<div class="multicol">
  <p>Lorem ipsum [...]<p>
  <!-- 省略其他代码 -->
</div>
```

图 8-11　在窄视口中，几个段落构成一列；而在宽视口中，它们自动变成了多列

实现这个响应式文本列的 CSS 只有一行，用不着媒体查询：

```
.multicol {
  column-width: 16em;
}
```

啰嗦一句，多栏文本在网页中应该尽量少用。这种模式的用武之地，就是文本内容本身不是特别长，无须让用户在很宽的屏幕上滚动很多的情况。此时，利用多列文本既可以避免声明过宽的容器，也可以有效利用水平空间。

8.6.2　没有媒体查询的响应式 Flexbox

Flexbox 也是 CSS 中具有某种响应式特质的规范。无须使用媒体查询，Flexbox 本身就可以创建出能够有效利用空间的适配布局。

假设要创建一个购物工具，通过它来为你的时光机购买零件，只要单击按钮就可以增加或减少购物车中的零件数量（见图 8-12）。

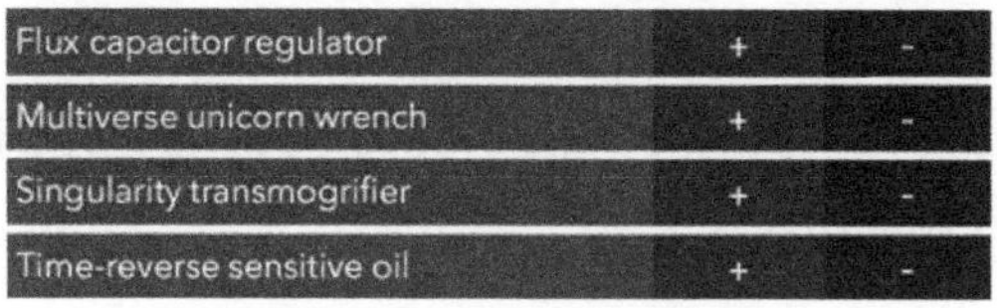

Flux capacitor regulator	+	-
Multiverse unicorn wrench	+	-
Singularity transmogrifier	+	-
Time-reverse sensitive oil	+	-

图 8-12　购买零件的界面

这个零件列表是无序列表，每一项都有如下结构：

```
<ul class="ordering-widget">
  <li class="item">
    <span class="item-name">Flux capacitor regulator</span>
    <span class="item-controls">
      <button class="item-control item-increase" aria-label="Increase">+</button>
      <button class="item-control item-decrease" aria-label="Decrease">-</button>
    </span>
  </li>
  <!-- 省略其他代码 -->
</ul>
```

给名称和按钮应用灵活的尺寸，这样在整个组件在一行里放不下时，便能够自动改变布局。

首先，给列表应用一些重置样式，以及一些基本的排版规则：

```css
.ordering-widget {
  list-style: none;
  margin: 0;
  padding: 0;
  font-family: 'Avenir Next', Avenir, SegoeUI, sans-serif;
}
```

然后把每一个列表项转换成一个 Flexbox 行：

```css
.item {
  color: #fff;
  background-color: #129490;
  display: flex;
  flex-wrap: wrap;
  font-size: 1.5em;
  padding: 0;
  margin-bottom: .25em;
}
```

为容纳最长的零件名，每一项至少 13em 宽，而超出的空间可以自动填充：

```css
.item-name {
  padding: .25em;
  flex: 1 0 13em;
}
```

然后，包含两个按钮的 span 也应该自动填充可用空间，且最少为 4em 宽。同时它们也作为按钮的 Flexbox 容器：

```css
.item-controls {
  flex: 1 0 4em;
  display: flex;
}
```

每个按钮都转换成 Flex 项，占据相同宽度。其他样式主要用于调整按钮的默认样式（第 9 章会详细介绍如何为表单控制应用样式）：

```css
.item-control {
  flex: 1;
  text-align: center;
  padding: .25em;
  cursor: pointer;
  width: 100%;
  margin: 0;
  border: 0;
  color: #fff;
  font-size: inherit;
}
```

最后就是按钮本身的背景颜色：

```css
.item-increase {
  background-color: #1E6F6D;
}
```

```
}
.item-decrease {
  background-color: #1C5453;
}
```

这些就是我们响应式购物界面的所有样式！其中最有意思的地方是，如果加减按钮控件（.item-controls 元素）不能跟固定宽度的.item-name 元素共处一行，它们就会自动折行，共同占据第二行。因为.item-controls 元素的 flex-grow 属性值默认为 1，所以它们会扩展并占据一整行（见图 8-13），即每个按钮占半行。

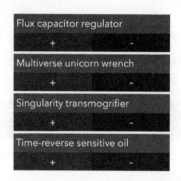

图 8-13　空间不够时，按钮会自动折行到零件名下方

容器相关的响应式组件

在前面的例子中，没有使用媒体查询，却也创建了一个响应式的组件，降低了 CSS 的复杂度。这种包装行为虽然简单，却是使用浮动或行内块无法实现的。

另外，这种基于 Flexbox 的组件并不能根据视口大小而变化，只能基于包含它们的容器中的可用空间而变化。这通常正是我们想要实现的效果。

媒体查询虽然是基于视口的创建响应式布局的主打方式，但它们并没考虑特定组件出现在多个可能的位置，以及渲染为不同宽度的情况。换句话说，如果一个组件出现在很窄的侧栏中，我们希望它能以匹配这种狭窄环境的方式来显示，而不是根据视口大小进行调整。在某种形式的"容器查询"（已经有了相关提议，参见 https://github.com/WICG/cq-usecases）出现之前，我们可以先使用 Flexbox。

8.6.3　响应式网格与网格模板区

Grid Layout 提供的属性可以把之前属性承担的布局任务转移到网格容器。下面这个模式使用了第 7 章介绍的命名模板区域语法，可以极大简化页面布局响应式的创建。

注意　在本书写作时，Grid Layout 的支持度还不算特别好。但在未来几年，它很可能会成为非常重要的响应式布局技术。

看看第 7 章新闻网站示例中的第二个子标题区，其实只要修改几个地方，就可以把它变成响应式布局。不过，我们先看看它的 HTML 代码：

```
<section class="subcategory">
  <div class="grid-b">
    <header class="subcategory-header"></header>
    <article class="story"></article>
    <article class="story"></article>
    <div class="ad"></div>
    <div class="ad"></div>
  </div>
</section>
```

HTML 代码中包含这个区域的标题、两篇文章和两个广告。如果不应用任何布局样式（网格布局或其他布局样式），那么这几个块会垂直堆叠并填满页面。这在小视口中效果很不错，如图 8-14 所示。

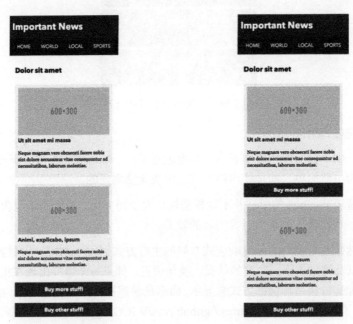

图 8-14　（左）没有添加布局样式的单列布局；（右）使用网格模式把一个广告插到了两篇新闻报道中间

代码中元素的顺序是按重要程度排列的，因此新闻报道在最前头，最后才是广告。如果广告销售团队担心广告都放在页面底部可能会被忽略掉，希望在移动设备上把广告插到新闻中间呢？

这可以通过网格布局属性来实现。首先，需要给标题和新闻定义网格区域名称：

```
.grid-b .subcategory-header {
  grid-area: hd;
}
```

```
.grid-b .story:nth-of-type(1) {
  grid-area: st1;
}
.grid-b .story:nth-of-type(2) {
  grid-area: st2;
}
```

不用写媒体查询，只要定义网格容器以及其中行的顺序就行了。这样，网格模板就能替我们摆好单列内容区中各个项目的次序。现在，广告自动跑到了未命名的区域（由一个点号表示），位于两篇报道中间：

```
.grid-b {
  display: grid;
  grid-template-columns: 1fr;
  grid-template-areas: "hd" "st1" "." "st2" ".";
}
```

如果视口再宽一些，那就可以把新闻区修改为 2×2 的网格，只要通过媒体查询添加一个新模板即可（见图 8-15）。

```
@media only screen and (min-width: 37.5em)
  .grid-b {
    grid-template-columns: 1fr 1fr ;
    grid-template-areas: "hd hd "
                         "st1 ..."
                         "... st2" ;
  }
}
```

图 8-15　在稍宽一些的视口中，新闻和广告交错排列

还记得吧，我们可以使用任意数量连续的点表示匿名网格区域，从而让代码中的值上下对齐。

在更宽一些的视口中，标题还是在内容上方，但新闻和广告可以构成与第 7 章的示例相同的布局（见图 8-16）。

```
@media only screen and ( min-width: 55em ) {
  .grid-b {
    grid-template-columns: 1fr 1fr 1fr ;
    grid-template-areas: "hd hd hd "
                         "st1 .. st2"
                         "st1 .. st2" ;
  }
}
```

图 8-16　标题在内容上方，新闻和广告构成了两行三列布局

最后，再切换到侧边标题加三列布局（见图 8-17）。

```
@media only screen and (min-width: 70em) {
  .grid-b {
    grid-template-columns: 20% 1fr 1fr 1fr ;
    grid-template-areas: "hd st1 . st2"
                         "hd st1 . st2" ;
  }
}
```

图 8-17　标题已经跑到了侧边栏，右侧是三列布局

由此可见，使用 Grid Layout 属性可以在某些断点重新定义整个布局，同时又不必去碰个别的组件。当然，也可以使用其他网格定位方法来实现响应式布局，但网格模板区域在这里特别适合。只是要记住，不支持它的浏览器会回退为只有一列的布局，因此使用它之前要衡量项目的情况。

8.7　响应式布局之外

现在，我们已经学习了视口和媒体查询的机制，也通过例子展示了响应式布局技术。但响应式网站还有很多细节需要处理。本节就来介绍一些技术，以便网站的其他方面也能具有响应能力。我们从媒体开始，先介绍背景图片，再介绍嵌入式页面内容。

8.7.1　响应式背景图片

在 CSS 中，让背景图片适配屏幕大小很简单，因为可以使用媒体查询。

那就以第 5 章的示例（猫咪社交网站）中的页面标题为例。这个标题只有一个元素，我们暂时忽略其中的内容，只关心应用背景图片。

```
<header class="profile-box" role="banner"></header>
```

这里要使用两个图片文件来当背景。小图宽度为 600 像素，剪切为一个正方形。大图宽度为 1200 像素，剪切方式是矩形（见图 8-18）。

small-cat.jpg

big-cat.jpg

图 8-18 两张猫咪的背景图片

在小视口中，使用小图的背景图片：

```
.profile-box {
  height: 300px;
  background-size: cover;
  background-image: url(img/small-cat.jpg);
}
```

而在视口变大时，背景图片会自动变大（因为设置了 `background-size: cover`），不过如果尺寸过大，图片就会模糊了。此时，就要切换到大图：

```
@media only screen and (min-width: 600px) {
  .profile-box {
    height: 600px;
    background-image: url(img/big-cat.jpg);
  }
}
```

这个简单的例子说明了两点。首先，可以使用媒体查询来应用最适合视口的图片。其次，不仅可以通过响应式背景加载不同大小的图片资源，还能基于视口对背景图片应用不同的剪切方式，产生更具艺术性的效果。

使用分辨率查询切换图片

在前面的例子中，我们基于视口的大小来改变图片。而有时候虽然视口大小相同，但我们希望能基于设备的像素比来加载不同分辨率的图片。对图片来说，其实际像素需要与 CSS 像素对应起来。如果一张固有大小为 400 像素×400 像素的图片，在高分辨率的屏幕上也显示为 400 CSS 像素×400 CSS 像素，就会导致图片被放大，从而失真、模糊。此时为保持清晰，就需要根据分辨率查询来加载一张更大、分辨率更高的图片。

假设我们想针对最小的屏幕加载一张叫 medium-cat.jpg 的图片，条件是像素比至少为 1.5。这个 medium-cat.jpg 也是正方形，不过大小为 800 像素×800 像素。1.5 这个数多少有点拍脑袋决定的意思，但它可以保证在高分辨率手机和平板上加载更大的图片，这些设备的像素比最低都是

1.5。当然也可以再继续针对更高的分辨率添加更多媒体查询（以及更多高分辨率图片），只要控制好图片的大小就好。

　　基于像素比改变图片，需要测试的标准媒体特性叫 resolution，因此这里检测的是 min-resolution，单位是 dppx（device-pixels per pixel，每像素的设备像素）。并非所有设备都支持这个标准的查询，因此这里还添加了一个-webkit-mindevice-pixel-ratio，主要针对 Safari。它只有值，没有单位。

```
@media (-webkit-min-device-pixel-ratio: 1.5),
       (min-resolution: 1.5dppx) {
  .profile-box {
    background-image: url(medium-cat.jpg);
  }
}
```

　　结合使用尺度及分辨率查询，就可以实现针对不同设备加载不同图片的优化策略。

老式分辨率查询语法

　　关于分辨率查询，之前还有几种不同的语法，包括最早的Firefox中使用的min--moz-device-pixel-ratio以及使用dpi为单位的min-resolution。

　　只有一些老版本的实现才支持dpi为单位的min-resolution，基本上就是IE9~IE11。可是IE的实现把dpi的值搞错了，会导致在某些环境下错误地加载高分辨率图片。

　　像前面例子一样只使用-webkit-min-device-pixel-ratio和min-resolution（及dppx单位），基本就可以涵盖大部分辨率设备了，代码也不多。虽然旧版本IE并不支持，但我们还是推荐的。要了解这方面更多的信息，可以参考W3C的Elika Etemad的文章（https://www.w3.org/blog/CSS/2012/06/14/unprefix-webkit-device-pixel-ratio/）。

8

8.7.2　响应式嵌入媒体

　　恰当处理内容图片、视频及其他嵌入对象的可伸缩性，是响应式 Web 设计的难点之一。对于 CSS 背景图片，我们可以用媒体查询实现很多控制。但对于嵌入页面中的对象，CSS 有时候会显得力不从心。

　　这方面有些内容超出了 CSS 的技术范畴，但它们可能会影响网站性能，因此掌握它们也很重要。

1. 响应式媒体基础

　　第 5 章介绍过实现图片、视频及其他对象弹性化的基本技术。通过设置 max-width 属性为 100%让元素变得可以伸缩，同时又不会超过其固有大小：

```
img, object, video, embed {
  width: auto;
```

```
    max-width: 100%;
    height: auto;
}
```

这几行代码虽然简单，但能保证固定宽度的元素不会混入响应式设计。不过，不同的使用场景可能需要不同的方法来控制大小。

第 5 章那个"能感知屏幕宽高比的容器"非常适合视频。此外，了解一些控制 SVG 内容大小的方法也非常有必要，推荐阅读 Sara Soueidan 的关于响应式 SVG 的文章，*Making SVGs Responsive with CSS*。

2. 响应式图片与 srcset 属性

虽然控制图片大小比较直观，但如何加载**合适的**图片却是个大问题。图片大小在网页总量中占比很大，而且如今网页的体量还在飞速增长。截至本书写作时，网页的平均大小为 2MB，其中图片（image）占 60%以上（见图 8-19）。

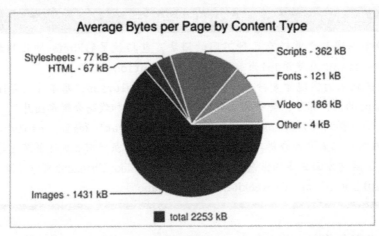

图 8-19　普通网页中不同内容的比重（截图来自 http://httparchive.org，2016 年 2 月）

响应式 Web 设计出现后，很多开发者不管什么设备，也不管屏幕大小，都一律使用相同的图片，这一做法也加重了这个问题。换句话说，即使小屏幕设备也会加载最大的图片，以便让图片看起来更清晰。这样不光会导致网页增大，缩放图片也会占用更多处理器时间和内存空间，而处理器和内存在手机上并不会有多富余。

浏览器会对网页进行**预处理**，图片等资源会在浏览器构建完整个页面或运行 JavaScript 之前就开始下载。这意味着不可能仅凭脚本就完美解决图片的响应式问题。这就是关于响应式图片的标准一直持续制定了好几年的原因。努力的结果之一就是诞生了一个主要的属性：srcset。

srcset 及其对应的 sizes 属性，是对 img 元素最简单的扩展。通过它们可以设置与图片相关的不同选项。

□ 哪个是当前图片可替换的源文件，其宽度是多少像素？

□ 在各个断点中，它们的 CSS 宽度是多少？

通过在 HTML 而非 CSS 中指定这个信息，浏览器的预解析器就能迅速决定下载哪个图片。

WebKit 系浏览器最早实现了 `srcset` 的一个版本。这个版本能针对目标分辨率和物理像素与 CSS 像素的比例（x-descriptor）指定可替换的图片。对于新闻页面中的专题报道而言，我们可以让默认分辨率或不支持的浏览器加载 600 像素×300 像素的图片，但在像素比高的时候加载两倍大的图片（见图 8-20）。

```
<img src="img/600x300.png" srcset="img/1200x600.png 1.5x" alt="Dummy image">
```

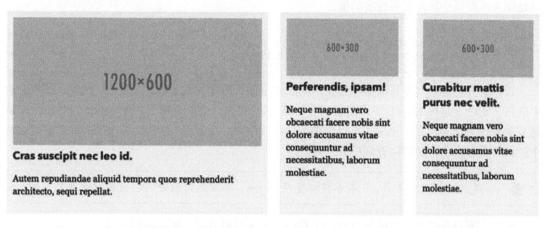

图 8-20 在高分辨率屏幕上查看新闻页面，其中使用了 x-descriptor 语法加载高分辨率的大图（左）

根据分辨率只能切换图片，不能控制图片的显示尺寸。为此，可以添加 `sizes` 属性，声明图片显示宽度，而不是检测像素比。

这时候，`srcset` 的语法又会出现变化。如果同一张图片有不同大小的版本（300 像素×150 像素到 1200 像素×600 像素不等），每个版本对应一个源文件，那么就要指定媒体查询加宽度。要精确表达宽度，可以使用从 CSS 中借鉴过来的视口相关的单位及 calc()函数：

```
<img src="img/xsmall.png"
    srcset="img/xsmall.png 300w,
            img/small.png 400w,
            img/medium.png 600w,
            img/large.png 800w,
            img/xlarge.png 1200w"
    sizes="(min-width: 70em) 12.6875em,
           (min-width: 50em) calc(25vw * 0.95 - 2.75em),
           (min-width: 35em) calc(95vw / 2 - 4.125em),
           calc(95vw - 1.375em)"
    alt="Dummy image" />
```

我们来分析一下。除了常规的 src 和 alt 属性，还有一个 srcset 属性。它的值是一组图片 URL 加一个实际像素宽度（不是 CSS 像素）。这个在宽度值后面加 w 字母的语法叫**宽度描述符**。

```
srcset="img/xsmall.png 300w ,
        img/small.png 400w ,
        ..."
```

接下来要告诉浏览器怎么使用这些图片。只需在 sizes 中对应着给出一组宽度值即可，每个值开头可以加上（或不加）媒体条件，就像在 CSS 媒体查询中一样。注意，这里的媒体条件表达式不是 CSS 表达式，因此不会遵循层叠机制，即后声明的不会覆盖先声明的。相反，它的顺序是从前往后，找到匹配就退出，所以这里先声明最宽的媒体条件。最后一个宽度不需要条件，只是作为匹配最小屏幕之后兜底的值。

```
sizes="(min-width: 70em) 12.6875em,
       (min-width: 50em) calc(25vw * 0.95 - 2.75em),
       (min-width: 35em) calc(95vw / 2 - 4.125em),
       calc(95vw - 1.375em)"
```

媒体条件后面的宽度是根据图片在不同断点下的大致宽度而估算的。这是对响应式图片的折中利用，实际上是在 HTML 中声明了一些 CSS 样式规则。这里不能用百分比值，因为百分比值是基于 CSS 样式计算的。不过，可以使用视口相关单位，比如 vw 和 em。这里的 em 对应浏览器中默认的文本大小，和媒体查询中的一样。

注意 vw 是视口相关的单位，1 表示视口宽度的 1%。本章后面还会再讨论视口相关的单位。

最后，浏览器决定，当前视口大小下哪个图片文件最合适，就下载哪一个。

要完全掌握 srcset 和 sizes 可能得花点时间。但掌握之后，只要给浏览器提供一组图片文件，再指定希望显示的宽度，浏览器就会自动选择了。

之后，在有图片缓存的情况下，浏览器可能会选择加载较大的图片；而在网速慢或电量低时，会加载较小的图片。同理，浏览器也能知道当前设备是不是高分辨率屏幕，从而决定是否自动加载大图，而不需要在标记中指定。

3. picture 元素

除了在多个不同分辨率的图片间切换，还有几个很重要的响应式图片的应用场景。

- 响应式图片在小屏幕和大屏幕上分别需要不同的裁切方式，毕竟尺寸和浏览范围不一样，类似于背景图片的裁切。如果使用 srcset/sizes，那么浏览器也许会假定所有源文件的宽高比都相同，只是分辨率不同而已。
- 根据浏览器的支持情况加载不同格式的图片。第 5 章提到了 WebP，其实还有其他格式，比如 JPEG2000（Safari 支持）和 JPEG-XR（IE 和 Edge 支持）等。相比于所有浏览器都支持的图片格式，这几种格式会小很多。

这些问题的标准解决方案是 picture 元素，它作为 img 元素的容器，同时扩展了 srcset 和 sizes 属性的能力。

比如，可以利用 srcset 给响应式新闻页面添加 WebP 图片：

```
<picture>
  <source type="image/webp"
          srcset="img/xsmall.webp 300w,
                  img/small.webp 400w,
                  img/medium.webp 600w,
                  img/large.webp 800w,
                  img/xlarge.webp 1200w"
          sizes="(min-width: 70em) 28em,
                 (min-width: 50em) calc(50vw * 0.95 - 2.75em),
                 calc(95vw - 1.375em)" />
  <img src="img/xsmall.png"
       srcset="img/xsmall.png 300w,
               img/small.png 400w,
               img/medium.png 600w,
               img/large.png 800w,
               img/xlarge.png 1200w"
       sizes="(min-width: 70em) 28em,
              (min-width: 50em) calc(50vw * 0.95 - 2.75em),
              calc(95vw - 1.375em)"
       alt="Dummy image" />
</picture>
```

虽然代码看着有点长，但逻辑只复杂了一点点。<img>标签及其属性没有变。区别在于增加了一个<picture>容器和一个<source>标签，后者与<img>很相似。

首先，picture 元素中仍然要有 img；picture 与 source 元素的作用是选择哪个图片作为 img 的最终源文件。此外，img 也是不支持 picture 的浏览器的后备。

img 元素上仍然有 srcset 和 sizes 属性，这里先不提。浏览器在碰到包含 img 的 picture 元素时，会尝试寻找 source 元素，并从中选出匹配的源文件，让 img 显示。虽然我们的例子中只有一个 source 元素，但其实也可以有多个：

```
<source type="image/webp" ...>
```

这里 source 元素的 type 属性值为 image/webp，如果浏览器支持该格式，那就会从中挑选匹配的图片。

然后，source 元素与 img 元素拥有相同的 srcset 和 sizes 属性，只是 srcset 中给出的都是 WebP 文件：

```
<source type="image/webp"
        srcset="img/xsmall.webp 300w,
                img/small.webp 400w, ..."
        sizes="(min-width: 70em) 28em,
               (min-width: 50em) calc(50vw * 0.95 - 2.75em)..." >
```

如果浏览器匹配到一个文件，那么该文件就会作为 img 元素的源文件。如果 source 元素中没有匹配的元素，浏览器最终还会回到 `img` 元素，并检查它的属性。而 `img` 元素的 `src` 属性则是在前面没找到任何匹配文件（或浏览器不支持前面的图片语法）的情况下的兜底属性。

到现在，我们的例子**既**支持分辨率，**又**支持文件类型。如果此时在高分辨率屏幕上的 Firefox 和标准分辨率屏幕上的 Chrome 中打开我们的新闻页面，你会发现它们分别选择了最合适的图片。在图 8-21 中，Chrome 加载了较小的 WebP 图片，Firefox 则选择了高分辨率的 PNG 图片。

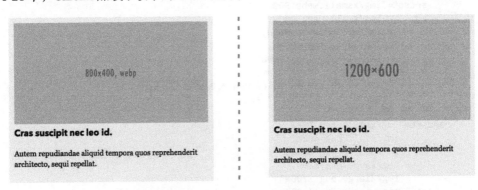

图 8-21   标准分辨率屏幕下的 Chrome（左）加载了较小的 WebP 图片；
高分辨率屏幕下的 Firefox（右）加载了高分辨率的 PNG 图片

前面的例子是在 `sizes` 属性中加入的媒体条件，用以匹配不同断点。如果我们想对文件来源拥有更多控制，也可以在 `source` 元素上使用 `media` 属性，在其中包含媒体查询：

```
<picture>
  <source media="(min-width: 70em) and (min-resolution: 3dppx)" srcset="..." />
  <img src="..." alt="..." />
</picture>
```

这样一来，就可以进一步控制何时加载哪些文件了。区别在于，浏览器**不再代替你选择用哪个** `source` 元素。`srcset` 属性内部的选择取决于浏览器，但它必须使用在 `media` 或 `type` 属性上匹配的第一个 `source` 元素。

对开发者来说，可控性增加了。比如，对于一些艺术照，可以根据不同视口采用不同的裁切方式。但这样也让我们在操作时不得不更加小心。无论如何，我们的目标是要尽量减少不必要的下载。

总之，多数情况下 `srcset` 和 `sizes` 就够用了，如果还不够用，可以使用 `picture`。

4. 浏览器支持与 Picturefill

在本书写作时，几乎所有浏览器的最新版本都已经支持 srcset 和 sizes。有些浏览器只提供部分支持（主要是较早版本的 Safari），需要使用 x-descriptor 语法。IE11（及更早版本的 IE）完全不支持。

浏览器对 picture 元素的支持也还可以，Chrome、Opera、Firefox 和 Edge 都发布了支持版本。Safari 也会从 9.1 版开始在桌面版和移动版（iOS 9.3）上提供支持。

好在 `srcset` 和 `sizes` 方案是有后备的，即它们会在浏览器不支持的时候回退到 `img` 元素。这样你就可以放心大胆地去尝试了，只要给出一个大小适当的后备文件就行。考虑到响应式图片可能会对性能产生较大影响，可以考虑使用腻子脚本。

Picturefill 是一个官方的 JavaScript 腻子脚本。但我们也说过，要实现响应式图片，光有 JavaScript 还不够。确实，Picturefill 也有以下问题。

- ☐ 为避免不支持 `picture` 的浏览器重复下载图片，`img` 元素必须有一个假的 `src` 属性。这意味着如果浏览器因故没有加载腻子脚本，或者不支持 `picture`，那它根本就不会显示图片。
- ☐ 除非是 `video` 中的 `source`（用于加载视频，与加载图片类似），否则 IE10 的更早版本会忽略 HTML 中的 `source` 元素。因此，如果需要 IE 支持带 `source` 的 `picture`，就要通过条件注释在标签中添加一个假的 `video` 元素。具体细节请参考 Picturefill 的文档。

> **注意** 本书演示 `picture` 元素的示例并未针对 IE 添加条件注释，因为 IE 不支持 WebP 格式，所以没有必要通过脚本添加此项功能。

8.7.3 响应式排版

布局对响应式设计非常重要，这一点很容易理解。实际上，在考虑兼容所有设备的前提下，排版与布局也是同等重要的。不仅因为屏幕大小不一样，还因为不同设备上的交互方式也不一样。本节就来讨论如何让排版也做到适配不同屏幕的设备。

1. 设备不同，大小不同

在大屏幕上阅读，一般每行 45~70 个字符比较舒服。而在手机上阅读，如果每行的字符达到 70 个，那可能字就看不太清楚了。这就意味着在小屏幕上，我们需要让每行包含的字符数在 35~45 个。

随着每行字符数的减少，行高通常也可以减小。比如，台式机显示器上的行高如果是 1.5，那么移动设备上的行高差不多可以是 1.3。

屏幕大小不同，排版的基准尺寸也要相应调整，两者之间密不可分。那么，怎样才能为网站主体内容设置合适的文字大小？

一种简单的办法就是，与屏幕保持适当距离，然后拿一本实体的书或杂志，放到你通常的阅读位置。这时，比较书中文字的大小和屏幕上文字的大小（见图 8-22）。你感觉屏幕上的文字更大还是更小？一般来说，要将屏幕文字大小设置为 20 像素，才能让人感觉跟看书一样。

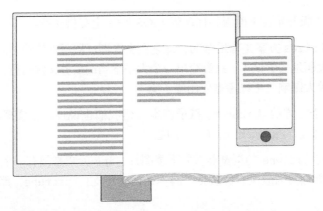

图 8-22　以正常阅读距离的书本为参照，可以找出其他设备上适合的文字大小和基准尺寸

常见的情况是网页中的文字偏小。这通常代表了设计师或开发人员个人的喜好，而不是文本实际应有的可读性。但这种情况在悄然改变，很多以阅读体验见长的网站正在引领着趋势。比如，Medium.com 的字体大小在桌面浏览器上的计算值是 21~22 像素。

如果是手机屏幕，那你会拿得比书更近一些。在这个距离关系下，字体大小差不多应该在 16~18 像素。

要判断某种距离关系下的屏幕大小与字体大小是否匹配，可以使用设计师 Trent Walton 的一个技巧。他在可接受范围的起始位置上各加入了一个特殊字符，然后再到设备上测试相应段落（ https://trentwalton.com/2012/06/19/fluid-type/ ）。

`<p>Lorem ipsum dolor sit amet, consectetur adip *isicing elit, sed do eius mod* tempor incidid.</p>`

上面段落中的星号所在位置是第 45 个和第 70 个字符。意思是，如果第一行出现了两个星号，那说明这一行太长了。而在移动设备上测试时，第一行折行的地方应该在第一个星号之前一点。

在找到适合最小和最大屏幕的字体大小后，就可以在此基础上进行网站的其他响应式排版了。下一步就是实现，实现的方式当然不止一种，但其中有一些是相对比较灵活的。

2. 使用弹性字体大小

一谈到排版，通常都会提到像素大小。但正如第 4 章讨论排版时所说的，还有其他方式可以描述大小和距离。

em、rem 及视口单位（vw、vh、vmin 和 vmax）等相对长度的字体大小很适合不同屏幕间的适配。有了这些单位，我们在宏观层面就可以通过字体大小及样式在元素间的层叠机制来适配不同的屏幕。毕竟我们用的是层叠样式表嘛。

3. 设置基准字体大小

几乎每个浏览器的用户样式表都会设置一个 16 像素的基准字体大小。要想修改这个值，只要重新在 html 元素上设置 font-size 属性即可。基于 em 单位的媒体查询，就是以这个由浏览器设置的基准大小为参照值的。为保证 CSS 中的一致性，应该在 body 元素上重新设置这个基准大小。

重新设置对小屏幕友好的基准大小，可以贯彻"移动优先"的策略。之后，就可以参照这个基准来设置其他不同性质文本的大小，比如标题、列表、菜单，等等。可伸缩的字体大小在响应式设计中很重要，这我们之前说过，而现在到付诸实践的时候了。我们想要实现可伸缩的排版，让文本随屏幕变大而自动变大。

假如你的字体大小以像素为单位来设置，那你的样式表可能是这样的：

```
p { font-size: 16px; }
h1 { font-size: 36px; }
h2 { font-size: 30px; }
h3 { font-size: 26px; }
/* ……, 等等*/
@media only screen and (min-width: 32.5em) {
  p { font-size: 18px; }
  h1 { font-size: 40px; }
  /* ……, 等等*/
}
@media only screen and (min-width: 52em) {
  p { font-size: 20px; }
  h1 { font-size: 44px; }
  /* 天呐，没完了…… */
}
```

可以看到，基于像素字体大小很难实现自动适配的布局。而使用相对大小就可以让布局伸缩更容易：

```
p { font-size: 1em; }
h1 { font-size: 2.25em; }
h2 { font-size: 1.875em; }
h3 { font-size: 1.625em; }
/* ……, 等等*/
@media only screen and (min-width: 32.5em) {
  body { font-size: 1.125em; /* 搞定! */ }
}
@media only screen and (min-width: 52em) {
  body { font-size: 1.25em; } /* 搞定! */
}
```

这样不错，但还不够。一个可伸缩的版式系统，并非弄几个断点，改改基准字体大小那么简单。比如，你想在大屏幕上加大标题字号，而在小屏幕上适当减小标题和正文的字号差距。对此，Jason Pamenthal 写过一篇概括性的文章 *A More Modern Scale for Web Typography*，其中包含了建议和可利用的代码（见图 8-23）。

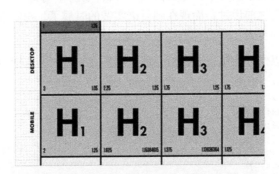

图 8-23　Jason Pamenthal 谈响应式排版的文章

可伸缩的基准大小便于我们通过媒体查询来放大和缩小字号（以及 margin、line-height、padding 等相对基准大小）。然后，我们可以把时间花在调整不能一致缩放的地方。相比于在每个断点中重复所有样式声明，这样显示效率更高。

4. 视口相关的单位

em 和 rem 单位可以伸缩，因为它们不表示具体的像素大小。下一步则是让字体大小适配视口大小，此时要用视口相关的单位。在视口相关的单位中，1 表示 1%，指占视口宽度或高度的百分比。

- ❑ vw 表示视口宽度。
- ❑ vh 表示视口高度。
- ❑ vmin 表示宽度和高度中较小的。
- ❑ vmax 表示宽度和高度中较大的。

这几个单位乍看不太好理解。下面举个例子：

```
p {
  font-size: 5vw;
}
```

这里的 5vw 代表什么意思？如果视口宽度是 400 像素，那么采用以上设置的段落文本大小就是视口宽度 1% 的 5 倍。这里 1% 等于 4 像素，而 4×5=20（像素）。

某种程度上，这几个单位赋予了我们在响应式排版方面极大的灵活性。其中文本不需要通过媒体查询来修改大小，而这又是视口相关单位的风险所在：不能控制极端的值。在前面的例子中，20 像素对于移动浏览器来说当然没问题。而对于桌面浏览器呢？假设视口宽度是 1400 像素，那么 14×5=70（像素），这也太大了！

这说明我们得限定几个范围。对此，Mike Riethmuller 在文章 *Precise Control over Responsive Typography* 中提出了一个很有创意的方法，就是使用 CSS 的 calc() 函数。由于 calc() 函数也有一些问题和缺陷，即使是使用视口相关的单位，我们还要通过断点来重新定义 font-size。这样，通过视口相关单位设置的文本，都会在断点切换后自动调整。

视口单位基本得到了浏览器的普通支持。比如，从 IE9 开始的新版本 IE，以及 Chrome、Firefox 和 Safari 的较新版本。Android 4.4 之前的浏览器及 Opera Mini 浏览器不支持。另外，某些实现也存在一些问题。

❑ IE9 把 vmin 实现成了 vm。
❑ IE9、IE10 和 Safari 6~7 落下了 vmax。
❑ iOS 上的 Safari 6~7 存在一些 bug（参见 https://github.com/scottjehl/Device-Bugs/issues/36）。

5. 测试与调整

响应式排版是版式设计的新思维。与响应式布局类似，我们的任务是对排版进行系统的抽象，有了这个系统，就可以基于它针对各种屏幕进行转换。与此同时，还能够保证它们的版式大体一致。虽然调整样式、大小和距离有一些基本规则，但还是要针对具体情况来单独测试、调整、再测试。选择一种写 CSS 的方法很重要，但最终目标还是保证用户得到最佳的体验，无论在什么设备上。

8.8 小结

本章全面介绍了如何构造响应式的 CSS，涉及布局、图片和排版。本章深入分析了响应式设计所依赖的基础技术、各种视口的概念，以及在使用 CSS 时如何整合这些概念。

此外，本章还通过实例展示了如何使用 Flexbox 和 Grid Layout 来调整响应式布局，可以用也可以不用媒体查询。然后介绍了使用新增的 CSS 特性来实现响应式图片，理解了响应式图片的新标准。最后讨论了不同屏幕上的排版情况。

下一章将讨论 CSS 的另一个重要应用方向：表单和表格。届时，大家会看到表单和表格同样面临响应式设计的挑战。

第9章
表单与数据表

表单在现代 Web 应用中占据着重要地位。通过表单，用户可以留言、评论、订机票酒店，等等。表单可以很简单，比如只包含填写电子邮件地址和留言的输入框；也可以非常复杂，要横跨几个页面。

除了从用户那里获得数据，Web 应用还需要以容易看懂的方式展示数据。表格是展示复杂数据的最佳方式，但需要精心设计以避免主次不分。构成表格的一系列元素在 HTML 里属于既复杂又容易搞错的。

表格和数据表的设计很长一段时间以来是不受重视的。然而，好的信息架构与交互设计才能够成就好的 Web 应用。

本章内容：

❏ 创建有吸引力、无障碍的数据表
❏ 实现响应式的数据表
❏ 创建简单和复杂的表单
❏ 各种表单元素的样式，包括自定义复选框和下拉菜单
❏ 无障碍表单设计

9.1 设计数据表

表列数据可以用行和列显示。月历就是数据表的一个典型示例。

即使一些相对简单的数据，如果行和列多起来，也会变得难以看清。如果数据单元之间不做区分，信息就会混杂在一起，导致布局混乱（见图 9-1）。

January 2015

Mon	Tue	Wed	Thu	Fri	Sat	Sun
29	30	31	1	2	3	4
5	6	7	8	9	10	11
12	13	14	15	16	17	18
19	20	21	22	23	24	25
26	27	28	29	30	31	1

图 9-1　拥挤的数据表让人第一眼看不出重点

数据单元的间距过大，同样会导致难以分辨行和列的关系。列间距过大时，这个问题尤其严重，如图 9-2 所示。这样的表格很容易就会看串行，特别是表格中间，即四周没有边框之类的视觉参照物的地方。

图 9-2 距离过大同样会导致表格信息混乱

其实，只要应用几个基本的设计原则，就能大大提升这些数据表的可读性。比如，图 9-3 中的表格通过合理的行高和宽度设计，就能给人一种舒适感。这个表格中的表头有自己独特的文本样式和边框，当前日期及周末两天也都有容易辨识的标记。这就是一个清晰明了的日历小组件。

图 9-3 添加了合理样式的数据表

9.1.1 表格专有元素

如果表格对视力正常的人来说都难以阅读，就更别提那些使用辅助技术的视力障碍用户了。HTML 中的表格是通过 table 元素来创建的，表格由 tr（table row，行）和 td（table data cell，数据单元）组成。除此之外，HTML 还定义了更多元素和属性，以增强数据表的可读性。

1. 表题

表题就是表格的标题，用 caption 表示。虽然不是必须声明的元素，但还是要尽可能地去使用。在日历的例子中，我们通过表题来显示当前是几月：

```
<table class="cal">
  <caption><strong>January</strong> 2015</caption>
</table>
```

2. 表头、表体、表脚

表头、表体和表脚分别用 thead、tbody 和 tfoot 来表示，这 3 个元素把表格按照逻辑分成 3 个区块。比如，可以把列标题放在 thead 中，单独给它们定义一种样式。如果使用 thead 或 tfoot，那至少也要使用一个 tbody。一个表中只能有一个 thead 或 tfoot，但可以有多个 tbody，以便把复杂的表切分成更小也更容易维护的数据块。

列标题和行标题应该使用 th（而不是 td）来表示，然后通过 scope 属性的值说明它们是行标题（row）还是列标题（col）。scope 属性的值还可以是 rowgroup 或 colgroup，表示这个行标题或列标题的范围涵盖多行或多列。一周的每一天都对应一列，因此它们的 scope 属性值应为 col。

```
<thead>
  <tr>
    <th scope="col">Mon</th>
    <!-- 省略 -->
    <th scope="col">Sun</th>
  </tr>
</thead>
```

3. col 与 colgroup

通过 tr 元素可以给某一行添加样式。但如果想给某一列添加样式呢？可以使用 :nth-child 选择表格单元，但这样做很容易乱套。col 和 colgroup 元素才是最合适的。colgroup 用于定义列组，每一列由一个 col 定义。col 元素本身不包含内容，只代表实际表格中的某一列。

```
<colgroup>
    <col class="cal-mon">
    <col class="cal-tue">
    <col class="cal-wed">
    <col class="cal-thu">
    <col class="cal-fri">
    <col class="cal-sat cal-weekend">
    <col class="cal-sun cal-weekend">
</colgroup>
```

colgroup 要放在 table 里，位于 caption 的后面，thead、tfoot 或 tbody 的前面。

然后，就可以给 col（或 colgroup）而不是特定列中的单元格应用样式了。比如日历中的周六和周日这两列，就要应用不同于其他列的样式。可以应用给列的样式非常有限，只有 background、border、width 和 visibility。

对列而言，visibility 可用的值只有 visible 和 collapse。而且即使这样，也不是所有浏览器都支持。值 collapse 的意思不仅是隐藏，还会让表格对应的区域缩小，这在某些场景下非常有用。可惜某些浏览器没有实现这个功能，就像其他很多被忽略的功能一样。

4. 最终的表格

把上述所有与表格相关的标签和属性放在一起，就有了图 9-1 所示的日历表。

```
<table class="cal">
  <caption><strong>January</strong> 2015</caption>
  <colgroup>
    <col class="cal-mon">
    <!-- 省略 -->
    <col class="cal-sat cal-weekend">
    <col class="cal-sun cal-weekend">
  </colgroup>
  <thead>
    <tr>
      <th scope="col">Mon</th>
      <!-- 省略，每天一列 -->
      <th scope="col">Sun</th>
    </tr>
  </thead>
  <tbody>
    <tr>
      <td class="cal-inactive">29</td>
      <td class="cal-inactive">30</td>
      <td class="cal-inactive">31</td>
      <td><a href="#">1</a></td>
      <td><a href="#">2</a></td>
      <td><a href="#">3</a></td>
      <td><a href="#">4</a></td>
    </tr>
    <!-- 省略，每周一行 -->
    <tr>
      <td><a href="#">26</a></td>
      <td class="cal-current"><a href="#">27</a></td>
      <!-- 省略 -->
      <td><a href="#">31</a></td>
      <td class="cal-inactive">1</td>
    </tr>
  </tbody>
</table>
```

而且，我们把每一天都放在了一个锚元素里（假设点击它们之后会跳转到某处）。此外，还增加了一些类名，用来表示一些特定日期，比如当前日期（`.cal-current`），或者不属于当前这个月的日期（`.cal-inactive`）。

9.1.2 为表格应用样式

CSS 标准规定了两种表格边框模型：分离型和折叠型。在分离型模型中，每个单元四周都有边框，而在折叠型模型中，相邻单元会共享边框。我们这里希望单元格共享 1 像素宽的边框，因此将 `border-collapse` 属性设置为 `collapse`。

表格单元的大小也有不同的算法，可以通过 `table-layout` 属性来控制。默认情况下，这个属性的值是 `auto`，基本上是由浏览器按照单元格的内容来确定单元格的宽度。如果把这个属性的值改为 `fixed`，那么单元格的宽度就会基于表格第一行中每个单元格的宽度来确定，或者基于

col 或 colgroup 元素的宽度来确定。这样就可以更方便地通过 CSS 来控制单元格宽度。

接下来设置字体栈，并在表格中居中显示所有文本。最后，再设置宽度和最大宽度，以便让表格既能占据尽可能大的地方，又不至于宽到没法看。

```
.cal {
  border-collapse: collapse;
  table-layout: fixed;
  width: 100%;
  max-width: 25em;
  font-family: "Lucida Grande", Verdana, Arial, sans-serif;
  text-align: center;
}
```

表格内容的样式

底层的设置已经完成，接下来该给可见的内容添加样式了。为了让表格的标题看起来更像常规的标题，我们要增大其字号和行高。然后，让它朝左对齐并加上底部边框，从而让它跟下面的表头有明显区别。

```
.cal caption {
  text-align: left;
  border-bottom: 1px solid #ddd;
  line-height: 2;
  font-size: 1.5em;
}
```

下面再通过 col 元素给周末两列设置粉色背景。注意，background 是为数不多的几个可以应用给一整列的 CSS 属性之一。给此处的背景色设置较高的透明度，让它能透出下层的背景颜色。此外，为兼容旧版本浏览器，还提供了一个后备的不透明色选项。

```
.cal-weekend {
  background-color: #fef0f0;
  background-color: rgba(255, 0, 0, 0.05);
}
```

接下来是具体的单元格。所有单元格都要有一定的行高，而且宽度一致。默认情况下，表格的布局算法会根据单元格内容来分配单元格的空间。因为表头中表示周几的简写内容长度并不一样，所以每一列的宽度也会略有差异。这个问题可以通过把每一列的宽度设置为表格宽度的 1/7（14.285%）来解决。实际上，这里的宽度值只要**至少**是 1/7 即可。这是因为，如果所有单元格的宽度加起来超过宽度的 100%（在使用 fixed 表格布局模型的情况下），那么每个单元格都会按照同样的比例减少宽度，直至不超过 100%。假如不考虑有多少个单元格，让它们宽度一律相等，那就可以把它们的宽度都设置为 100%。虽然这样做很方便，但为了能让人看明白，我们还是使用全部宽度的 1/7。类似表格布局的技巧，可以参考 Chris Coyier 的文章 *Fixed Table Layouts*。

在某些浏览器中，单元格也会有默认的内边距，这里要去掉。此外，我们还给单元格（不包括表头单元）添加了一个较细的边框。

```
.cal th,
.cal td {
  line-height: 3;
  padding: 0;
  width: 14.285%;
}
.cal td {
  border: 1px solid #eee;
}
```

为区分表头和表格数据（实际的日期），给表头加上一个粗边框。很简单，就是给 thead 应用一个边框：

```
.cal thead {
  border-bottom: 3px solid #666;
}
```

这样设置在多数浏览器（Chrome、Firefox、Safari、Opera）中都没问题，但在 IE 和 Edge 中不行：表格中的边框，无论是单元格边框、行边框，还是行组（thead 或 tbody）边框，在我们选择的折叠型模型中都会被垂直边框盖住。好在多数浏览器都会用整行的边框盖住垂直边框。IE和 Edge 中单元格的左、右边框都跑到了 thead 元素的边框上，导致边框有空隙（见图 9-4）。

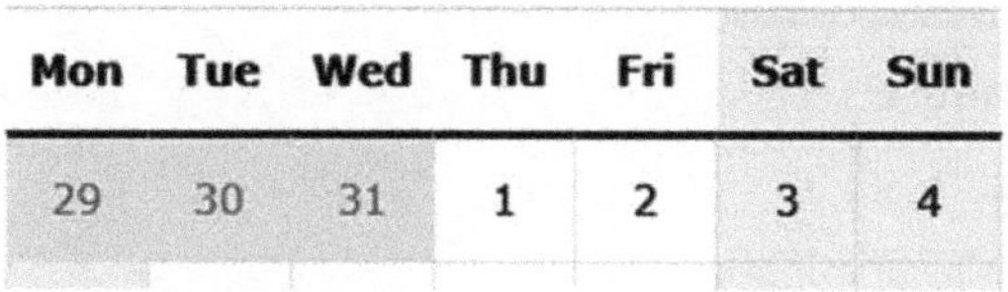

图 9-4　IE 和 Edge 中单元格的垂直边框会盖到表头边框上，导致边框有空隙

这个问题是**可以**绕过去的。比如，可以不使用折叠型模型，然后给个别单元格应用样式。但在此我们就不这么做了。假如读者在实际开发中遇到了同样的问题，可以考虑使用分离型模式，或不使用边框，改成使用背景图片。

接下来是可以点击的日期。去掉链接的下划线，将链接设置为暗紫色，并让它们显示为块级元素。这样每个链接都会填满自己所在的单元格，让可点击区域变大。最后，给链接的悬停和聚焦状态应用样式，添加一个半透明的背景色（同样也用一个不透明色作为后备）。

```
.cal a {
  display: block;
  text-decoration: none;
  color: #2f273c;
}

.cal a:hover,
.cal a:focus {
  background-color: #cde7ca;
  background-color: rgba(167, 240, 210, 0.3);
}
```

最后，给日历中日期的其他状态应用样式。比如不在当月的日期，给它们加上阴影，并设置不同的悬停光标样式，表示不能选中。

对于当前日期，将其背景色改为透明度较低的值。这样，不同透明度的颜色混合起来，能自然地区分当前日期、悬停时的当前日期，以及悬停时的当前日期为周末的情况，就不用再写别的规则了（见图 9-5）。

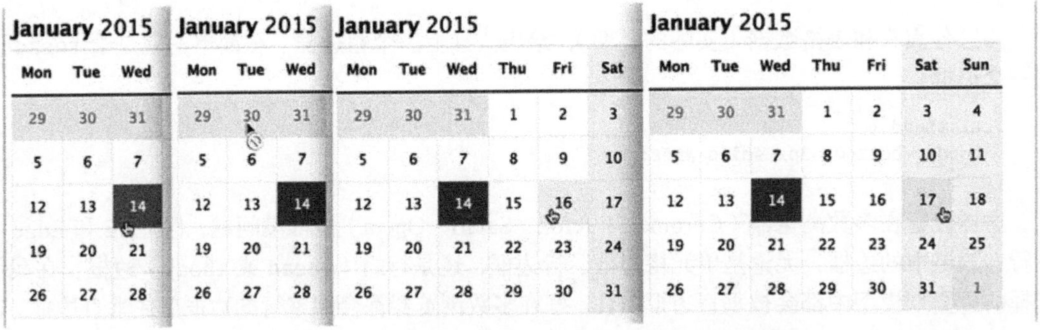

图 9-5　为悬停、当前和无效日期添加了微妙的状态差异

```
.cal-inactive {
  background-color: #efefef;
  color: #aaa;
  cursor: not-allowed;
}
.cal-current {
  background-color: #7d5977;
  background-color: rgba(71, 14, 62, 0.6);
  color: #fff;
}
.cal-current a {
  color: #fff;
}
```

这就可以了，如图 9-3 所示的日历已经大功告成。

9.1.3　响应式表格

表格会在空间不够时自动扩展。这是因为它有两个轴向的概念，会在列数增加时自然地占据更多空间。这会导致复杂的表格占据相当多的空间，从而违反响应式设计的目标，即在各种尺寸的屏幕上合理展示内容。

前面提到过，CSS 中的表格（以及表格的每个部分）有自己的显示模型。我们可以利用这一点，让本身不是表格的元素具有"网格性质"，从而实现我们想要的布局。不过，也可以反过来，让表格不显示为表格！在让表列数据适合小屏幕显示时，我们就会用到这个方法。

1. 表格线性化

在表格包含很多列的情况下，可以翻转表格，让原来的每一行变成一个块，其中包含原来的表头和该行对应的值。下面举一个例子，这个表格包含不同车型的诸多配置参数，在大屏幕下如图 9-6 所示。

Tesla car models

Model	Top speed	Range	Length	Width	Weight	Starting price
Model S	201 km/h	426 km	4 976 mm	1 963 mm	2 108 kg	$69 900
Roadster	201 km/h	393 km	3 946 mm	1 873 mm	1 235 kg	$109 000

图 9-6　不同车型的配置参数，加了简单的样式

而在小屏幕上，每一行都会自成一体。表头行隐藏，而列名分别显示在相应数据前面，结果如图 9-7 所示。

```html
<table class="cars">
  <caption>Tesla car models</caption>
  <thead>
    <tr>
      <th scope="col">Model</th>
      <th scope="col">Top speed</th>
      <th scope="col">Range</th>
      <th scope="col">Length</th>
      <th scope="col">Width</th>
      <th scope="col">Weight</th>
      <th scope="col">Starting price</th>
    </tr>
  </thead>
  <tbody>
    <tr>
      <td>Model S</td>
      <td>201 km/h</td>
      <td>426 km</td>
      <td>4 976 mm</td>
      <td>1 963 mm</td>
      <td>2 108 kg</td>
      <td>$69 900</td>
    </tr>
    <tr>
      <td>Roadster</td>
      <td>201 km/h</td>
      <td>393 km</td>
      <td>3 946 mm</td>
      <td>1 873 mm</td>
      <td>1 235 kg</td>
      <td>$109000</td>
    </tr>
  </tbody>
</table>
```

9

Tesla car models

Model S	
Top speed:	201 km/h
Range:	426 km
Length:	4 976 mm
Width:	1 963 mm
Weight:	2 108 kg
Starting price:	$69 900

Roadster	
Top speed:	201 km/h
Range:	393 km
Length:	3 946 mm
Width:	1 873 mm
Weight:	1 235 kg
Starting price:	$109 000

图 9-7   小屏幕中线性化的表格

这个表格的样式涉及边框、字体和"斑马条纹"技术，即相邻行的背景颜色不同：

```
.cars {
  font-family: "Lucida Sans", Verdana, Arial, sans-serif;
  width: 100%;
  border-collapse: collapse;
}
.cars caption {
  text-align: left;
  font-style: italic;
  border-bottom: 1px solid #ccc;
}
.cars tr:nth-child(even) {
  background-color: #eee;
}
.cars caption,
.cars th,
.cars td {
  text-align: left;
  padding: 0 .5em;
  line-height: 2;
}
.cars thead {
  border-bottom: 2px solid;
}
```

缩放浏览器窗口，我们发现在约 760 像素宽时，表格就显得拥挤了（见图 9-8）。这里需要添加一个断点，并改变样式。

Tesla car models

Model	Top speed	Range	Length	Width	Weight	Starting price
Model S	201 km/h	426 km	4 976 mm	1 963 mm	2 108 kg	$69 900
Roadster	201 km/h	393 km	3 946 mm	1 873 mm	1 235 kg	$109 000

图 9-8 缩小到 760 像素宽时，表格就显得拥挤了

表格有很多默认样式和显示模式。如果一上来就采用"移动优先"策略，用 `min-width` 条件在大屏幕下重置默认样式，那么会多写很多代码。为了简便，我们使用 `max-width` 条件，这样就把小屏幕作为一种特殊情况来处理：

```
@media only screen and (max-width: 760px) {
  .cars {
    display: block;
  }
  .cars thead {
    display: none;
  }
  .cars tr {
    border-bottom: 1px solid;
  }
  .cars td, .cars th {
    display: block;
    float: left;
    width: 100%;
    box-sizing: border-box;
  }
  .cars th {
    font-weight: 600;
    border-bottom: 2px solid;
    padding-top: 10px;
  }
  .cars td:before {
    width: 40%;
    display: inline-block;
    font-style: italic;
    content: attr(data-label);
  }
}
```

此时的单元格都成了块级元素，并占据 100% 宽度，结果就是在一行中上下堆叠起来。表格的标题完全隐藏。为体现列名与 `td` 元素中具体值的关系，我们要把每个列名添加为每个单元格的 `data-label` 属性：

```
<th scope="row">Model S</th>
<td data-label="Top speed">201 km/h</td>
<td data-label="Range">426 km</td>
<td data-label="Length">4 976 mm</td>
<!-- ……还有更多 -->
```

之后，就可以利用 `:before` 伪元素插入这些数据属性的值，并把它们显示在每个单元内容前面。要获得数据属性的值，可以使用 `attr()` 函数，然后将其作为 content 属性的值。这也是通

过 CSS 显示 HTML 中隐藏信息的一个技巧。虽然 HTML 中的内容有点重复，但问题不大，这样可以避免在 CSS 中硬写入列名。

除了保持表格可读性的其他样式之外，还有几处需要重点解释一下。

首先，我们给表格自身设置了 `display: block`。这个设置对展示而言并非必要，但有助于无障碍访问。修改表格的显示模式不应该改变屏幕阅读器对表格的解释方式，但这里却改变了。这意味着，某些屏幕阅读器在发现表格中的单元格都（通过 CSS）显示为块级元素时会出现问题。把表格的显示模式也切换为块级元素，就可以让屏幕阅读器认为表格中包含的是文本流，从而保持阅读顺畅，不必考虑表格分割问题。Jason Kiss 的文章 *Responsive Data Tables and Screen Reader Accessibility* 解释了不同屏幕阅读器的差异。

其次，这个方案通过给单元格应用浮动声明达到了最终目的。实际上这个声明只在 IE9 中才有必要。这是因为 IE9 有一个 bug，它虽然支持媒体查询，却不接受在@media 块中将单元格显示模式改为 `block`。这里应用的虽然是浮动，实际却是利用了将单元格转换为块级元素这个副作用。把单元格宽度设置为 100%是为了抵消浮动元素紧缩包裹（shrink-wrapping）的效果，从而保证它们像真正的块级元素一样垂直对齐。

2. 高级响应式表格

在小屏幕中线性化表格只是创建响应式表格的方式之一。其实还有其他方案，而且说实话，在本书写作时这个问题并没有多少人研究。虽然我们不能提供一个普适方案，但可以给大家提供一些策略，以供参考，其中大部分有赖于 JavaScript 在必要时操作 HTML 以及 CSS。但不管什么策略，归根结底都是一些基本机制的变体。

- 在屏幕过小时，给表格列引入某种控制机制。比如，第一列固定在一个位置上，让人知道自己看的是哪一行，然后其他列可以滚动。
- 在屏幕变小时隐藏一些列，只显示最重要的内容。
- 如果用户必须放大才能看清，则链接到一个单独的窗口。
- 提供切换控件，让用户可以决定隐藏或显示哪些列。

如果你需要支持复杂的响应式表格，又没有什么头绪，建议你试试 Tablesaw，它是一个很好的工具（https://www.filamentgroup.com/lab/tablesaw.html）。这里提供了很多 jQuery 插件，能帮你实现上面提到的一些策略。

9.2　表单

表单是用户输入内容的地方。表单可以用来填写联系信息、发布文章、填写付款信息，或者点击"马上购买"按钮。这些显然都是非常有价值的活动，可是尽管表单如此重要，仍然有很多网页没有好好设计它。

一个原因可能是觉得表单不好设计。表单涉及的控件多，而且一直都很难给它们应用样式。这主要是由于很多表单控件是作为"替代内容"实现的，比如下拉菜单的箭头，在 HTML 中并没有标签与之对应。对我们来说，`<select>`标签就像一个黑盒子。而这样实现主要是为了确保它们与用户操作系统的用户界面风格一致。

然而，我们至少还是可以设置一部分表单控制的外观的。无法控制样式的部分，则可以通过自定义控件来解决。

表单的复杂性并不止于它所包含的控件，因此本节就来专门讨论怎么组织标记和给表单添加样式，让 HTML 表单更有吸引力。但我们提前声明，本节不会涵盖 HTML 表单的所有方面，因为相关的元素和属性实在太多了。

9.2.1 简单的表单

在短小又相对简单的表单中，把表单控件名称放在相应的控件上方最合适。用户向下滚动页面时，可以先看到控件的名称，然后再填写内容。联系方式表单就属于这种，如图 9-9 所示。除此之外，这种布局也非常适合在移动浏览器上显示表单。

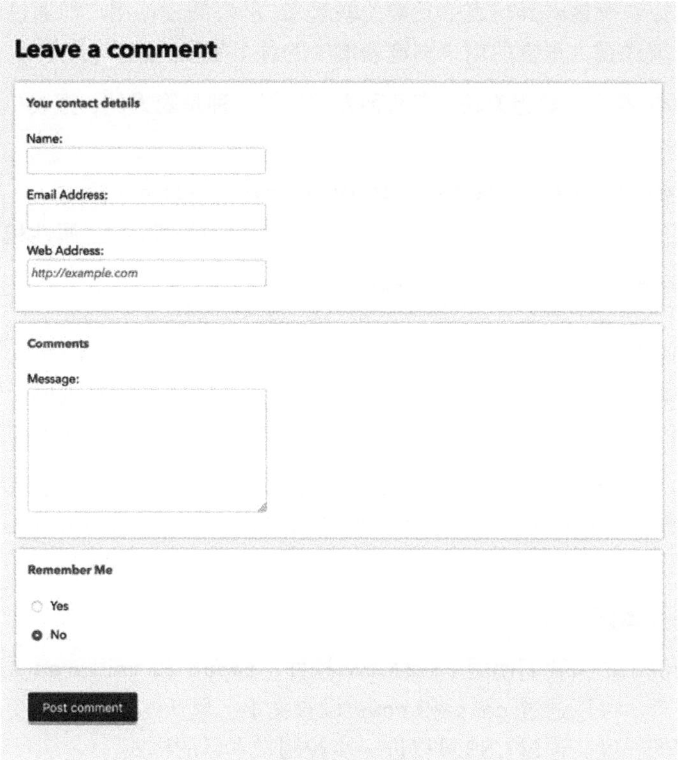

图 9-9　简单的表单布局

1. fieldset 与 legend

HTML 提供了不少用于增加表单结构和含义的元素。首先，就是可以分组相关信息块的 fieldset。在图 9-9 中，我们使用了 3 个 fieldset，一个包含联系信息，一个包含留言，还有一个包含 "Remember me" 选项。

为了表明每个 fieldset 的目的，可以使用一个 legend 元素。legend 有点类似 fieldset 的标题，通常会显示在 fieldset 上方，与边框垂直居中，而且略向右缩进。默认情况下，fieldset 会有一个双边框。这个不太常见的表现形式在不同浏览器中的实现方式也不一样。浏览器的渲染引擎好像会将它作为特例处理，因此通过常规的 CSS 属性重置它奇怪的位置，很难达到预期效果。后面讨论给表单添加样式时，我们再回来说这个事。

2. 字段名

字段名用 label 元素表示，它非常重要，用于给表单添加结构，并增强可用性和无障碍性。label 就像端口的标签一样，用于给每个表单元素添加一个有意义的描述性的名字。在多数浏览器中，点击 label 元素也会把输入焦点定位到相关的表单元素。

label 最大的作用是为使用辅助设备的人增强表单可用性。如果表单添加了 label 元素，那么屏幕阅读器就可以正确地将其与表单元素关联起来。屏幕阅读器用户能通过语音播报快速听一遍所有的字段名，就像视力正常的用户浏览表单中的各个字段一样。

将 label 与具体表单元素相关联，有两种方式。第一种是隐式的，把表单控制嵌入到 label 元素中：

```
<label>Email <input name="comment-email" type="email"/><label>
```

第二种是显式的，把 label 的 for 属性设为与相关表单控件的 id 属性相同的值：

```
<label for="comment-email" >Email<label>
<input name="comment-email" id="comment-email" type="email"/>
```

本书表单示例主要采用第二种方式，因此每个表单控件几乎都会有 name 和 id 属性。id 属性是在表单输入字段与 label 元素间建立联系的关键，name 属性则是表单正确地将数据提交给服务器的关键。id 和 name 的值可以不一样，但为了保持一致性，让它们相同比较好。

在 HTML 中，通过 for 属性与表单控件关联的 label 元素不一定要紧挨着相关控件，它们可以离得很远。从结构的角度来看，把表单控件与相关的 label 元素分开并不明智，应该尽量避免这么做。

3. 输入字段与文本区

在前面简单的例子中，我们使用了两种表单控件：input 和 textarea。后者主要用于输入多行文本，比如留言。可以通过 cols 和 rows 设置文本区默认的宽度和高度，这两个属性可以近似对应期望内容的长度。通过 CSS 可以进一步控制文本区的样式。

```
<textarea name="comment-text" id="comment-text" cols="20" rows="10"></textarea>
```

　　input 元素是个多面手。默认情况下，它被浏览器渲染为一个单行文本输入框，即其 type 属性的默认值是 text。除了 text，type 属性还支持很多其他的值。比如，password 可以让输入框中的内容被其他符号代替，达到保密的效果，而 checkbox 顾名思义就是显示为复选框。HTML5 扩展了 type 属性，为它增加了很多值，其中一些主要是对文本输入框的扩展，但相应地在后台会有不同的交互行为，比如 email、url 和 search。还有一些值会让 input 显示为不同的界面控件，比如 checkbox、radio、color、range 和 file。除了 type 属性，输入字段还有一些其他属性，用于说明期待的格式。

　　不同的输入字段拥有不同的属性，以便进行客户端表单验证。本章稍后会对此简单介绍，不过现在先来讨论另一个重要问题。在有屏幕键盘的设备上，改变 type 的值会触发软键盘布局相应改变。如果给电子邮件和 URL 字段添加了正确的类型值，那么在点击该字段后，手机和平板上的键盘布局会自动切换为便于输入相应内容的形式（见图 9-10）。

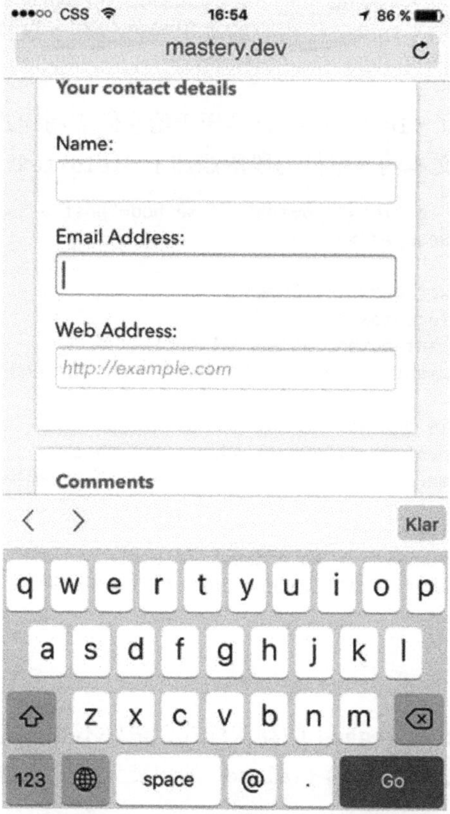

图 9-10　设置 type="email"之后，软键盘会显示更适合输入邮件地址的布局

　　因为 type 属性的默认值是 text，所以不支持 HTML5 的浏览器会忽略这些新值，并回退为只显示文本输入框。这样我们就可以放心地在实际项目中使用新的类型值了。

4. 把 fieldset 整合起来

使用目前为止我们介绍过的结构化元素，可以先尝试构建第一个 fieldset 中的表单布局。未添加样式的 fieldset 如图 9-11 所示。

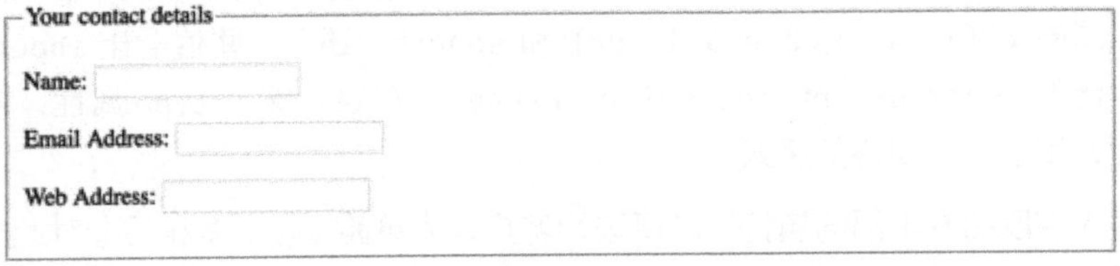

图 9-11   未添加样式的 fieldset

在这个表单中，我们又把 fieldset 包在了一个 div 中，原因稍后你就知道了。每一组 label 和 input 也被包在一个 p 元素中。曾经 input 元素不允许作为 form 元素的直接子元素。HTML5 去掉了这个限制，但仍然推荐把 label 及相应的表单控件包在 p 这样的块级元素中，因为这样从语义上可以代表表单中的一项。

我们还给这些段落添加了 field 类名，这样便于给它们应用样式，使其区分于表单中的其他段落。另外，我们还给包含文本输入组件的段落添加了 field-text 类：

```
<form id="comments_form" action="/comments/" method="post">
  <div class="fieldset-wrapper">
    <fieldset>
      <legend>Your Contact Details</legend>
      <p class="field field-text">
        <label for="comment-author">Name:</label>
        <input name="comment-author" id="comment-author" type="text" />
      </p>
      <p class="field field-text">
        <label for="comment-email">Email Address:</label>
        <input name="comment-email" id="comment-email" type="email" />
      </p>
      <p class="field field-text">
        <label for="comment-url">Web Address:</label>
        <input name="comment-url" id="comment-url" type="url" />
      </p>
    </fieldset>
  </div>
</form>
```

如果你想改变 fieldset 和 legend 的默认样式，最好不要直接给这两个元素添加样式。应该先尽可能去掉其默认样式，然后再给 fieldset 的包装元素应用样式。

以下规则可以去掉 fieldset 的默认样式：

```
fieldset {
  border: 0;
  padding: 0.01px 0 0 0;
  margin: 0;
```

```
    min-width: 0;
    display: table-cell;
}
```

这里去掉了默认的边框和外边距，同时把内边距设置为 `0`，但保留了一点点上内边距（`0.01px`）。这是因为在某些 WebKit 浏览器里存在一些奇怪的行为，即 `legend` 后面元素的任何外边距都会传递到 `fieldset` 元素的上方。为 `fieldset` 添加一点上内边距可以避免这个 bug 发生。

再看下一个奇怪的现象：某些（基于 WebKit 或 Blink 的）浏览器会给 `fieldset` 元素设置默认最小宽度，我们会覆盖掉它。如果不覆盖，那么 `fieldset` 有时候会在小屏幕上超出视口宽度，导致出现水平滚动条。Firefox 也给 `fieldset` 设置了最小宽度，但它是硬写的，覆盖 `min-width` 也并不管用。解决方案是把显示模式改为 `table-cell`。但这时候 IE 又会出问题，因此需要使用 Mozilla 特有的非标准规则块来应用这个声明：

```
@-moz-document url-prefix() {
  fieldset {
    display: table-cell;
  }
}
```

这个@-moz-document 规则让 Mozilla 浏览器用户能够在自己的样式表中覆盖某些网站样式，但它在作者样式表里也可以使用。一般来说，需要在 `url-prefix()`函数中传入一个 URL，而不传入任何参数则意味着对所有 URL 有效。没错，这样的代码很丑，但这是我们去掉 `fieldset` 默认样式的最后一段代码了。接下来我们给包装元素添加样式。

首先为包装元素添加背景、外边距和内边距，再加点阴影。不支持 `box-shadow` 的浏览器只会显示边框。稍后会去掉这个边框，方法是以 `:root` 作为同一个选择符的前缀。`:root` 引用的其实就是 HTML 元素（文本的根元素），但 IE8 及其他不支持这个选择符的浏览器则会显示边框。

```
.fieldset-wrapper {
  padding: 1em;
  margin-bottom: 1em;
  border: 1px solid #eee;
  background-color: #fff;
  box-shadow: 0 0 4px rgba(0, 0, 0, 0.25);
}
:root .fieldset-wrapper {
  border: 0;
}
```

至于 `legend` 元素，我们只去掉其默认的内边距，并保留一点下内边距，以增加其与表单字段的距离。这里不能使用外边距，因为对 `legend` 元素应用外边距在不同浏览器中的结果不一样，所以就使用内边距吧。最后，把 `display` 模式改为 `table`。这个声明让它在 IE 中必要时能包含多行文本，其他方式是行不通的。

```
legend {
  padding: 0 0 .5em 0;
  font-weight: bold;
  color: #777;
```

```
  display: table;
}
```

此时，`fieldset` 看起来不错，如图 9-12 所示。接下来可以聚焦于字段了。

图 9-12　此时的 `fieldset` 没有了双边框，也没有了位置奇怪的标题，同时又有了背景
　　　　和阴影

5. 文本输入控件

接下来要添加规则，让表单控件继承文档其他部分的字体属性。这是为了覆盖浏览器的默认
值，否则输入框中的文本就会比文档中的其他文本小一些。

```
input,
textarea {
  font: inherit;
}
```

把字段名垂直定位于输入字段上方非常简单。默认情况下，`label` 就是一个行内元素。只要将
其 `display` 属性设置为 `block`，就可让它成为一个独立的块盒子，从而把 input 元素挤到下一行。

文本输入框的默认宽度取决于浏览器，不同的浏览器中的默认宽度并不一致，但可以通过
CSS 来控制。要实现可伸缩的输入字段，可以将其宽度设置为百分比，同时再用 em 单位给它设
置一个最大宽度，不让它变得过宽。这样在多数屏幕中宽度就合适了。此外，还要再将其
`box-sizing` 属性设置为 `border-box`，从而在计算 100%的宽度时把边框和内边距也包括在内。

```
.field-text {
  max-width: 20em;
}
.field-text label {
  cursor: pointer;
}
.field-text label,
.field-text input {
  width: 100%;
  box-sizing: border-box;
}
```

通过 `cursor` 属性把 `label` 的光标设置为 `pointer`，提示用户这个区域也是可以用鼠标点击
的。同时 `label` 也通过上面的规则设置了宽度，因此它与相关的输入元素宽度相同。

最后稍微调整文本输入框的样式，加上细微的圆角边框，设置边框颜色，再添加一些内边距：

```
.field-text input {
  padding: .375em .3125em .3125em;
  border: 1px solid #ccc;
  border-radius: .25em;
  -webkit-appearance: none;
}
```

设置 border 属性通常会去掉操作系统默认添加的边框，以及文本输入框的内阴影。有些基于 WebKit 的浏览器（比如 iOS 上的 Safari）仍然会显示内阴影，此时可以通过设置 -webkit-appearance: none;把它去掉。

注意 并没有标准的 appearance 属性，但可以通过-webkit-appearance: none;（WebKit、Blink 系浏览器）或-moz-appearance: none;（Firefox）来去掉一些操作系统特定风格的渲染细节。正常情况下，我们都不建议这么做，但它们对**去掉 input** 元素的浏览器特定样式很有用。

---

6. 处理聚焦状态

修改了 input 元素的边框之后，还要关注这个元素在获得焦点时的样式。多数浏览器会在输入控件获得焦点时给它们添加某种轮廓线或光晕效果。这样可以让用户知道哪个字段是当前字段，而这些默认样式可以通过覆盖 outline 或 border 属性来去掉，具体用哪个要看浏览器。因此，只要改动过这两个属性的**任意一个**，就需要确认通过键盘来切换输入字段的机制没有被意外破坏。

这意味着，为了确保跨浏览器兼容，必须我们自己来控制聚焦状态。可以通过:focus 来添加一种不同的边框颜色，并通过 box-shadow 添加少量的光晕效果，如图 9-13 所示。此外，还可以再将聚焦状态下的 outline 属性值设置为 0，以确保某些浏览器下的聚焦状态不会出现重复的标记。

```
.field-text input:focus {
  box-shadow: 0 0 .5em rgba(93, 162, 248, 0.5);
  border-color: #5da2f8;
  outline: 0;
}
```

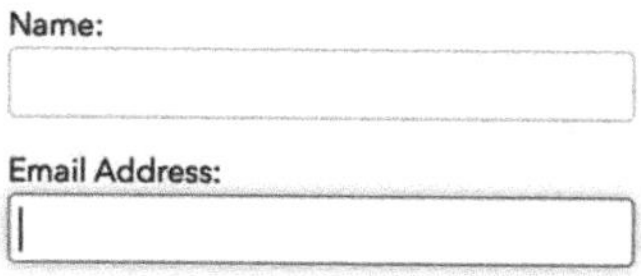

图 9-13 聚焦状态下的文本输入框，呈现出不同的边框颜色和一点光晕效果

以上规则通过.field-text 选择符，始终只针对当前表单中的文本输入框来应用样式。这是为了避免不必要地给其他输入类型的控件设置样式，比如复选框。当然也可以使用属性选择符，但由于 type 属性可选的值很多，在父元素上添加一个实用类名可以让代码更清晰。

7. 留言区

之前编写的规则同样也适用于文本区：

```
<div class="fieldset-wrapper">
  <fieldset>
    <legend>Comments</legend>
    <p class="field field-text">
      <label for="comment-text">Message:</label>
      <textarea name="comment-text" id="comment-text" cols="20" rows="10"></textarea>
    </p>
  </fieldset>
</div>
```

要把这些规则应用到 textarea 元素，只需要将它添加到相应规则的选择符列表，就可以获得与 input 和 label 同样的样式：

```
.field-text label,
.field-text input,
.field-text textarea {
  /*...*/
}
```

文本区会基于 rows 属性获得默认高度，当然也可以通过 height 属性重新设置。如果用户输入的内容超出了可见区域，文本就会溢出，并显示一个滚动条。

很多浏览器也支持让用户缩放文本区，以便他们能看到自己输入的所有内容。有些浏览器允许横向和纵向缩放文本区，而有些则只允许纵向缩放。实际上，我们可以通过 CSS 明确指定缩放的轴向，即使用 resize 属性。这个属性可以接受的关键字值有 vertical、horizontal、none 或 both，这里我们设置成 vertical：

```
textarea {
  height: 10em;
  resize: vertical;
}
```

8. 单选按钮

在表单的最后一部分，我们要添加的是单选按钮控件，用户可以从两个选项中选择一个。单选按钮的 input 类型是 radio，而且它们的字段名也不在上方，而是在右侧（见图 9-4）。

图 9-14 单选按钮的字段名在右侧

要想让用户只能二选一，必须让两个 input 元素的 name 属性相同（但 id 属性可以不同）：

```
<div class="fieldset-wrapper">
  <fieldset>
    <legend>Remember Me</legend>
    <p class="field">
      <label><input name="comment-remember" type="radio" value="yes" />Yes</label>
    </p>
    <p class="field">
      <label><input name="comment-remember" type="radio" value="no" checked="checked"
      />No</label>
    </p>
  </fieldset>
</div>
```

注意，这里我们把 input 嵌套在了 label 里面，而不是通过 for 属性和 id 关联它们。这意味着针对 label 声明的 display: block 不会把相应的单选按钮推到下一行。

最后，还要给单选按钮加一点右外边距，让它与字段名之间有一些间距：

```
input[type="radio"] {
  margin-right: .75em;
}
```

9. 按钮

整个表单还差一个控件。用户需要一个按钮来提交表单，也就是把数据发送给服务器处理。

HTML 支持两种创建按钮的方式。第一种是将 input 的 type 属性设置为 button、reset 或 submit：

```
<input type="submit" value="Post comment" />
```

第二种是使用 button 元素，可以指定相同的 type 属性值：

```
<button type="submit">Post comment</button>
```

button 控件如果用在表单外部，显然不能提交表单，但可以响应 JavaScript 的调用。reset 类型的控件（如今用得已经不多了）用于将表单重置回其初始值。最后，submit 类型的控件用于将表单数据发送到表单的 action 属性指定的 URL，当然前提是这个控件必须在表单内部。对于 button 元素而言，其 type 属性的默认值就是 submit。

这两种方式创建的按钮没什么不同，初始的样子也相同。我们建议使用 button 来创建按钮，因为这样就可以在 button 里嵌入其他元素（如 span 或图片），便于应用样式。

不同浏览器中按钮的默认样式也不相同（见图 9-15），复选框、单选按钮及其他表单控件也是如此。考虑到按钮在用户界面中极其常用，一般都需要根据网站的风格重新给它们设置样式。好在按钮也很容易通过 CSS 来定制样式。

图 9-15　Chrome（OS X）、IE10（Windows 7）、Firefox（Windows 7）和 Edge（Windows 10）中按钮的默认样式

我们要把按钮设计成一个略有立体感的样子，其中会用到渐变和盒阴影（见图 9-16）。与 input 元素一样，重新设置 border 属性可以覆盖其系统默认的样式。

```
button {
  cursor: pointer;
  border: 0;
  padding: .5em 1em;
  color: #fff;
  border-radius: .25em;
  font-size: 1em;
  background-color: #173b6d;
  background-image: linear-gradient(to bottom, #1a4a8e, #173b6d);
  box-shadow: 0 .25em 0 rgba(23, 59, 109, 0.3), inset 0 1px 0 rgba(0, 0, 0, 0.3);
}
```

图 9-16　重设样式后的按钮

这里的三维描边效果是通过 box-shadow 而非 border 属性创建的。这样可以不改变按钮本身的大小，因为阴影不会影响盒模型，而且阴影也会自动匹配按钮的圆角。注意，这里使用了两个阴影：外阴影勾画出按钮的边界，内阴影在按钮顶部增加了 1 像素的颜色偏移。

我们还给按钮的聚焦状态添加了一条规则（见图 9-17），此时背景稍微变浅了一点，而且又增加了第三个阴影，形成与文本输入框在获得焦点时类似的浅光晕效果。（第 10 章会介绍如何给按钮的按下状态添加动画效果，届时主要讨论变换和过渡。）

```
button:focus {
  background-color: #2158a9;
  background-image: linear-gradient(to bottom, #2063c0, #1d4d90);
  box-shadow: 0 .25em 0 rgba(23, 59, 109, 0.3),
              inset 0 1px 0 rgba(0, 0, 0, 0.3);
}
```

图 9-17　按钮的正常状态（左）和聚焦状态（右）

不支持圆角、渐变和盒阴影的浏览器，两个状态都会只显示一个平面按钮，但不影响使用。

9.2.2　表单反馈与帮助

反馈不到位和错误消息不明确，一直以来被视为 Web 设计中最普遍也最棘手的问题。设计表单不仅仅意味着让表单控件更美观，同时也要让帮助和错误消息也有恰当的表现形式。

可以通过 placeholder 属性为输入字段提供一个输入示例（见图 9-18）。浏览器会在该字段获得焦点或用户开始输入前显示该文本。

```
<input placeholder="http://example.com" name="comment-url" id="comment-url" type="url" />
```

Web Address:

http://example.com

图 9-18 　使用 `placeholder` 属性提供示例输入

占位符文本可以修改的样式有限，比如变成斜体。占位符文本没有对应的标准选择符，但各种浏览器都为它提供了不同的伪元素。因为每个伪元素只有相应的浏览器引擎能识别，所以它们不能共用一个值。浏览器如果看到不认识的选择符，就会忽略整个样式规则，因此针对每个浏览器都要将下面的工作重复一次：

```
::-webkit-input-placeholder {
  font-style: italic;
}
:-ms-input-placeholder {
  font-style: italic;
}
::-moz-placeholder {
  font-style: italic;
}
```

占位符文本是为了提供输入示例，因此绝对**不能**把它们当成字段名来用。占位符会在用户输入时消失，而用户需要在任何情况下都能看到字段名。

如果只通过 `label` 提供字段名还不够，还可以在表单控件旁边提供一段说明文字。因为想节省空间，也想让代码整洁一点，所以我们使用相邻选择符，只在输入字段获得焦点时才显示说明文字（见图 9-19）。

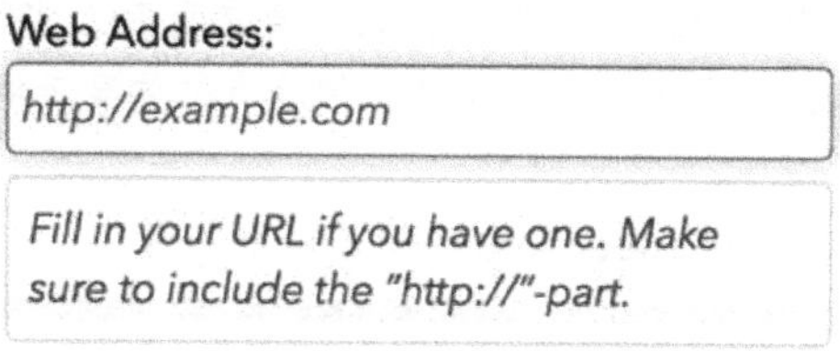

Web Address:

http://example.com

Fill in your URL if you have one. Make sure to include the "http://"-part.

图 9-19 　在字段获得焦点时显示帮助文字

我们希望在字段没有焦点时隐藏这些文本（对屏幕阅读器不隐藏）。此时可以组合使用 `clip`、绝对定位和 `overflow: hidden`。

这个特殊的属性组合可以克服旧版本浏览器的各种缺陷。关于这个技术的深入讨论，可以参考 Jonathan Snook 的博文 *Hiding Content for Accessibility*。然后使用同辈选择符，在输入字段获得焦点时覆盖这些属性：

```
.form-help {
  display: block;
```

```
 /* 默认隐藏帮助文本，
    但屏幕阅读器可以读到 */
 position: absolute;
 overflow: hidden;
 width: 1px;
 height: 1px;
 clip: rect(0 0 0 0);
}

input:focus + .form-help {
 padding: .5em;
 margin-top: .5em;
 border: 1px solid #2a80fa;
 border-radius: .25em;
 font-style: italic;
 color: #737373;
 background-color: #fff;
 /* 覆盖"隐藏"属性 */
 position: static;
 width: auto;
 height: auto;
 crop: none;
}
```

无障碍隐藏技术

在隐藏帮助文本的这个例子中，我们通过CSS让帮助文本不可见，但屏幕阅读器仍然可以访问它们。如果使用display: none或visibility: hidden，则会导致屏幕阅读器跳过该文本。

设计表单时，省略字段名或多个字段共用一个label的现象很常见。比如，一个日期字段可能会被拆分成"年""月""日"3个字段，而它们只有一个字段名（label），即"生日"。

运用无障碍隐藏技术，可以既添加字段名，又不会在页面上实际显示它们。当然，这个技术同样适用于那些有助于保持页面语义结构完整，但没有必要显示给视力正常的用户的元素。

只要你的页面中有这个需求，就可以考虑用这个技术来实现"帮助类"。比如，HTML5 Boilerplate项目就通过.visuallyhidden类名运用了这个技术。

提供帮助文字的标签很简单，但为了保证无障碍体验，我们又添加了一些语义属性：

```
<input placeholder="http://example.com" name="comment-url" aria-described-by="comment-url-
help"id="comment-url" type="url" />
<span id="comment-url-help" role="tooltip" class="form-help">Fill in your URL if you have
one. Make sure to include the "http://"-part.</span>
```

这个 aria-described-by 属性应该指向帮助文字元素的 id。这样，屏幕阅读器就能把帮助文字与当前字段关联起来。很多屏幕阅读器会在字段聚焦时先读取字段名，然后再读出相关的帮助文字。把帮助文字的 role 属性设置为 tooltip 可以进一步向屏幕阅读器表明，这段文字应该在用户激活当前字段时朗读。

如果你同时在服务端和前端做表单验证，那么 HTML 中的错误消息也可以如法炮制，即使用 `aria-described-by` 属性把错误消息与当前表单控件关联起来。

支持HTML5的浏览器自带表单验证功能，相应地也有一批CSS伪类可用于辅助客户端验证。

HTML5 表单验证与 CSS

只要使用较新的 HTML5 表单属性，浏览器就会帮你验证表单字段的值。比如，把 `input` 的 `type` 属性设置为 `email` 后，如果输入了无效的电子邮件地址并提交表单，浏览器就会给你显示一条错误消息（见图 9-20）。

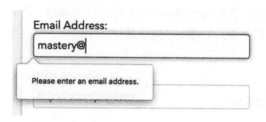

图 9-20   Mozilla Firefox 的验证消息

支持 HTML5 验证的浏览器也会提供一些伪类，分别对应表单字段的不同状态。比如，可以使用以下代码高亮显示无效的文本输入字段，给它加上红边框和红光晕：

```
.field-text :invalid {
  border-color: #e72633;
  box-shadow: 0 0 .5em rgba(229, 43, 37, 0.5);
}
```

第 2 章中曾介绍过`:required`、`:optional`、`:valid` 和`:invalid` 这几个伪类。实际上，这样的伪类还有很多，分别对应不同的状态，应用于数值输入及滑动条等。基于这些伪类给输入字段应用样式没什么问题，但怎么给这些浏览器显示的错误消息添加样式呢？

这又是一个 CSS 无法企及的界面元素的例子。WebKit 系浏览器支持通过特定于浏览器的伪元素，比如`::-webkit-validation-bubble` 来给错误消息添加样式，但除此之外就没有别的办法了。

如果你希望进一步设置这些错误消息，可以考虑使用 JavaScript 插件，它们可以监听浏览器触发的表单事件。在相应事件触发时，它们会覆盖内置的验证机制，并让你自定义包含错误消息的元素（以及错误消息本身的内容）。与此同时，它们还会支持旧版本浏览器的表单验证。Webshim 项目就是这样一个插件。

9.2.3 高级表单样式

目前，我们只给表单应用了最低限度的样式。毕竟，对那些填写注册信息或购买商品的用户来说，清楚准确的信息才是最重要的，除此以外的目标都不足为道。但这并不意味着更有吸引力的 CSS 技术在表单设计上没有用武之地。接下来就展示几个这样的技术。

1. 在表单布局中应用现代 CSS

默认情况下，多数表单元素都显示为行内块，因此会像文本一样排成一行。前面例子中使用了块级元素显示模式，让字段名显示在了字段上方。

要实现更高级的表单布局，新的布局机制就有用武之地了。Flexbox 专门针对以下情况而开发：以行列形式对齐按钮或其他表单元素，并且这些元素之间的距离需要谨慎处理。这正是表单所需要的，因此下面就来看一个使用 Flexbox 布局表单的例子。

以前面的样式表为基础，我们再创建一个更具伸缩性的表单，其中包含一些职位申请人的信息。具体来说，我们要收集申请人的姓名、电子邮件和 Twitter，以及申请人掌握的编程语言（见图 9-21 ）。

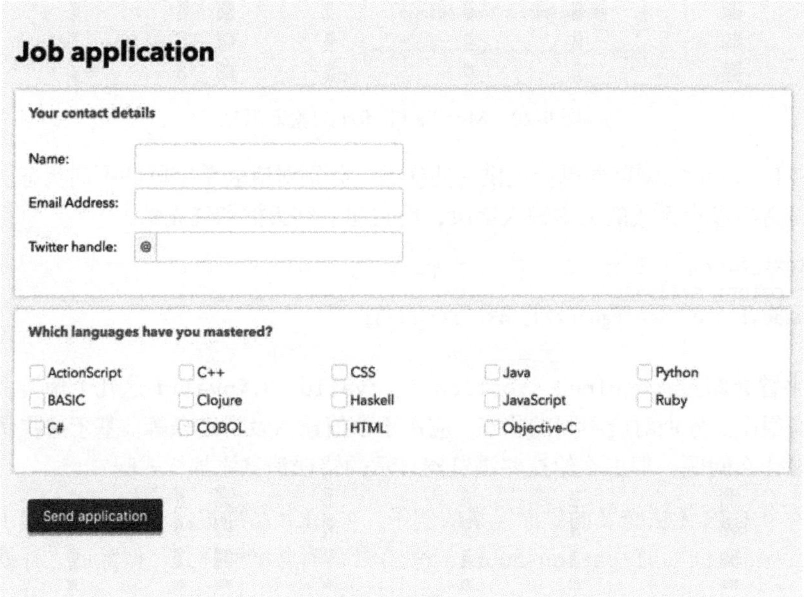

图 9-21　申请表单

在较大的视口中，表单的上半部分会从上下堆叠（字段名在字段上方）切换到字段名与字段在同一行的布局。另外，在 Twitter 字段中还有一个指引字符"@"，表示只需要填写该字符后面的部分。我们先从行内字段开始。

我们会使用 Flexbox 控制字段的布局。为了检查浏览器是否支持，可以使用 Modernizr 库，第 6 章提到过。Modernizr 可以通过 JavaScript 检测 CSS 特性，并把相应的类名添加到页面的 `html` 标签上。可以在 https://modernizr.com/ 上创建自定义脚本，只让它检测你关心的特性。于是，在浏览器支持 Flexbox 时，`html` 元素上会有一个 `flexbox` 类。

这样就可以使用 .flexbox 类作为选择符的前缀来编写使用 Flexbox 的代码了，这样只有支持的浏览器才会看到。

首先，我们只想在视口足够大的时候显示行内布局。宽度大概在 560 像素左右比较合适，差不多是 35em。

```
@media only screen and (min-width: 35em) {
  /* 其他代码在这里 */
}
```

接下来，文本输入字段应该在大视口中变成 Flexbox 容器，其中的项目水平排列（默认行为）。当然也要给它设置一个较大的最大宽度。

```
.flexbox .field-text {
  display: flex;
  max-width: 28em;
}
```

我们希望所有字段名宽度都一样（约 8em 比较合适），既不扩展也不收缩。换句话说，flex-shrink 和 flex-grow 设置为 0，而 flex-basis 设置为 8em。

```
.flexbox .field-text label {
  flex: 0 0 8em;
}
```

对于 label 中的字段名，我们还希望它垂直居中。可以通过设置 line-height 来实现，但这样就得跟 input 元素的高度绑定。Flexbox 实际上可以让我们在不知道具体尺寸的时候做到这一点。

为此，需要把 label 也声明为一个 Flexbox 容器，且其内容是居中的。由于 label 元素没有子元素可以居中，我们就利用 Flexbox 容器中任何文本都会变成一个匿名 Flexbox 项这一点，让容器垂直居中其所有项。

```
.flexbox .field-text label {
  flex: 0 0 8em;
  display: flex;
  align-items: center;
}
```

这样就完成了大视口下的字段布局，如图 9-22 所示。

图 9-22 大视口下的行内字段名和字段布局

至于 input 元素的宽度，Flexbox 会自动处理。前面已经把它设置成了 width: 100%，但 flex 属性的默认值是 0 1 auto，因此它会收缩，给固定宽度的字段名腾出地方。这个默认值的意思是"根据 width 属性来获得宽度（auto），不要扩展超过该宽度，但可以适当收缩来腾出地方"。

2. 使用 Flexbox 实现带前缀的输入字段

说到前置文本，这可是 Flexbox 最擅长做的了。如果使用其他布局技术，那么就会遇到以下几个非常棘手的问题。

- ❑ 输入框与前置文本组件高度必须相同。
- ❑ 前置元素的宽度必须能根据其中的文本灵活伸缩。
- ❑ 输入框需要相应地调整宽度，以便它跟前置元素的宽度加起来始终与其他文本字段的宽度相同。

要实现这个组件，我们把它们全都包在一个 span 元素中，并应用一些通用的类名。此外还添加了一些属性，让前置文本可以无障碍访问。以下是组件的完整标记：

```
<p class="field field-text">
  <label for="applicant-twitter">Twitter handle:</label>
  <span class="field-prefixed">
    <span class="field-prefix" id="applicant-twitter-prefix" aria-label="You can omit the
    @">@</span>
    <input aria-describedby="applicant-twitter-prefix" name="applicant-twitter"
    id="applicant-twitter" type="text" />
  </span>
</p>
```

其中的 aria-label 属性为前置元素提供了一个说明，让屏幕阅读器知道其中包含文本的含义。

说到样式，我们先来为不支持 Flexbox 的浏览器创建一个后备样式。为简单起见，我们只让一个行内块包含前缀文本，让它后面的输入字段足够短，从而在小屏幕上不至于折行（见图 9-23）。

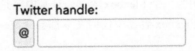

图 9-23　最基本的要求：把前置文本放在一个行内块中

```
.field-prefix {
  display: inline-block;
  /* 这里省略了边框和颜色的声明 */
  border-radius: .25em;
}
.field-prefixed input {
  max-width: 12em;
}
```

此外还要把前置字段的类名添加到设置输入字段宽度的选择符列表中：

```
.field-text label,
.field-text input,
.field-prefixed,
.field-text textarea {
  /* ... */
}
```

最后再应用 Flexbox，但要通过 .flexbox 类名来限制我们的规则。具体来说，要把 .field-prefix 转换成一个 Flexbox 容器，并垂直居中前置元素中的内容。与前面行内字段例子中的字段名一样，这里也要创建一个嵌套的 Flexbox 容器，并垂直对齐其中的匿名项。另外，我们只给外部的两个角设置圆角半径：

```
.flexbox .field-prefixed {
  display: flex;
}
.flexbox .field-prefix {
  border-right: 0;
  border-radius: .25em 0 0 .25em;
  display: flex;
  align-items: center;
}
```

此时需要给 input 元素重新应用 max-width。在这个范围内，它会自动填满所有剩余空间。

```
.flexbox .field-prefixed input {
  max-width: 100%;
  border-radius: 0 .25em .25em 0;
}
```

结果如图 9-24 所示。这些样式实现了一个可伸缩、可重用的前置文本输入字段，同时还能保证它们加起来与其他字段宽度一样。此外，还能轻松地给这个输入字段追加**后置元素**。

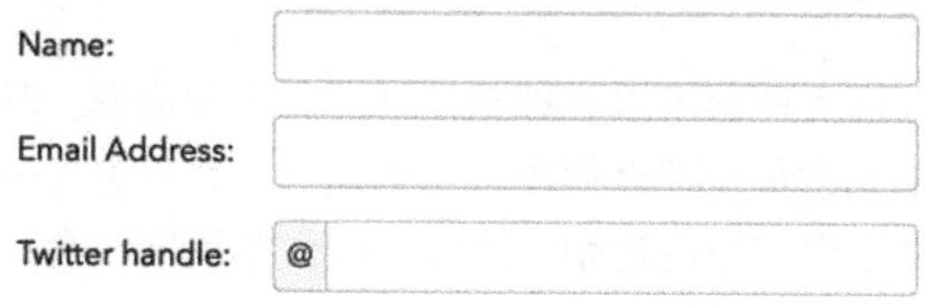

图 9-24 完成的前置文本字段

3. 使用多栏布局组织复选框

使用行内字段可以节省垂直空间，同样地，把复选框组织为列也能节省空间。Multi-Column Layout 模式非常适合这种布局，而在不支持的浏览器中，这种布局会回退为单栏布局。

相关的标签非常简单，就是一个类名为 checkboxes 的无序列表，其中包含复选框及其相关标签：

```
<ul class="checkboxes">
  <li>
    <input type="checkbox" name="lang-as" id="lang-as">
    <label for="lang-as">ActionScript</label>
  </li>
  <!-- 省略 -->
</ul>
```

当然也可以把这些复选框嵌套在 label 里，就像前面排列单选按钮那样。这里是为下一个例子考虑，才做了这样的安排。

让复选框组织成列，只要告诉浏览器每一列的最小宽度即可。最小宽度主要考虑最长的字段名，大约 10em 就可以了。除此之外，还要去掉列表项默认的样式，重设一下外边距和内边距。图 9-25 展示了组织成列的复选框。

```
.checkboxes {
  list-style: none;
  padding: 0;
  column-width: 10em;
}
.checkboxes li {
  margin-bottom: .5em;
}
```

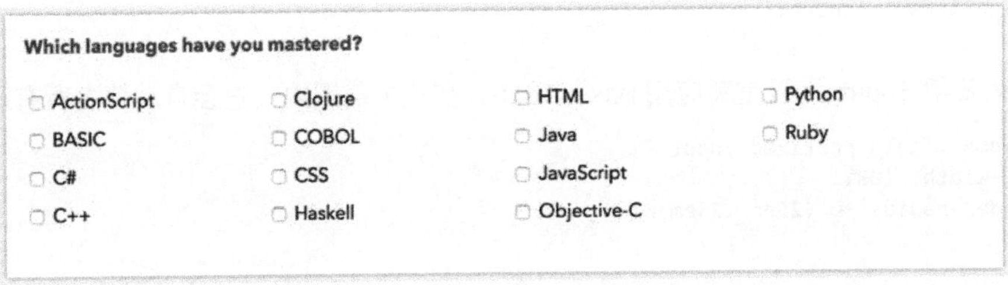

Which languages have you mastered?

☐ ActionScript　　☐ Clojure　　☐ HTML　　☐ Python
☐ BASIC　　　　☐ COBOL　　☐ Java　　☐ Ruby
☐ C#　　　　　☐ CSS　　　☐ JavaScript
☐ C++　　　　☐ Haskell　　☐ Objective-C

图 9-25　在中等大小的视口中，复选框分布于自动生成的 4 列里

4. 人造复选框

如前所述，按钮和文本输入框都可以去掉默认样式，比如边框。但按钮和输入框主要是一个包含文本的平面，其他表单元素可没那么简单。比如复选框，它包含一个小方框，可以在里面显示一个对勾。如果我们给复选框应用内边距，那会是什么结果呢？会应用到小方框内部，还是外部？那个对勾会不会受复选框大小的影响？

这些问题都不重要，因为可以用图片来替代复选框。这是靠巧妙地使用 label 元素及表单状态伪类实现的。

根据前面标记中的顺序，将同辈选择符与 :checked 伪类组合起来，就有了为复选框和字段名应用样式的规则，而且能区分状态。

这里同样需要区分浏览器是否支持。不支持 :checked 伪类的浏览器仍然会显示本来的复选框。为此，可以重用 :root 选择符，它会让 IE8 等旧版本浏览器跳过整条规则：

```
:root input[type="checkbox"] + label {
  /* 未选中的复选框字段名 */
}
:root input[type="checkbox"]:checked + label {
  /* 选中的复选框字段名 */
}
```

接下来要让复选框本身不可见，但仍然可以被访问和聚焦。这里我们使用一个复选框图片，作为 label 元素的背景。图 9-26 演示了这个过程。

自定义的复选框背景图片

原来的复选框（已隐藏）

label元素

图 9-26　复选框本身通过 CSS 隐藏，我们通过 label 元素的背景图片显示了一个假复选框

使用鼠标或触屏的用户可以点击 label 元素，以触发复选框改变状态，从而更新样式。使用键盘的用户仍然可以把焦点切换到复选框，而 label 的样式也会根据复选框状态改变。

这个技术有两个地方很重要。首先，label 需要在标记中紧挨着 input，并通过 for 属性将两者关联起来。其次，label 需要隐藏，但仍能无障碍访问。最后一点其实与前面隐藏帮助文字的要求一样，即同时也要让它保持无障碍访问，因此相同的样式在这里也适用。

```
:root input[type="checkbox"] {
  position: absolute;
  overflow: hidden;
  width: 1px;
  height: 1px;
  clip: rect(0 0 0 0);
}
```

现在需要准备好各种状态下复选框的图片，包括通过键盘访问时的聚焦状态。总共需要 4 张图片：未选中、选中、聚焦未选中和聚焦选中。图 9-27 展示了最终结果。

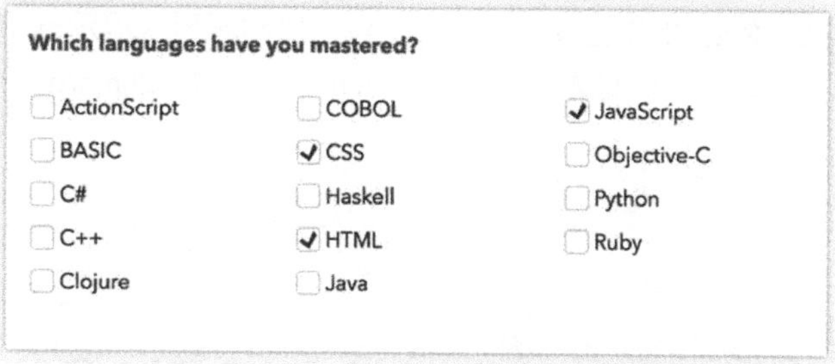

Which languages have you mastered?

☐ ActionScript　　☐ COBOL　　☑ JavaScript
☐ BASIC　　☑ CSS　　☐ Objective-C
☐ C#　　☐ Haskell　　☐ Python
☐ C++　　☑ HTML　　☐ Ruby
☐ Clojure　　☐ Java

图 9-27　定制的复选框在所有浏览器里的样式都是统一的了

我们使用 Modernizr 检测浏览器对 SVG 的支持，因此我们的规则里使用了 svgasimg 类。

注意　Modernizr 测试实际检测的是 SVG 对<image>元素的支持情况，它恰好也可以用来检测浏览器能否支持以 SVG 作为背景图片。这个能力无法用其他办法检测。SVG 文件能否作为 img 元素的源文件（也就是这个类名）也是如此。

```
:root.svgasimg input[type="checkbox"] + label {
  background: url(images/checkbox-unchecked.svg) .125em 50% no-repeat;
}
:root.svgasimg input[type="checkbox"]:checked + label {
  background-image: url(images/checkbox-checked.svg);
}
:root.svgasimg input[type="checkbox"]:focus + label {
  background-image: url(images/checkbox-unchecked-focus.svg);
}
:root.svgasimg input[type="checkbox"]:focus:checked + label {
  background-image: url(images/checkbox-checked-focus.svg);
}
```

最终的示例文件中也包含了一些设置字段名内边距和文本样式的规则。其中还使用了 URL 编码的（迷你）SVG 文件，它们作为数据 URI 被放在 CSS 里。这样能节省几次浏览器请求。

实际上，也有浏览器支持所有选择符，但不支持 SVG。我们还得为这些浏览器准备一个方案，在浏览器禁用 JavaScript 或不支持 SVG 时，回退到使用 PNG 图片。在 CSS 里，我们把使用 PNG 图片的规则放到使用 SVG 图片的规则前面。

```
:root input[type="checkbox"] + label {
  background-image: url(images/checkbox-unchecked.png);
}
:root input[type="checkbox"]:checked + label {
  background-image: url(images/checkbox-checked.png);
}
/* ……还有更多 */
```

这样的话，我们就有了一个完整的、针对各种支持表单伪类的浏览器的方案。而 IE8（及更早版本的浏览器）中只能显示原始的复选框。其实同样的方案也适用于单选按钮。如果你愿意，也不妨尝试将其用在其他地方。

使用复选框图片的时候也可以应用其他技术，包括以动画形式展示选中和取消选中的操作。可以参考图 9-28 所示的 Manoela Ilic 的范例（https://tympanus.net/Development/Animated Checkboxes/）。

图 9-28　以“铅笔涂抹”SVG 动画形式展示的单选按钮选中效果

这个方案的不足在于引入了对 JavaScript 增强的依赖，但依赖很少，而且也有非常不错的后备。

5. 关于自定义表单组件

现在，我们已经成功地给输入字段和按钮应用了 CSS 样式，而且还能通过 CSS 和图片替换复选框和单选按钮。那么 select 元素呢？这个下拉选项菜单包含下拉菜单、箭头指示和一组选项。当然，input 元素还有文件上传和颜色拾取的版本，需要更复杂的组件来展示。

过去，这些组件几乎是无法添加样式的，因此就要运用大量 JavaScript，并结合常规 div 和 span，才能做出文件选取或选项菜单的样子。虽然这些方案能解决无法给表单控件应用样式的问题，但同时往往也会引入一些棘手的新问题。

比如，这些样式应该在移动设备上不能乱套，与原生版本使用同样的键盘控制方式，并且跨设备和跨浏览器表现一致。就拿人造 select 控件来说，尝试用假的选项来承载样式，本身就是一件特别危险的事，因为这个控件在手机上的样式完全不同（见图 9-29）。

图 9-29　iOS 中的选项菜单并不显示在控件下方，而是会触发一个显示在屏幕底部的滚
　　　　动部件

在做设计决定时，需要慎重考虑是否要自定义这些控件的样式，还要考虑让它们与整体设计风格保持一致是否值得。

当然，已经有很多人通过深思熟虑和努力探索，写出了不少 JavaScript 方案，因此还可以直接引用这些第三方的方案。其中多数方案依赖 jQuery 等操作 DOM 的库，因为在页面中快速地创建和处理这些元素是极其重要的。

在此向大家推荐两个库。

- ☐ Filament Group 发布过一个简单的 jQuery 选项菜单插件（https://github.com/filamentgroup/select），使用与前面复选框示例类似的技术，但增加了一些 JS 的成分。这个插件的出发点是快速给 select 元素而非其选项列表添加样式。Filament Group 也通过类似的手段实现了文件上传。

- ☐ Chosen（https://harvesthq.github.io/chosen/）和 Select2（https://select2.github.io/）是两个着眼于选项菜单增强的更流行的插件。它们支持对占位符和选项添加样式，支持搜索和筛选，并为多项选择提供了更好的 UI。这两个库的最新版本都改进了对无障碍访问的支持，但要知道它们都存在这样或那样的问题。

Todd Parker 找到了一个纯 CSS 的方案（http://filamentgroup.github.io/select-css/demo/），能够实现基本的 select 元素下拉菜单的样式增强。在本书写作时，这个方案仍处于概念验证阶段，还不够成熟，但它的目标是在主流的浏览器中能够对 select 元素（不包括 option）应用样式，而且只有一个包装元素，不用 JavaScript。旧版本浏览器会被它的方案排除在外，因此只能显示没有样式的默认选项菜单。

在对表单控件应用样式或再造的过程中，无论采取什么路线，一定要保证这些控件的原生版本在上线后也能照常工作。

9.3　小结

本章介绍了表单和表格的样式化。这两个元素本身都包含了很多 HTML 元素，但它们对网页交互和展示复杂数据又极其重要。

本章首先讨论了如何给数据表格应用样式，还介绍了让数据表格能够响应屏幕大小变化的一个简单方案。

随后，我们通过一个简单的表单学习了如何为字段组、字段名、文本框和按钮应用样式。本章同时也介绍了在字段布局中使用现代的 CSS 布局技术，以便更有效地利用表单空间。之后还一起探讨了如何解决复选框和单选按钮样式化过程中的一些问题。

下一章会把交互性提升到一个新高度，向大家展示如何让网页动起来，涉及变换、过渡和动画。

第 10 章

变换、过渡与动画

本章跟运动有关，既涉及空间内的变化，又涉及随时间发生的过渡或动画。一般情况下，这两类属性可以相互发生作用。

变换并不是指通过定位或其他布局属性移动元素。事实上，某个元素的变换并不会影响页面布局。变换包括旋转、变形、平移和缩放元素，甚至在三维空间里！

元素动画可以通过 CSS Animation 属性实现。过渡是一种简化的动画。如果某个属性只有开和关两个状态（比如悬停在元素上），那么就可以使用过渡。

这些属性相结合，为网页动起来提供了各种方式。不仅如此，它们的性能还很棒。

本章内容：

- ❑ 二维变换，包括平移、缩放、旋转和变形
- ❑ 简单与高级的过渡效果
- ❑ 什么可以过渡，什么不可以过渡
- ❑ 关键帧动画及动画属性
- ❑ 三维变换与透视

10.1 概述

CSS 变换用于在空间中移动物体，而 CSS 过渡和 CSS 关键帧动画用于控制元素随时间推移的变化。

虽然它们并不一样，但变换、过渡和关键帧动画经常被人们相提并论。这是因为在实践中人们通常把它们当成互补的技术来用。加个动画就意味着每秒要改变其外观 60 次。变换可以让浏览器根据你对这种变化的描述，进行非常高效的计算。

过渡和关键帧动画可以让我们以巧妙的方式把这些变化转换成动画效果。因此，这些 CSS 特性就变得密不可分了。于是，就可以做出类似 Google 这个拆纸书的三维效果（见图 10-1）。这个三维效果用于展示其产品的创意用法（http://creativeguidebook.appspot.com/）。

图 10-1   Google 创建了一个三维折纸书来展示其产品的创意用法

　　由于本章的例子涉及大量动画，在书本上无法描述清楚。建议大家在学习本章的同时，也通过浏览器打开相应示例看一下，以便更好地理解我们都讲了什么。很多时候，JavaScript 都用于实现交互功能，但我们不会关心脚本的工作原理，大家可以自己去研究示例中包含的 JS 文件。

关于浏览器支持

　　变换、过渡和关键帧动画的规范仍然在制定中。尽管如此，其中大多数特性已经在常用浏览器中实现了，但 IE8 和 Opera Mini 除外。IE9 只支持变换的二维子集，而且要使用 `-ms` 前缀，并不支持关键帧动画和过渡。在 WebKit 和 Blink 系的浏览器中，变换、过渡和关键帧动画相关的属性都要加 `-webkit-` 前缀。旧版本的 Firefox 还需要加 `-moz-` 前缀。

10.2   二维变换

　　CSS 变换支持在页面中平移、旋转、变形和缩放元素。此外，还可以增加第三维。本节先从二维变换开始，之后再扩展到三维。图 10-2 展示了二维变换的各种方式。

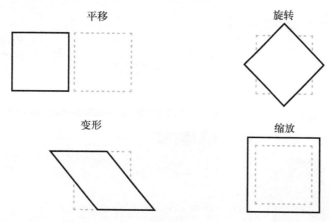

平移

旋转

变形

缩放

图 10-2　二维变换的不同方式示意

从技术角度说，变换改变的是元素所在的**坐标系统**。一种看待变换的角度是把它们看成"畸变场"。任何落在元素渲染空间内的像素都会被畸变场捕获，然后再把它们传输到页面上的新位置，或改变大小。元素本身还在页面上原来的位置，但它们畸变之后的"影像"已经变换了。

假设页面上有一个 100 像素×100 像素的元素，其类名为 box。这个元素的位置受页面流中其他元素外边距、定位方式和大小的影响，当然它也会影响其他元素。不管这个元素最后在哪里，我们都可以用它在视口中的坐标来描述其位置。比如，距页面顶部 200 像素，距页面左边 200 像素。这就是视口坐标系统。

这个页面会为其保留 100 像素×100 像素的空间，以便渲染它。下面假设我们要对它执行变换，让它旋转 45 度角：

```
.box {
  transform: rotate(45deg);
}
```

像这样给元素应用变换，会为元素最初所在的空间创建所谓的**局部坐标系统**。局部坐标系统就是畸变场，用于转换元素的像素。

因为元素在页面上表现为矩形，所以我们可以想象这个矩形的四个角会如何变化。Firefox 的开发者工具在检查元素时，会为此提供一个形象的可视化效果。在查看元素窗格的"规则"（Rules）面板中，把鼠标悬停到变换规则上，就可以看到变换结果（见图 10-3）。

10

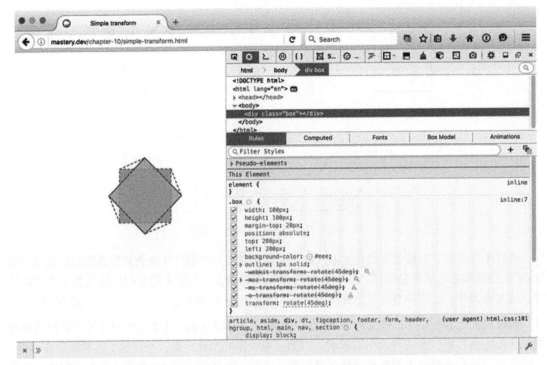

图 10-3　Firefox 的开发者工具展示了旋转 45 度角的变换过程。原始的矩形和变换后的
　　　　矩形重叠显示，四角的位置变换也清晰地展示了出来

页面上元素原来的位置仍然保留了 100 像素×100 像素的空间，但元素上所有的点都被畸变场给变换到了新位置。

此时，最重要的是理解给元素应用变换的技术背景，以及影响它们在页面上位置的其他属性。如果我们给变换后的元素再应用一个 `margin-top: 20px` 会怎样呢？朝上的那个角会不会跑到原始位置以下 20 像素的位置？不会。矩形所在的整个局部坐标系统都会被旋转，包括外边距，如图 10-4 所示。

旋转后的矩形也不会妨碍页面其他部分的布局，就好像根本没有变换过一样。如果我们把这个矩形旋转 90 度，让上外边距转到右边，也不会影响原来就在矩形右边的任何元素。

注意　变换会影响页面的溢出。如果变换后的元素超出设置了 `overflow` 属性的元素，导致出现了滚动条，则变换后的元素会影响可滚动区域。在从左向右书写的语言中，这意味着可以利用向上或向左（不能是向下或向右）平移来隐藏元素。

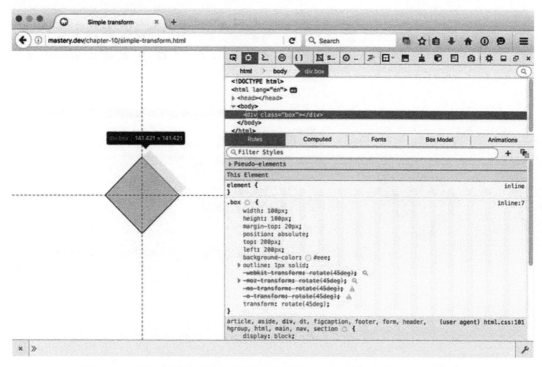

图 10-4　旋转元素就是旋转其整个坐标系统，因此上外边距也会跟着旋转

10.2.1　变换原点

默认情况下，变换是以元素边框盒子的中心作为原点的。控制原点的属性叫 transform-origin。比如，可以围绕距元素盒子上边和左边各 10 像素的点来旋转元素。

可以给 transform-origin 设 1~3 个值，分别代表 x、y 和 z 轴坐标（其中 z 轴在三维变换时会用到，本章后面再说）。如果只给了一个值，则第二个默认是关键字 center，与 background-position 类似。第三个值不影响二维变换，现在可以暂时忽略。

```
.box {
  transform-origin: 10px 10px;
  transform: rotate(45deg);
}
```

变换原点之后再旋转元素，就会得到完全不同的结果，如图 10-5 所示。

10

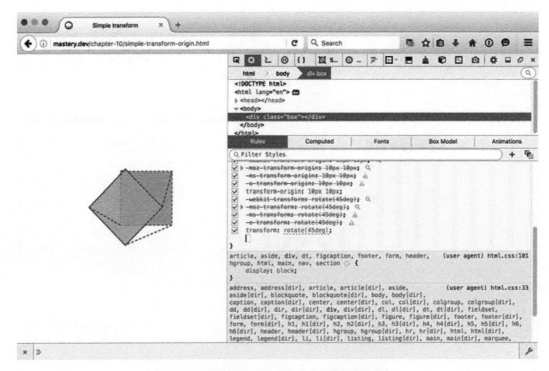

图 10-5　围绕距左边及上边各 10 像素的点旋转

注意　给 SVG 元素应用变换，有些地方不一样。比如，`transform-origin` 属性的默认值是元素左上角，而不是元素中心点。

10.2.2　平移

平移就是元素移动到新位置。可以沿一个轴平移，使用 `translateX()` 或者 `translateY()`；也可以同时沿两个轴平移，使用 `translate()`。

使用 `translate()` 函数时，要给它传入两个坐标值，分别代表 x 轴和 y 轴平移的距离。这两个值可以是任何长度值，像素、em 或百分比都可以。但要注意，百分比这时候是相对于元素自身大小，而不是包含块的大小。因此，不必知道元素有多大，就可以让它向右移动自身宽度一倍的距离，如图 10-6 所示。

```
.box {
  /* 等同于 transform: translateX(100%); */
  transform: translate(100%, 0);
}
```

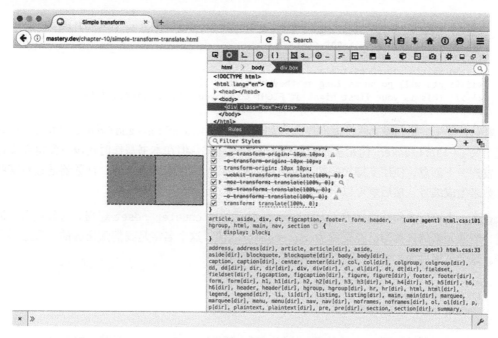

图 10-6 元素盒子向右平移 100%

10.2.3 多重变换

可以同时应用多重变换。多重变换的值以空格分隔的列表形式提供给 `transform` 属性，按照声明的顺序依次应用。下面来看一个同时平移且旋转的例子。

这个例子使用"拳击俱乐部"的竞赛规则列表，我们要对每条规则的编号做相应的变换，让它们逆时针旋转 90 度，如图 10-7 所示。我们希望每个编号的阅读顺序是自下向上的，但定位在列表项顶端。

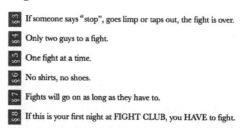

图 10-7 竞赛规则列表，编号逆时针旋转了 90 度

首先需要在标记中准备一个有序列表。列表编号从 3 开始，因为前两条规则已经神秘失踪了。

```
<ol class="rules" start="3">
  <li>If someone says "stop", goes limp or taps out, the fight is over.</li>
  <li>Only two guys to a fight.</li>
  <li>One fight at a time.</li>
  <li>No shirts, no shoes.</li>
  <li>Fights will go on as long as they have to.</li>
  <li>If this is your first night at FIGHT CLUB, you HAVE to fight.</li>
</ol>
```

默认情况下，我们没办法控制有序列表如何渲染编号。CSS Lists and Counters Module Level 3 规范定义了一个 ::marker 伪元素来控制列表记号的样式，但在本书写作时还没有浏览器支持。我们发挥一下创意，使用支持较好的 counter-属性和伪元素来达成目标。计数器通过对某些元素计数来生成编号，然后就可以将编号插入到页面中。

首先，去掉列表的默认样式（去掉编号），然后添加 counter-reset 规则。这条规则告诉浏览器，当前元素的计数器已经重置为 rulecount 的值。这个名字是我们随便起的，只是一个标识符。这个名字后面的数值告诉计数器应有的初始值。

```
.rules {
  list-style: none;
  counter-reset: rulecount 2;
}
```

接下来再告诉计数器，针对列表中的每一项，都递增 rulecount 的值。换句话说，列表第一项对应的计数器值是 3，第二项对应的计数器值是 4，以此类推。

```
.rules li {
  counter-increment: rulecount;
}
```

最后，通过伪元素的 content 属性，把 rulecount 计数器的值插入页面，位于每一项之前，每个编号前面还要添加一个节符号（§）。渲染后就得到了如图 10-8 所示的效果。

```
.rules li:before {
  content: '§ ' counter(rulecount);
}
```

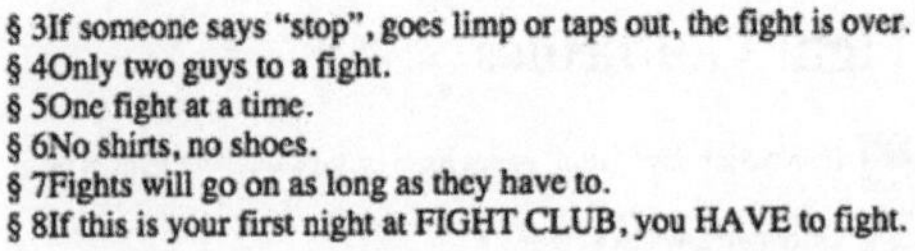

§ 3If someone says "stop", goes limp or taps out, the fight is over.
§ 4Only two guys to a fight.
§ 5One fight at a time.
§ 6No shirts, no shoes.
§ 7Fights will go on as long as they have to.
§ 8If this is your first night at FIGHT CLUB, you HAVE to fight.

图 10-8 注入节符号和编号的列表

虽然不太好看，但现在有了添加样式的基础，而不是只有默认的编号了。下面要把编号从文本中挪出来，让它们与旁边的区块垂直对齐。

这些数字最好不占用页面空间，因此我们采用绝对定位。绝对定位后，编号自动跑到了区块左上角。为实现编号旋转效果，需要平移和旋转：把 transform-origin 设置为右下角（100% 100%），然后向上和向左各平移 100%（注意这个百分比指的是被变换元素自身的空间），最后再逆时针旋转 90 度。图 10-9 展示了平移和旋转的过程。

```
.rules li {
  counter-increment: rulecount;
  position: relative;
}
.rules li:before {
  content: '§ ' counter(rulecount);
  position: absolute;
  transform-origin: 100% 100%;
  transform: translate(-100%, -100%) rotate(-90deg);
}
```

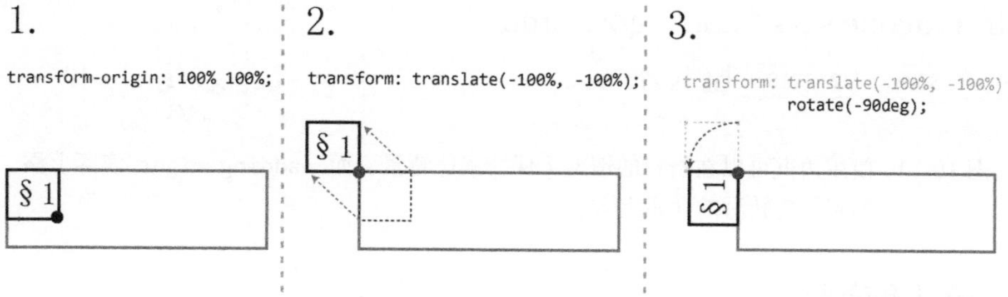

图 10-9　平移并旋转列表编号，使其底部靠在列表项文本左侧

注意，这里调用变换函数的顺序非常重要。如果我们先旋转伪元素，那么变换会相对于旋转后的坐标完成，结果 x 和 y 轴偏移的方向都会旋转 90 度。多个变换效果会叠加，因此需要提前规划好。

修改变换

声明多个变换以后，如果想增加新变换，不能直接在原来的基础上添加，而要重新声明整套变换。假设你平移了一个元素，然后想在鼠标悬停时旋转它，那下面的规则并不会像你想的那样起作用：

```
.thing {
  transform: translate(0, 100px);
}
.thing:hover {
  /* 警告：这条声明会删除平移效果 */
  transform: rotate(45deg);
}
```

怎么办呢？必须重新声明整套变换，最后追加一个旋转变换：

```
.thing:hover {
  /* 先平移，再旋转 */
  transform: translate(0, 100px) rotate(45deg);
}
```

在完成后的例子中，我们还给列表项左侧添加了灰色边框，让编号显示在边框上方。使用边框的好处是，如果规则折行，那么边框也会自动变高。此外，还添加了一些边距，比如生成的区块编号上方的内边距。不过要注意，这里说的"上方"其实是 `padding-right`，因为它已经旋转过了（见图 10-10）。

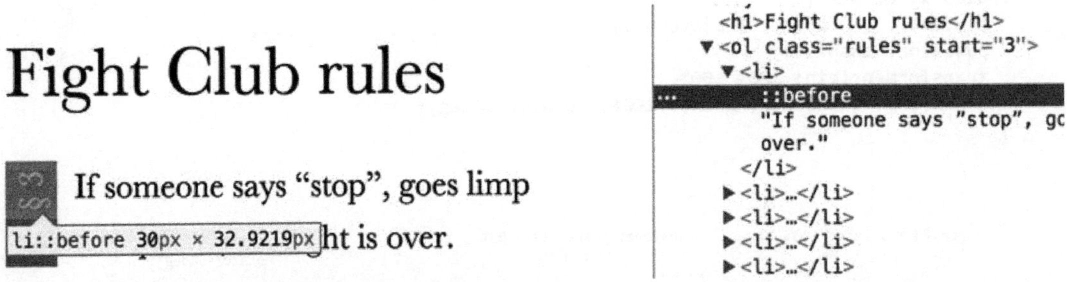

图 10-10　使用边框可以在折行的情况下保持侧边背景，而 `padding-right` 实际上添加到了旋转后的元素上方

10.2.4　缩放和变形

现在已经介绍了 `translate()` 和 `rotate()` 这两个二维变换函数，剩下的两个是 `scale()` 和 `skew()`。这两个函数都有对应 x 轴和 y 轴的变体：`scaleX()`、`scaleY()`、`skewX()` 和 `skewY()`。

`scale()` 函数很简单，它的参数是没有单位的数值，可以是一个，也可以是两个。如果只传给它一个数值，就表示同时在 x 轴和 y 轴上缩放。比如传入数值 2，就会同时沿 x 轴和 y 轴放大一倍。传入数值 1 则意味着不会发生任何改变。

```
.doubled {
  transform: scale(2);
  /* 等于 transform: scale(2, 2); */
  /* 也等于 transform: scaleX(2) scaleY(2); */
}
```

只沿一个方向缩放，会导致元素被压扁（见图 10-11）或拉长。

```
.squashed-text {
  transform: scaleX(0.5);
  /* 等于 transform: scale(0.5, 1); */
}
```

图 10-11　文本在 x 轴方向上缩放比例小于 1，形如被挤压

变形是指水平或垂直方向平行的边发生相对位移，或偏移一定角度。很多人分不清 x 轴变形

和 y 轴变形。x 轴变形可以理解为水平线在元素变形后仍然保持水平,而**垂直线则会发生倾斜**。关键在于你想让哪个轴向的边发生相对位移。

仍然以"拳击俱乐部"为例,可以通过变形创造流行的"2.5D"效果(学名叫"轴侧投影构图")。

如果给列表项交替应用深浅不同的背景和边框色,同时也交替应用不同的变形,就可以创建一种"折叠"的界面(见图 10-12)。

```
/* 为简单起见,省略了一些属性 */
.rules li {
  transform: skewX(15deg);
}
.rules li:nth-child(even) {
  transform: skewX(-15deg);
}
```

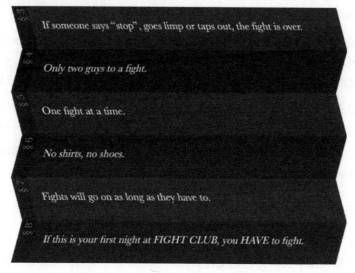

图 10-12　通过变形实现了"2.5D"效果

10.2.5　二维矩阵变换

正如本节开头所说的,变换会计算被变换元素表面上的每一点,然后得到其在本地坐标系中的一个坐标。

我们在写 CSS 的时候,通常会这么想:"围绕中心点旋转这个元素,向上平移,再向左平移。"但对浏览器而言,所有这些变换都归于一个数学结构:**变换矩阵**。我们可以通过 `matrix()` 这个低级函数直接操纵变换矩阵的值,值一共有 6 个。

别急，直接操纵变换矩阵没那么简单。要通过它实现比缩放或平移更复杂的变换，需要相当强的数学能力。

下面来看一个例子，这个例子中的元素会旋转 45 度，然后放大两倍，再沿 x 轴平移 100 像素，最后在 x 轴方向上变形 10 度。乍一看，输入 maxtrix() 函数的值（为节省空间已做舍入处理）与实现个别变换传入的值毫无共同点。

```
.box {
  width: 100px;
  height: 100px;
  transform: matrix(1.41, 1.41, -1.16, 1.66, 70.7, 70.7);
  /* 等于
     transform: rotate(45deg) translate(100px, 0) scale(2) skewX(10deg); */
}
```

这不好理解，是吧？

总而言之，变换矩阵就像一个"黑盒子"，它接受一批数值，生成最终的变换，这个变换是组合几个变换之后的结果。如果我们懂其中的数学原理，可以先计算好这些值，然后把它们传入 matrix() 函数。但我们单看这个函数的值，无法知晓它包含哪些个别的变换。

从数学角度说，一个矩阵就可以简洁地表达**任意数量变换的组合**。matrix() 函数的主要用途不是节省空间和展示我们的数学能力，而是通过 JavaScript 编程调用。事实上，当我们给一个元素应用了某种变换之后，通过 JavaScript 读取变换后的计算样式，就可以得到相应的矩阵表达式。

矩阵可以通过脚本灵活操纵，然后再应用回 matrix() 函数，因此很多基于 JavaScript 的动画库都大量使用它。如果你手动编写 CSS，那还是使用一般的变换函数更简单（也更好理解）。

如果想了解 CSS 变换矩阵背后的数学原理，可以读一读 Zoltan Hawryluk 的科普文章 *The CSS3 matrix() Transform for the Mathematically Challenged*。

10.2.6　变换与性能

浏览器在计算 CSS 效果时，会在某些情况下多花一些时间。比如，如果修改文本大小，那么生成的行盒子可能会随着文本折行而变化，而元素本身也会变高。元素变高会把下方的元素向页面下方推挤，这样一来又会迫使浏览器进一步重新计算布局。

在使用 CSS 变换时，相应的计算只会影响相关元素的坐标系统，既不会改变元素内部的布局，又不会影响外部的其他元素。而且，这时的计算基本上可以独立于页面上的其他计算（比如运行脚本或布局其他元素），因为变换不会影响它们。多数浏览器也都会尽量安排图形处理器（如果有的话）来做这些计算，毕竟图形处理器是专门设计来做这种数学计算的。

换句话说，变换从性能角度讲是很好的。如果你想实现的效果可以用变换来做，那么变换的性能一定更好。连续多重变换的性能更佳，比如实现某个元素的动画或过渡效果。

关于变换的最终赠言

变换的性能很好，而且也很容易实现。可是变换也有一些副作用。

❑ 有些浏览器会为变换的元素切换抗锯齿方法。这意味着什么呢？举个例子，如果你动态应用了一个变换，那么文本可能会瞬间变得不一样。为避免这个问题，可以在页面加载时尝试只使用初始值应用变换，而不去动元素。这样，渲染模式会在最终变换应用前完成切换。

❑ 应用给元素的任何变换都会创建一个堆叠上下文。这意味着在使用变换时，要注意 z-index。这是因为变换后的元素有自己的堆叠上下文。换句话说，子元素上的 z-index 值再大，也不会出现在父元素上方。

❑ 对于固定定位，变换后的元素也会创建一个新的包含块。如果发生变换的元素中有一个元素使用了 positon: fixed，那么它会将发生变换的元素当成自己的视口。

10.3　过渡

过渡是一种动画，可以从一种状态过渡到另一种状态，比如按钮从常规状态变成被按下的状态。正常情况下，这种变化是瞬间完成的，至少浏览器会尽快实现这种状态变换。在点击或按下按钮时，浏览器会计算页面的新外观，然后在几毫秒之内完成重绘。而应用过渡时，我们要告诉浏览器完成类似变换要花多长时间，然后浏览器再计算在此期间屏幕上该显示哪些过渡状态。

过渡会自动双向运行，因此只要状态一反转（比如释放鼠标按键），反向动画就会运行。

下面就拿第 9 章中表单的按钮为例，看看怎么创建平滑的按下按钮的动画。我们的目标是让按钮被按下时向下移动几个像素，同时减少其阴影的偏移量，以进一步强化按钮被按下的视觉效果（见图 10-13）。

```
<button>Press me!</button>
```

图 10-13　按钮的正常状态和 :active 状态

下面是第 9 章中按钮的代码（为简单起见，省略了一些属性）。这里已经添加了 transition 属性：

```
button {
  border: 0;
  padding: .5em 1em;
  color: #fff;
  border-radius: .25em;
  background-color: #173b6d;
```

```
  box-shadow: 0 .25em 0 rgba(23, 59, 109, 0.3), inset 0 1px 0 rgba(0, 0, 0, 0.3);
  transition: all 150ms;
}
button:active {
  box-shadow: 0 0 0 rgba(23, 59, 109, 0.3), inset 0 1px 0 rgba(0, 0, 0, 0.3);
  transform: translateY(.25em);
}
```

在按钮被激活时，我们把它沿 y 轴向下平移与 y 轴阴影相同的距离。同时，也把阴影偏移量减少为 0。为避免页面重新布局，这里使用 transform 来移动按钮。

前面的代码告诉按钮使用过渡来改变**所有**受影响的属性，而且要花 150 毫秒的时间，即 0.15 秒。使用动画就要涉及时间单位：毫秒（ms）和秒（s）。用户界面组件的过渡多数都应该在 0.3 秒内完成，否则会让人觉得拖泥带水。其他视觉效果用时可以稍长。

transition 属性是一个简写形式，可以一次性设置多个属性。设置过渡的持续时间，以及告诉浏览器在两个状态间切换时动画所有属性也可以这样写：

```
button {
  transition-property: all;
  transition-duration: .15s;
}
```

如果我们只在状态切换时让 transform 和 box-shadow 属性有动画，而其他属性的变化（如背景颜色变化）应该立即完成，那就必须分别指定个别属性，而非使用关键字 all。

单个简写的 transition 形式中无法指定多个属性，但可以指定多个不同的过渡，以逗号分隔。换句话说，我们可以重复相同的值，但分别针对不同的属性关键字：

```
button {
  transition: box-shadow .15s, transform .15s;
}
```

注意，必须对两个过渡重复指定持续时间。对于时间不能同步的过渡，这种重复是必要的。但不重复自己（DRY，don't repeat yourself）也是写代码的一个基本要求。随着过渡变得复杂，为避免重复，还是使用 transition-property 更好：

```
button {
  /* 首先，使用 transition-property 指定一组属性 */
  transition-property: transform, box-shadow;
  /* 然后，再给这些属性设置持续时间 */
  transition-duration: .15s;
}
```

在 transition 声明中指定多个逗号分隔的值时，效果与多重背景属性类似。而 transition-property 指定的值则决定了要应用的过渡数量，如果其他过渡列表持续时间更短，则会重复。

在前面的例子中，transition-duration 只有一个值，但定义了两个过渡属性，因此该持续时间是公共的。

注意 在指定带前缀的属性时，`transition-property` 本身也要加前缀。比如 `transition: transform.25s`，针对旧版本 WebKit 浏览器要写成 `-webkit-transition: -webkit-transform .25s`，即属性和作为值的属性都加前缀。

10.3.1 过渡计时函数

默认情况下，过渡变化的速度并不是每一帧都相同，而是开始时稍慢些，然后迅速加快，到接近最终值时再逐渐变慢。

这种速度的变化在动画术语中叫**缓动**，能让动画效果更自然和流畅。CSS 通过相应的数学函数控制这些变化，而这些函数由 `transition-timing-function` 属性来指定。

有一些关键字分别代表不同类型的缓动函数。前面提到的默认值对应的关键字是 `ease`。其他关键字还有 `linear`、`ease-in`、`ease-out` 和 `ease-in-out`。

`ease-in` 表示开始慢后来快。`ease-out` 相反，表示开始快后来慢。最后，二者合起来（`ease-in-out`）就是两头慢，中段快。

要通过书本表达这几种情形可不容易，图 10-14 大致能传达一些信息。其中的矩形表示背景颜色在 1 秒钟内由黑到白的变化情况。

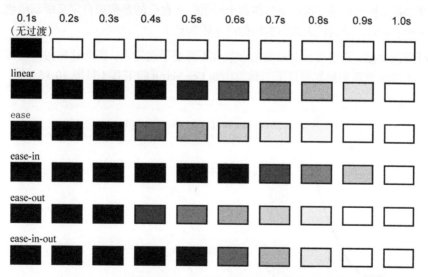

图 10-14　1 秒钟的动画内，每 100 毫秒一个采样点得到的结果

如果想使用 `ease-in` 函数来改变按钮动画，可以这样写：

```
button {
  transition: all .25 ease-in;
  /* 也可以使用 transition-timing-function: ease-in; */
}
```

1. 三次贝塞尔函数和"弹性"过渡

在底层，控制速度变化的数学函数基于三次贝塞尔函数生成。每个关键字都是这些函数带特定参数的简写形式。通常，这些函数随时间变化的值可以绘制成一条曲线，起点表示初始时间和初始值（左下角），终点表示结束时间和结束值（右上角），如图 10-15 所示。

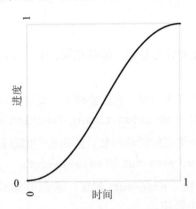

图 10-15　`ease-in-out` 过渡计时函数对应的曲线

三次贝塞尔函数需要 4 个参数来计算随时间的变化，在 CSS 变换中可以使用 `cubic-bezier()` 函数作为缓动值。换句话说，可以通过给这个函数传入自己的参数来自定义缓动函数。这 4 个参数是两对 x 和 y 坐标，分别代表调整曲线的两个**控制点**。

与矩阵变换类似，自定义计时函数的参数也不需要手动输入，因为这样做需要数学背景。好在很多人基于数学原理为我们写好了工具，比如 Lea Verou 的工具（见图 10-16）。

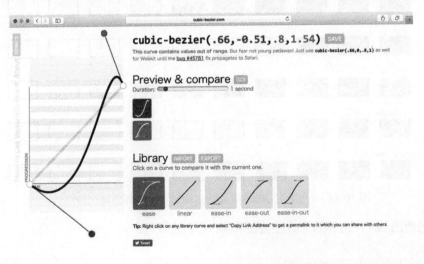

图 10-16　在 cubic-bezier.com 上，可以调整预设值创建自己的计时函数

使用自定义计时函数可以让过渡中段的值超出开始和结束值（如图 10-16 所示）。实践中可以基于这一点实现目标的越界效果，也就是弹性过渡，让元素看似具备弹性。可以在 http://cubic-bezier.com 上试试相应的例子！

2. 步进函数

除了可以通过预设的关键字和 `cubic-bezier()` 函数指定缓动效果，还可以指定过渡中每一步的状态。这非常适合创建定格动画。比如，假设有一个元素，其背景图片由 7 个不同的图像组成，放在同一个文件里。通过定位，我们让元素每次只显示其中一个图像（见图 10-17）。

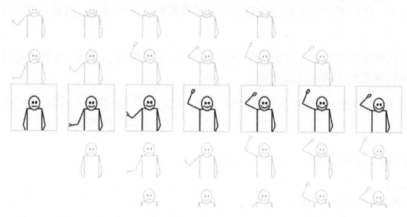

图 10-17　通过 `background-position` 实现 7 帧定格动画

在鼠标悬停于这个元素之上时，我们希望通过改变 `background-position` 属性来实现背景动画。如果使用线性或缓动过渡，那么背景图片只会滑过，无法构成动画。为此，我们需要通过 6 个步骤来完成过渡。

```
.hello-box {
  width: 200px;
  height: 200px;
  transition: background-position 1s steps(6, start) ;
  background: url(steps-animation.png) no-repeat 0 -1200px;
}
.hello-box:hover {
  background-position: 0 0;
}
```

这里的 `transition-timing-function` 指定为 `steps(6, start)`，意思就是"把过渡过程切分为 6 个步骤，在每一次开始时改变属性"。总之，包括起始状态在内，就创建了 7 个不同的帧。

默认情况下，`steps(6)` 会在每一步结束时改变属性，但也可以通过传入 `start` 或 `end` 作为第二个参数来明确指定。我们希望用户在悬停鼠标时直接看到变化，所以选择在每一步开始时启动过渡。

好了，下面说一说在过渡中使用 `steps()` 函数的一个问题。如果在过渡完成前反转状态（比

10

如鼠标快速移开），过渡则会反向发生。这符合直觉，但不符合直觉的是反转过渡**仍然有 6 个步骤**。此时这几个步骤就不会与原来的背景位置吻合了，从而导致动画错乱。

在当前规范中，这还是一个未定义的行为。好像所有浏览器都会以这种明显不合理的方式来处理步进函数。为避免这种情况发生，下面介绍两个有用的过渡技术。

10.3.2   使用不同的正向和反向过渡

有时候，我们会希望某个方向的过渡快一些，而反方向的过渡慢一些，或者反之。在前面步进过渡的例子中，我们无法完美处理过渡完成前元素失焦的反向过渡。但是，我们可以让反向过渡直接完成。

为此，我们得定义不同的过渡属性集合：一个针对非悬停状态，另一个针对悬停状态。关键是要在正确的位置设置正确的过渡属性。

初始状态下，我们把过渡的持续时间设置为 0，然后在悬停状态下，再设置"真实的"持续时间。这样一来，悬停状态会触发动画，而悬停取消时背景会立即恢复初始状态。

```
.hello {
  transition: background-position 0s steps(6);
}
.hello:hover {
  transition-duration: .6s ;
}
```

10.3.3   "粘着"过渡

另一个方法是根本不让过渡反向，这与前面的例子相反。为了"粘着"过渡，可以指定一个非常大的持续时间。技术角度讲，反向还是会反向，只不过速度**极慢**，慢到浏览器标签页要保持打开数年时间才能看到一些变化。

```
.hello {
  transition: background-position 9999999999s steps(6);
}
.hello:hover {
  transition-duration: 0.6s ;
}
```

10.3.4   延迟过渡

通常，过渡会随状态变化立即发生，比如类名被 JavaScript 修改或按钮被按下。但是可以通过 transition-delay 属性来推迟过渡的发生。比如，让用户鼠标悬停于元素上超过 1 秒才开始定格动画。

简写的 transition 属性对于其值的顺序是非常宽容的，但延迟时间必须是第二个时间值，第一个始终是持续时间。

```
.hello {
  transition: background-position 0s 1s steps(6);
  /* 等于添加了 transition-delay: 1s; */
}
```

延迟时间也可以是负值。这样虽然不会实现时光穿越，却可以让我们一开始就直接跳到过渡的中段。如果在一个持续时间为 10 秒的过渡中使用了 `transition-delay: -5s`，那么过渡一开始就会跳到一半的位置。

10.3.5 过渡的能与不能

前面几个过渡的例子涉及了 `transform`、`box-shadow` 和 `background-position` 等属性。并非所有 CSS 属性都可以拿来实现过渡动画。多数情况下，涉及长度和颜色的都是可以的，比如边框、宽度、高度、背景颜色、字体大小，等等。这取决于能否计算值的中间状态。比如，**100 像素**和 **200 像素**有中间状态，红和蓝也有（因为颜色其实也是通过数值来表示的）。但 `display` 属性的两个值 `block` 和 `none` 就没有中间状态。当然，这个规则本身其实也有例外。

1. 可插值

有些属性虽然没有明确的中间值，却可以实现动画。比如，在使用 `z-index` 时，不能指定值为 1.5，但 1 或 999 都没问题。很多属性，比如 `z-index` 或 `column-count` 只接受整数值，浏览器会自动插入整数值，类似前面的 `steps()` 函数。

有些可以插值的属性还有点怪。比如，可以对 `visibility` 属性实现过渡动画，但浏览器会在过渡经过中点后突变为两个终点值中的一个。

设计师 Oli Studholme 总结过一个可实现动画的属性列表，包括 CSS 规范中的属性和 SVG 中可通过 CSS 实现动画的属性（http://oli.jp/2010/css-animatable-properties/ ）。

2. 过渡到内容高度

关于过渡，要注意的最后一个问题是，对于有些**可以实现动画**的属性，比如 `height`，只能在数值之间过渡。也就是说，像 `auto` 这样的关键字就不能用于表示要过渡到的一个状态。

常见的一个应用是折叠后的元素过渡到完整高度，比如折叠列表。这时候浏览器不知道怎么从 0 过渡到 `auto`，甚至也不能过渡到 `max-content` 这种内置关键字。

在图 10-18 中，有一个餐馆菜单组件，初始状态只显示最受欢迎的 3 个菜，展开更多时会下滑并淡入其他选项。

10

图 10-18   可扩展的菜单列表组件

在这种场景下,我们知道列表大概的高度,因为一共有 10 个菜。当然,由于菜名长短不一,折行的菜名可能导致列表高度更高。此时可以把它过渡到 max-height。这样,可以从一开始设置的一个长度值过渡到比元素扩展后的高度还要高。而且,这里我们限制展开菜名的数量为 7 个。

这个组件的 HTML 标记包含两个有序列表,其中第二个编号从 4 开始:

```
<div class="expando">
  <h2 class="expando-title">Top menu choices</h2>
  <ol>
    <li>Capricciosa</li>
    <li>Margherita</li>
    <li>Vesuvio</li>
  </ol>
  <ol class="expando-list" start="4" aria-label="Top menu choices, continued.">
    <li>Calzone</li>
    <!-- 还有更多…… -->
    <li>Fungi</li>
  </ol>
</div>
```

这里面有一个 aria-label 属性,这是为了告诉使用屏幕阅读器的用户为什么会有两个列表。

为了切换状态,我们先使用了一点 JavaScript 作为铺垫。在实际运行的例子中,这个脚本会为我们创建一个按钮,添加到标题后面,然后在按钮被单击时再给容器元素添加一个 is-expanded 类。

这个脚本也给 html 元素添加了 js 类。然后就可以根据这个类名来声明样式,以便在 JavaScript 没有运行时,用户能从一开始就看到完整的菜单。

```
.js .expando-list {
  overflow: hidden;
  transition: all .25s ease-in-out;
  max-height: 0;
  opacity: 0;
}
.js .is-expanded .expando-list {
  max-height: 24em;
  opacity: 1;
}
```

扩展后的 max-height 设置为一个值,这个值比实际列表展开后的高度大很多。这是因为多加一些会比较保险。如果这个值偏小，那么万一在小屏幕上有多个菜名折行，就可能导致实际高度超过 `max-height`。

这样做也有缺点。过渡会以列表高度 24em 为准，这会导致缓动和终点都有点过头。如果你看这个例子，最明显的一点就是折叠动画会有一点延迟。更稳妥的方案是通过脚本把初始的 `max-height` 设置为一个很大的值，然后在过渡之后测量元素的实际高度，再用实际高度更新 `max-height`。

10.4 CSS 关键帧动画

CSS 过渡是一种隐式动画。换句话说，我们给浏览器指定两个状态，让浏览器在元素从一个状态过渡到另一个状态的过程中，给指定的属性添加动画效果。有时候，动画的范围不仅限于两个状态，或者要实现动画的属性一开始也不一定存在。

CSS Animations 规范引入了**关键帧**的概念来帮我们实现这一类动画。此外，关键帧动画还支持对动画时间及方式的控制。

10.4.1 动画与生命的幻象

动画的一个优点是通过展示而非讲述传达信息。可以通过它吸引注意力（比如动态的箭头告诉你"看这里，很重要"），解释刚刚发生了什么（比如使用淡入动画告诉你增加了列表项），或者只是让网页看起来更有活力，以便跟用户建立起情感联系。

迪士尼动画工作室认为通过动画表达角色和个性有 12 个原理。这些原理后来被集合成一本书，叫《生命的幻象》。动画师 Vincezo Lodigiani 后来制作了一个动画片来解释这些原理（https://vimeo.com/93206523），其中以一个小立方体作为主角。有空就看看吧。

受此启发，我们打算实现一个动画的方形标志，通过它介绍一下关键帧动画。这个标志由一个正方形和旁边的文字"Boxmodel"构成（见图 10-19），这是我们虚构的一个公司名。

图 10-19 静态的标志

标记很简单，一个标题中包含几个 span 元素，分别用于包含文本和绘制方形。虽然使用空元素并不是我们提倡的表现手段，但稍后你会明白这样做是有必要的。

```
<h1 class="logo">
  <!-- 这是我们要做动画的正方形盒子 -->
  <span class="box-outer"><span class="box-inner"></span></span>
  <span class="logo-box">Box</span><span class="logo-model">model</span>
</h1>
```

基本的样式包括页面的背景颜色，标志的字体，以及方形的边距、颜色等。我们用两个 span 元素表示要动画的方形，把它们的显示属性设置为 inline-block，因为行内文本不能转为动画。

```
body {
  background-color: #663399;
  margin: 2em;
}
.logo {
  color: #fff;
  font-family: Helvetica Neue, Arial, sans-serif;
  font-size: 2em;
  margin: 1em 0;
}
.box-outer {
  display: inline-block;
}
.box-inner {
  display: inline-block;
  width: .74em;
  height: .74em;
  background-color: #fff;
}
```

1. 创建动画关键帧块

接下来创建动画。我们打算模仿《生命的幻象》动画开场的一些帧，即方块在屏幕上费力地滚动前行。

CSS 动画的语法有点古怪，需要使用@keyframes 规则来定义并命名一个关键帧序列，然后再通过 animation-*属性将该序列连接到一个或多个规则。

以下是第一个关键帧块：

```
@keyframes roll {
  from {
    transform: translateX(-100%);
    animation-timing-function: ease-in-out;
  }
  20% {
    transform: translateX(-100%) skewX(15deg);
  }
  28% {
    transform: translateX(-100%) skewX(0deg);
    animation-timing-function: ease-out;
  }
  45% {
    transform: translateX(-100%) skewX(-5deg) rotate(20deg) scaleY(1.1);
    animation-timing-function: ease-in-out;
  }
  50% {
    transform: translateX(-100%) rotate(45deg) scaleY(1.1);
    animation-timing-function: ease-in;
  }
```

```
60% {
  transform: translateX(-100%) rotate(90deg);
}
65% {
  transform: translateX(-100%) rotate(90deg) skewY(10deg);
}
70% {
  transform: translateX(-100%) rotate(90deg) skewY(0deg);
}
to {
  transform: translateX(-100%) rotate(90deg);
}
}
```

一口气看下来需要点毅力。首先，我们把这个关键帧序列命名为 `roll`。这个名字只要不是 CSS 中预定义的关键字就行。这里并没有指定动画持续多长时间，因此这里通过**关键帧选择符**来选择时间点，即表示进度的百分比。

此外也可以同时使用关键字 `from` 和 `to`，它们分别是 `0%` 和 `100%`的别名。如果既没指定 `from`（或 `0%`），又没指定 `to`（或 `100%`），则浏览器会根据元素现有属性自动创建这两个值。关键帧选择符的值从 1 开始，没有上限。

第一个关键帧（`0%`）设置了 `animation-timing-function` 属性。这个属性与过渡中相对应的那个属性类似，值是预设的关键字或 `cubic-bezier()`函数。这里设置的计时函数用于控制这一帧与下一帧之间的过渡变化。

而且，在第一个关键帧里，我们还通过 `translateX(-100%)`将方块向左移动了 100%。

接下来，我们设置了所有关键帧，应用了不同的变换，个别帧还添加了计时函数。图 10-20 展示了每一帧中元素的样子。注意，有些关键帧是一样的，比如最后两个帧，这是为了控制动画速度。

图 10-20　动画中的不同关键帧

这个元素首先会向后仰一点，好像在积聚力量，然后旋转并拉伸（在旋转到 45 度时几乎停止），最终完成 90 度的旋转，并在旋转轴上略有变形，停下时还有个缓冲。这就是我们的第一个动画。

2. 将关键帧块连接到元素

定义了动画关键帧序列后，需要把它跟标志中的方块连接起来。跟使用过渡属性类似，关键帧动画也有相应的属性控制持续时间、延迟和计时函数，但可控制的方面更多一些：

```
.box-inner {
  animation-name: roll;
  animation-duration: 1.5s;
```

```
  animation-delay: 1s;
  animation-iteration-count: 3;
  animation-timing-function: linear;
  transform-origin: bottom right;
}
```

通过 animation-name 把元素的动画序列指定为 roll。再通过 animation-duration 设置动画的时长。而 animation-delay 属性告诉浏览器在运行动画前先等 1 秒。我们希望这个方块翻滚 3 次，因此 animation-iteration-count 的值设置为 3。

计时函数可以在关键帧选择符中通过 animation-timing-function 来设置，也可以在要实现动画的元素上设置。这里把整个动画序列的计时函数设置为 linear，而前面在关键帧选择符中设置的计时函数可以覆盖这个设置。

注意　可以给同一个元素应用多个动画，就像过渡一样，只要用逗号分隔相应的名字即可。如果某一时刻两个动画都要加给同一个属性，则后声明的动画优先。

最后，设置 transform-origin 属性为 bottom right，因为我们想让方块的旋转中心点位于右下角。

使用简写的 animation 属性，可以把前面的多行代码简化为一行，也跟过渡中的很像。

```
.box-inner {
  animation: roll 1.5s 1s 3 linear;
  transform-origin: bottom right;
}
```

不过现在还没完。目前，我们可以让方块原地旋转了。但我们希望方块能从视口外面进入并移动到其最终位置。这个动画也可以附加到前一个动画里实现，但那样的话关键帧有点多。因此我们再单独定义一个动画，对外部的 span 元素做一下变换。这个动画简单得多，我们只要它从左向右移动，距离大约是边长的 3 倍。

```
@keyframes shift {
  from {
    transform: translateX(-300%);
  }
}
```

因为我们想让动画从某个值开始，到初始值结束，所以这里省略了 to 关键帧，只指定了 from 关键帧。

关键帧代码与前缀

本章的代码只使用标准的不加前缀的属性。但示例代码中的属性是加了前缀的。

在需要使用前缀的浏览器中，不仅动画属性要加前缀，关键帧规则也要加前缀。换句话说，每种前缀都要写一套关键帧规则！好在时至今日，多数浏览器都可以支持不加前缀的属性，因此实践中可能只要多写 -webkit 一个前缀就行了。

现在可以通过步进计时函数，把 shift 序列应用给外部的 span 元素。这里有 3 步，以便每次旋转动画完成时，都可以把方块恢复到其初始位置，而步进函数会将它向前移动相同的距离。这样就会造成一种假象，好像方块滚过了整个屏幕。这个效果很难在纸面上展示，读者可以自己看看示例。

```
.box-outer {
  display: inline-block;
  animation: shift 4.5s 1s steps(3, start) backwards;
}
```

最后一个关键字 backwards，设置的是动画序列的 animation-fill-mode 属性。这里的填充模式（fill mode）会告诉浏览器在动画运行之前或之后如何处理动画。默认情况下，第一个关键帧中的属性在动画运行前不会被应用。如果我们指定了关键字 backwards，那相应的属性就会反向填充，即第一个关键帧中的属性会立即应用，即使动画有延迟或一开始被暂停。关键字 forward 表示应用最后一个关键帧的计算样式。both 表示同时应用正向和反向填充。

本例中，我们希望动画直接位于屏幕外部，但保持其最终值（因为与方块的初始位置相同），所以我们使用了 backwards。

这样我们第一个关键帧动画就完成了。在浏览器中打开这个示例，你会发现一个小方块欢喜地蹒跚前行。

10.4.2　曲线动画

通常，元素在两点间的位移动画都是走直线的。通过多使用一些关键帧，每一帧稍微改变一点方向，可以实现元素沿曲线运行。但更好的办法是以特殊方式组合旋转和平移，比如下面要讲的 Lea Verou 实现的例子（http://lea.verou.me/2012/02/moving-an-element-along-a-circle/）。

本书示例文件中包含一个基于这种技术实现的文件加载动画，用于表示文件被上传到了服务器。文件会沿一个半圆形路径从计算机“跳”到服务器，而在服务器图标后面会稍微缩小一些（见图 10-21）。

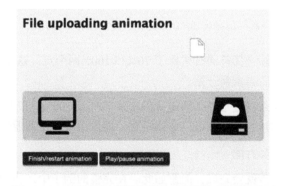

图 10-21　文件图标会沿曲线移动到服务器图标后面

下面就是这个动画的关键帧代码：

```
@keyframes jump {
  from {
    transform: rotate(0) translateX(-170px) rotate(0) scale(1);
  }
  70%, 100% {
    transform: rotate(175deg) translateX(-170px) rotate(-175deg) scale(.5);
  }
}
```

开始的关键帧将元素向左平移 170 像素（以计算机图标作为起点）。第二个关键帧把元素旋转了 175 度，同时也平移了相同的距离，然后再向相反方向旋转 175 度。因为这是在平移之后的位置上发生的，所以元素仍然保持竖直，不会因旋转而倾斜。最后把元素缩小一半。

图 10-22 展示了这两种变换组合创建沿曲线移动效果的过程。

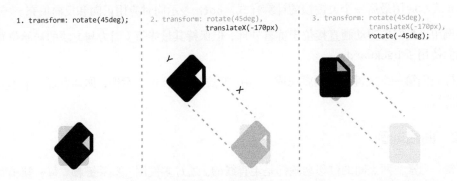

图 10-22　因为旋转是在平移之前应用的，所以图标会沿曲线移动。此处展示的是动画
进行到 1/4，也就是旋转 45 度时的样子

接下来把这个动画连接到 `file-icon` 元素，同时设置持续时间和缓动函数。因为这是一个加载动画，所以将它设置为无限循环（大家都很熟悉吧），即把 `infinite` 作为 `animation-iteration-count` 的值：

```
.file-icon {
  animation: jump 2s ease-in-out infinite;
}
```

你会发现最后的关键帧选择符同时选择了 70% 和 100% 两个点。这是因为我们希望动画在完成状态暂停一小会儿，然后再重新开始。

这里没有专门的属性来设置延迟，因此我们让从 70% 到 100% 这段时间的状态保持相同。对于共享相同属性值的关键帧，我们都可以这样设置，就像组合多个普通选择符一样。

动画事件、播放状态和方向

过一段时间，文件上传就会完成，但愿如此。在完整的例子中，我们也添加了相应的按钮，用于模拟完成、重新开始和暂停动画。这两个按钮所做的只是把两个类之一添加给文件图标。这两个类将属性 animation-play-state 的值设置为 paused。这个属性有两个值：paused 和 running。其中 running 是默认值。

停止操作与暂停不同，停止是通过动画开始、停止或再次启动时触发的 JavaScript 事件来实现的。当前动画完成后，文件图标会消失，然后服务器图标上会出现一个对勾。具体的过程可以参考本书源代码，而关于 JavaScript 与动画事件的内容，可以通过 MDN 进一步了解。

最后，还可以通过 animation-direction 属性控制动画的方向。默认值是 normal，而 reverse 关键字可以让动画反向播放，可以用于实现"下载"的动画。

此外还有 alternate 和 alternate-reverse 关键字，会在动画不同循环期间交替播放方向。它们的区别在于，alternate 开始是正常方向，而 alternate-reverse 开始是相反方向。

动画的几点注意事项

CSS关键帧动画的实际使用中有不少问题和冲突。因此，大家应该注意下面几点。

❑ 有些动画会在页面加载后立即开始，也可能稍有延迟。但有些浏览器不能保证页面加载后能平滑流畅地启动动画。可以在不同浏览器中打开翻滚方块的例子看看。因此，最好等页面确实完全加载后，再通过 JavaScript 去触发动画。

❑ 关键帧中的属性没有任何特殊性。那些选择符只会简单地改变元素的属性。但有的浏览器（不是全部）却允许动画中的属性覆盖普通规则中使用了 !important 的属性。这有时候会引起困惑。

❑ 关键帧中的属性不允许添加 !important，加了的会被忽略。

❑ Android OS 的第 2 个和第 3 个版本支持 CSS 动画，但每个关键帧只允许一个属性！如果想给两个或多个属性加动画，那么元素会完全消失。为了解决这个问题，可以把动画代码拆分成多个关键帧块。

10.5 三维变换

学习了二维变换、过渡和动画之后，下一步自然要接触 CSS 中可能最令人激动的新特性——三维变换。

前面我们已经熟悉了二维空间中的基本变换和坐标系统。到了三维空间中，概念还是一样的，只不过要多考虑一个维度，也就是 z 轴。三维变换允许我们控制坐标系统，旋转、变形、缩放元素，以及**向前**或**向后**移动元素。想要实现这些效果，那就要先了解透视的概念。

10

10.5.1   透视简介

提到三维，就意味着要在三个轴向上表示变换。其中 x 轴和 y 轴跟以前一样，而 z 轴表示的是用户到屏幕的方向（见图 10-23）。屏幕的表面通常被称为 "z 平面"（z-plane），也是 z 轴默认的起点位置。

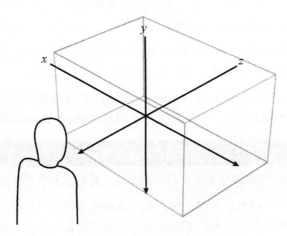

图 10-23   三维坐标系中的 z 轴

这意味着离用户远的位置（z 轴负方向）上的元素，在屏幕上看起来应该小一些，离用户近的位置上的元素则应该大一些。而围绕 x 或 y 轴旋转，也会导致元素某一部分变大，而其余部分变小。

咱们通过一个例子来开始吧。拿二维空间中的一个边长为 100 像素的元素为例，让它沿 y 轴旋转 60 度：

```
.box {
  margin: auto;
  border: 2px solid;
  width: 100px;
  height: 100px;
  transform: rotateY(60deg) ;
}
```

单纯一个轴的变换只会导致元素变窄（因为围绕 y 轴旋转嘛），体现不出任何三维效果（见图 10-24 中最左侧的图）。

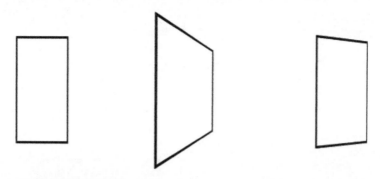

图 10-24 旋转元素在没有透视（左）、perspective: 140px（中）和 perspective: 800px（右）情况下的效果

这是因为我们还没有定义 perspective（透视）。要定义透视，先得确定用户距离这个元素有多远。离得越近变化越大，离得越远变化越小。默认的距离是无穷远，因此不会发生明显的变化。

因此，我们在要变换的元素的父元素上设置 perspective 属性：

```
body {
  perspective: 800px;
}
```

这个数值表示观察点位于屏幕前方多远。恰当的距离一般是 600~1000 像素，具体数值大家可以自己测试。

1. 透视原点

默认情况下，假定观察者的视线与应用透视的元素相交于元素的中心。用术语来说，这意味着"消失点"在元素的中心。可以通过 perspective-origin 属性来修改消失点的位置。该属性与 transform-origin 属性类似，可以接受 x/y 坐标值（带关键字 top、right、bottom 和 left）、百分比或长度值。

图 10-25 展示了给 body 元素设置 perspective 属性后的三维对象。其中所有元素都围绕 x 轴旋转 90 度（面朝前），但左右两幅图中的透视原点不同。

10

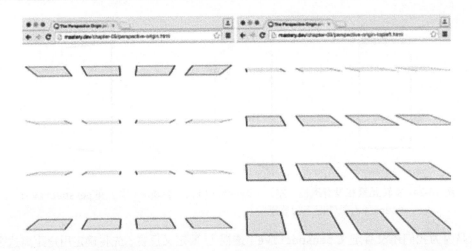

图 10-25   左侧浏览器窗口的透视原点为默认的 perspective-origin: 50%，右侧浏
览器窗口的透视原点为 perspective-origin: top left

2. perspective()变换函数

在父元素上设置 perspective 属性，可以让其中所有元素的三维变换共享同样的透视关系。
这通常都是我们希望的，因为它很接近现实效果。

要设置个别变换元素的透视，可以使用 perspective()函数。比如要实现之前的那个例子，
可以使用如下代码，只不过透视只应用给它自己，不会被其他元素共享：

```
.box {
  transform: perspective(800px) rotateY(60deg);
}
```

10.5.2   创建三维部件

知道了如何在三维透视图中移动和显示元素，就可以动手实现一些有用的效果了。除了通过
平移来增加一点活力和解释发生了什么，还可以将运动和三维效果相结合来节省屏幕空间，同时
精简设计。

我们的目标是通过 CSS 和 JavaScript 构建一个三维部件，让用户界面的一部分隐藏在元素背
面。这里重用之前的菜单组件，并添加了筛选而不是扩展菜名的选项。单击“Show filters”按钮，
这个元素会翻转 180 度，显示背面的面板（见图 10-26）。单击“Show me pizzas!”又会翻过来。
在实际应用中，翻过来以后，菜名（比萨饼名）应该是根据筛选条件筛选过的。

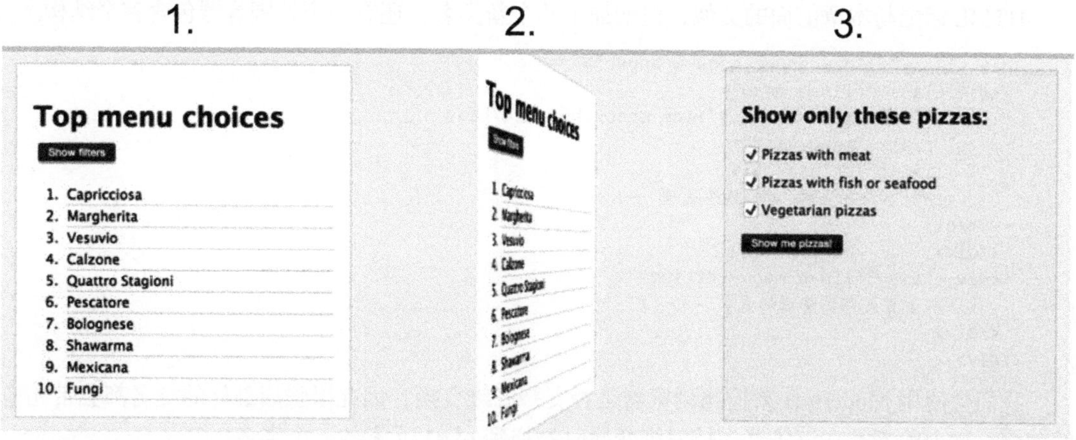

图 10-26　可翻转部件

　　首先，需要一套组织得当的标记，以保证在不支持三维变换的浏览器中或 JavaScript 因故不能运行时部件的可用性。如果浏览器不支持三维变换，可以同时前后显示部件的两面，如图 10-27 所示。理论上，单击"Show me pizzas!"按钮可以刷新页面，显示筛选后的结果。

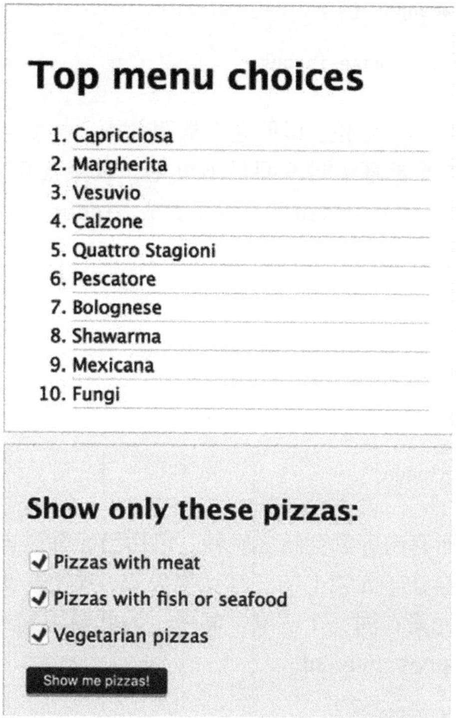

图 10-27　二维版：相继显示前后两面

HTML 标记与本章前面的类似，但增加了几个新类名，还有一个外围容器包含整个结构。

```
<div class="flip-wrapper menu-wrapper">
  <div class="flip-a menu">
    <h1 class="menu-heading">Top menu choices</h1>
    <ol class="menu-list">
      <li>Capricciosa</li>
      <!-- 后面的省略，共 10 个选项 -->
    </ol>
  </div>
  <div class="flip-b menu-settings">
    <!-- 这里是部件背面的表单 -->
  </div>
</div>
```

我们会使用 Modernizr 来检测浏览器是否支持三维变换，因此增强后部件的类名都会带相应的前缀，这个前缀是在浏览器支持三维变换时添加到 html 元素的一个类名。

首先，在 body 元素上设置 perspective，并让包装元素成为其后代的定位上下文。然后再针对包装元素的 transform 属性来添加过渡。

```
.csstransforms3d body {
  perspective: 1000px;
}
.csstransforms3d .flip-wrapper {
  position: relative;
  transition: transform .25s ease-in-out;
}
```

接下来让背面对应的元素绝对定位，以便它占据跟前面一样大的空间，同时将其围绕 y 轴翻转 180 度。我们还需要在两面被翻错时两面都不可见，以免相互干扰。可以通过 backface-visibility 属性来控制，默认值是 visible，但设置成 hidden 可以让元素从背面看不到。

```
.csstransforms3d .flip-b {
  position: absolute;
  top: 0; left: 0; right: 0; bottom: 0;
  margin: 0;
  transform: rotateY(-180deg);
}
.csstransforms3d .flip-b,
.csstransforms3d .flip-a {
  backface-visibility: hidden;
}
```

旋转部件时，我们希望所有内容都会随之旋转，包括已经翻过去的背面。默认情况下，任何应用给父元素的三维变换都会让子元素上的三维变换失效，并使其变平。我们得创建一个三维上下文，让子元素的变换与父元素在同一个三维空间中。为此要用到 transform-style 属性，在包装元素上将它的值设置为 preserve-3d。

```
.csstransforms3d .flip-wrapper {
  position: relative;
  transition: all .25s ease-in-out;
```

```
  transform-style: preserve-3d; /*默认值为 flat */
}
```

最后一步，在用户点击按钮时，通过 JavaScript 切换包装元素上的类名。添加 `is-flipped` 类会触发整个部件沿 y 轴旋转 180 度：

```
.csstransforms3d .flip-wrapper.is-flipped {
  transform: rotateY(180deg);
}
```

至此样式已部署到位。但现实很残酷，我们必须为跨浏览器兼容再多做一些工作。

1. 兼容 IE

IE10 和 IE11 不支持 **preserve-3d** 关键字。这意味着元素不能与父元素共享三维空间，也就意味着不能同时翻转整个部件的两面。因此，在 IE 中必须分别给两面添加过渡才行。

另外，在父元素应用 **perspective** 及变换多个元素时，IE 也有严重的 bug。这意味着必须使用 **perspective()** 函数。

更新后的代码将部件前面的初始变换设置为 0 度，后面的设置为–180 度，然后在父元素切换类名时同时翻转两者。而且，**perspective()** 函数需要在变换声明列表中第一个出现。

```
.csstransforms3d .flip-b,
.csstransforms3d .flip-a {
  transition: transform .25s ease-in-out;
}
.csstransforms3d .flip-a {
  transform: perspective(1000px) rotateY(0);
}
.csstransforms3d .flip-b {
  transform: perspective(1000px) rotateY(-180deg);
}
.csstransforms3d .flip-wrapper.is-flipped .flip-a {
  transform: perspective(1000px) rotateY(180deg);
}
.csstransforms3d .flip-wrapper.is-flipped .flip-b {
  transform: perspective(1000px) rotateY(0deg);
}
```

iOS 8 上的 Safari 有一个跟 IE 相反的 bug，即应用了 **perspective()** 函数的元素有时候会在过渡期间消失。因此，需要在 body 元素上重复声明一个 **perspective** 属性：

```
.csstransforms3d .flip-wrapper {
  perspective: 1000px;
}
```

2. 键盘访问与无障碍

开发会隐藏信息的组件时，前几章提到过，**如何隐藏至关重要**。旋转之类的变换不会导致文档的制表键切换功能失效。在三维部件（以及相应的 JavaScript）的最终代码中，我们还增加了另外一些机制，以确保代码的健壮性。

- 除了使用 Modernizr 检测浏览器是否支持三维变换，我们还检测了浏览器是否支持 JavaScript 的 classList API。这个 API 用于在部件状态变化时切换类名。这意味着最终代码中的 CSS 规则都会前缀 `.csstransforms3d.classList` 类。

  一般来说，如果浏览器支持三维变换，那么**基本**就会支持 classList API，但为了避免一些极端情况，我们还是"多此一举"了。万一这两个特性中有一个不被支持，就会显示原始的二维版本。

- 在部件一面隐藏的情况下，它会自动带上一个类名 `is-disabled`，同时 `aria-hidden` 属性也会被设置为 `true`。其中 `is-disabled` 类用于将 `visibility` 属性设置为 `hidden`。

  这样可以避免使用键盘的用户意外按下制表键，把焦点切换到看不到的筛选表单上，也会防止屏幕阅读器读取其中的内容。（`aria-hidden` 属性只针对屏幕阅读器，因此不需要依赖 CSS 隐藏技术。）隐藏会在翻转完成后发生，因此它依赖 `transitionend` 事件。

- 相应地，另一面通过使用类名 `is-enabled` 对用户保持可用。
- 当部件再被翻转过来时，键盘焦点转移到 Show filters 按钮。

10.5.3　高级三维变换

本节只介绍一些不太常用却值得玩味的三维变换特性。

1. rotate3d()

除了 rotateX()、rotateY() 和 rotateZ()（以及二维版本 rotate()）这几个单维旋转函数之外，还有一个 rotate3d() 函数。这个函数可以围绕穿越三维空间的任意一条线翻转元素：

```
.box {
  transform: rotate3d(1, 1, 1, 45deg);
}
```

这个 rotate3d() 函数接受 4 个参数：前 3 个数值分别表示 x 轴、y 轴和 z 轴的**向量坐标**，最后一个是角度。其中坐标定义了一条线，作为翻转环绕的轴。比如，如果向量坐标是 `1,1,1`，那么翻转围绕的假想线会穿过 `transform-origin` 和另一点，另一点的三维坐标是 x 轴、y 轴和 z 轴各相对原点 1 个单位远。

这里不用指定**什么单位**，因为点与点之间的位置是相对的。使用 `100, 100, 100` 的结果与上面的相同，因为假想线相同。

实际上，这个三维旋转等价于每个轴上的**某些旋转**（0 度或更多）的叠加，至于每个轴旋转**多少**，那就有点复杂了。只要把它想像成可以围绕你指定的线旋转元素就行了。如果确实需要同时指定每个轴旋转的度数，最好还是组合使用单维旋转函数。

2. 三维矩阵变换

与二维矩阵变换类似，也有一个 matrix3d() 函数可以组合多个轴向上的平移、缩放、变形和旋转。

这里不打算详细介绍三维矩阵变换，但可以告诉你，这个函数接受 16 个参数，以便计算最终呈现在坐标系中的对象。这个函数堪称"有史以来最复杂的 CSS 属性"。

与二维版本一样，三维矩阵也不是我们日常用来手工计算传参的，而是通过 JavaScript 和 CSS 组合实现游戏等高性能交互体验时才用的。比如，本章最前面那个 Digital Creativity Guidebook 的例子（见图 10-1）就大量使用了 matrix3d() 来计算这本动画书中各个角色的变换形态。

10.6 小结

本章介绍了如何在空间和时间维度上操作元素。我们了解了二维和三维空间中的变换会怎样改变页面上呈现的元素，同时又不会影响页面中的其他元素。此外，还点到为止地提及了 matrix() 和 rotate3d() 等高级变换特性。

将以上技术与动画相结合，比如 CSS 过渡和 CSS 关键帧动画，就可以创造出动画标志或可翻转菜单等特效。

在致力于实现这些响应式设计效果的技术的同时，从始至终，我们都没有抛开那些浏览器不支持这些特性或只使用键盘导航的用户，乃至那些使用屏幕阅读器的用户。我们希望这些用户同样能无障碍地浏览我们的网页。

10

第 11 章　高级特效 *11*

　　单靠 CSS 就写出创意十足的设计是很困难的。到目前为止，就创建视觉特效而言，CSS 这门语言还是存在诸多限制。想用 CSS 写出 Photoshop 般的效果，还差得很远，个别情况下仍需要各种奇奇怪怪的招术助阵。

　　以前，要绕过种种限制，不得不牺牲简洁性（加入大量元素，只为了展示效果的细节），或者牺牲性能（为了展现视觉效果，页面中放了太多图片及 JavaScript）。

　　本章就来介绍几种能够通过 CSS 实现的特效。其中用到的一些 CSS 特性还很新，浏览器支持不充分，但也有非常成熟的。很多特性在 SVG 中已经存在很多年了，最近才加入到 CSS 中。本章后面会看几个相关的例子。

　　这些技术能够提升你的设计，就像做菜添加了调味料，平淡无奇的一盘菜也能顿时浓香四溢。使用它们的时候也得小心谨慎，必须考虑渐进式增强。另外也要知道，其中一些技术会有相关的bug。即使在支持它们的浏览器中，它们也通常还并不成熟。

　　本章内容：

- ❑ CSS 形状
- ❑ 使用剪切路径和蒙版（包括 SVG）
- ❑ CSS 混合模式
- ❑ 滤镜（包括 SVG）

　　图 11-1 展示了一个页面（一些天体的介绍），其中包含很多视觉特效。就在几年前，要通过CSS 实现这些效果几乎是不可能的。整个页面布局，就算能做出来，也要借助大量图片和额外的HTML 元素。

　　今天，这些效果已经能够在很多浏览器中通过 CSS 来呈现了，即使做不到也能平稳地退化为可用版本。在一个页面上集成大量视觉特效仍须谨慎，因为可能造成性能开销，代价有大有小。尽管如此，通过 CSS 来完成它们仍然有很多好处，因为可以减少不必要的标记，而且维护起来比较容易。此外，随着浏览器支持相应的规范，性能也会越来越好。

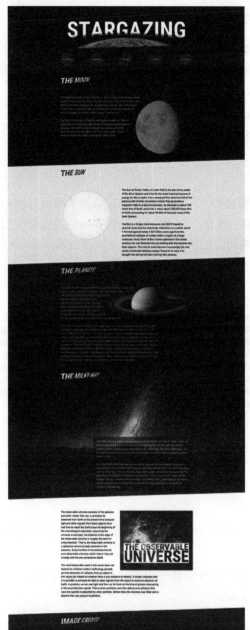

图 11-1　使用了很多视觉特效的页面

本章接下来就以这个"观星指南"页面作为例子，逐个讲解其中涉及的技术点。

11.1   CSS Shapes

如前所述，网页布局基本上都是由矩形构成的，因此 HTML 元素天生具有方形的特性。本书前几章介绍了突破这些局限的例子，包括使用图片和渐变引入更自然的元素，以及通过圆角实现柔和的形状，甚至圆形。

CSS Shapes 是一个新标准，旨在让 Web 设计者能使用各种形状。形状元素不仅会影响界面的外观，还会影响页面的内容流。

细说形状

CSS Shapes 包含两组新属性，一组用于设置影响盒子中内容的形状，另一组用于设置影响形状元素周边内容流的形状。在图 11-2 中，我们看到一个被设置为圆形的形状。其中左边的图形展示了外部形状如何影响周边的内容，而右边的图形展示了圆形中的内容如何受到内部形状的影响。

图 11-2   外部形状与内部形状

这两种形状分别由不同级别的 CSS Shapes 规范定义。其中 shape-outside 属性（在 CSS Shapes Level 1 中定义）是唯一相对比较成熟的。本节不涉及 shape-inside，因为目前还没有浏览器实现它，也许在不久的将来会有吧。

shape-outside 属性只能应用给浮动元素。这个属性不改变元素自身的外观，只会通过设置形状影响其外部内容流。

在我们例子中的 "Moon" 部分，通过设置 shape-outside: circle();实现了文本流环绕月亮图片的效果（见图 11-3）。

```
.fig-moon {
  float: right;
  max-width: 40%;
  shape-outside: circle();
}
```

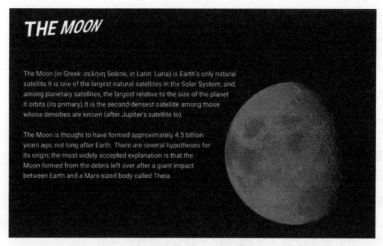

图 11-3　文本围绕月亮图片周围的圆形实现了绕排

　　在解释形状构造原理之前，先了解一下 `shape-outside` 如何影响布局。图片文件本身的背景是黑色的，如果把这一区块的背景改成其他颜色，我们会看得更清楚（见图 11-4）。图片本身还是方形的，但文本流环绕着其中的圆形。在不支持 CSS 形状的浏览器中，文本会像往常一样环绕矩形。

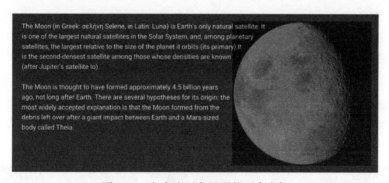

图 11-4　文本流压在了形状元素内部

注意　如图 11-4 所示，文本流只绕排在浮动元素的左侧。只能让形状的一侧影响文本的行盒子。即使形状右侧有空间，文本也不会填进去。

1. 形状函数

　　前面例子中的 `shape-outside` 属性使用了一个值：`circle()`。这是一个**形状函数**，类似的形状函数还有 `ellipse()`、`polygon()`、`inset()`。前两个分别用于定义椭圆形和多边形，`inset()` 则表示嵌入在盒子边界内的矩形，也可以指定圆角，算是 CSS 2.1 中 `clip` 属性的加强版，只是语法不同而已。

11

此处圆形和椭圆形的语法，类似于第 5 章的放射性渐变的大小及位置的语法：

```
.shape-circle {
  /* 圆形接受一个半径值和一个位置值 */
  shape-outside: circle(150px at 50%);
}
.shape-ellipse {
  /* 椭圆形接受两个半径值和一个位置值 */
  shape-outside: ellipse(150px 40px at 50% 25%);
}
```

与渐变函数类似，圆形和椭圆形函数也有合理的默认值。前面月亮图片的 `circle()` 函数并未传入参数，而默认的参数是以元素中心为圆心，以最近边为半径。

`inset()` 函数需要传入一组长度值，分别表示到上、右、下、左边的距离，很像 `margin` 和 `padding` 简写。同样，1~3 个值的外边距和内边距简写规则在这里也适用。此外，还可以通过 `round` 关键字指定圆角，随后是半径值，与 `border-radius` 属性的类似：

```
.shape-inset {
  /* 距离外部盒子的上、下边各 20 像素，
   * 距离外部盒子的左、右边各 30 像素，
   * 还有半径为 10 像素的圆角
   */
  shape-outside: inset(20px 30px round 10px);
}
```

相对复杂一些的是 `polygon()` 函数。这个函数接受一系列坐标对，用于在盒子表面指定多个点，坐标相对于盒子的左上角，最终把各个点连接起来就是要创建的形状。在 "Planets" 部分，我们为土星创建了一个多边形。

创建多边形最简单的一种方式就是使用 CSS Shapes Editor 插件，它支持 Chrome 和 Opera。Chrome 和 Opera 都支持 CSS Shapes，而且会在检查形状元素时给出预览。这个插件会添加额外的工具，因此既可以通过它看到形状如何影响页面，也可以通过创建并拖动控制点来创建新形状（见图 11-5）。

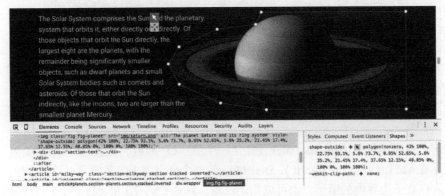

图 11-5   在 Chrome 中通过 Shapes Editor 插件绘制的形状

然后就可以把得到的多边形复制粘贴到代码中：

```
.fig-planet {
  float: right;
  max-width: 65%;
  shape-outside: polygon(41.85% 100%, 22.75% 92.85%, 5.6% 73.3%, 0.95% 52.6%, 5.6% 35.05%,
21.45% 17.15%, 37.65% 12.35%, 40% 0, 100% 0%, 100% 100%);
}
```

多边形中每个点的坐标以百分比表示，这样可以保证最大的灵活度。当然也可以在这里使用任意长度值，比如像素、em，甚至 `calc()` 表达式。

2. 形状图片

基于复杂的图片创建多边形会非常麻烦。好在我们可以直接在图片的源文件上基于透明度来创建形状。比如，可以比照预期的形状新创建一张图片。但土星的图片已经是带透明度的 PNG 格式了，因此可以直接通过它来生成形状。我们要做的就是把 `shape-outside` 的值由 `polygon()` 函数修改为指向该图片的 `url()` 函数：

```
.fig-planet {
  float: right;
  max-width: 65%;
  shape-outside: url(img/saturn.png);
}
```

如果在 Chrome 开发者工具里检查这张图片，会看到如图 11-6 所示的模样。可以看到，图片的透明度数据被用于生成形状了。

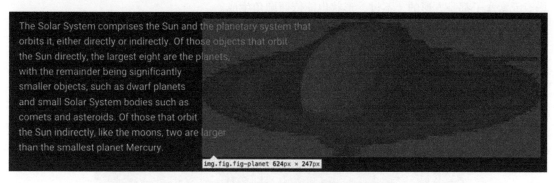

图 11-6　图片透明区域的轮廓被用于生成形状

提示　只通过浏览器打开 HTML 文件是不行的，就算浏览器支持 CSS Shapes 也不行。必须通过 Web 服务器取得这个页面，这样引用的图片才会带有合适的 HTTP 首部信息，告诉浏览器该图片与 CSS 来自同一个域。这种安全机制是较新的浏览器才有的，是为了防止引用的文件对你的计算机造成危害。

默认情况下，形状轮廓会沿图片完全透明区域的边缘生成，但这个值可以通过 shape-image-threshold 属性来修改。默认值是 `0.0`（完全透明），而较大的值（最大为 `1.0`）意味着较高的不透明度也可以用于生成形状边界。比如，修改土星图片的不透明度阈值为 `0.9`，则半透明的土星环将不再被包含在形状内，结果文本会覆盖其上（见图 11-7）。

```css
.fig-planet {
  float: right;
  max-width: 65%;
  shape-outside: url(img/saturn.png);
  shape-image-threshold: 0.9;
}
```

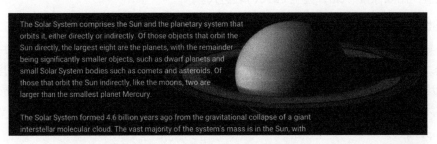

图 11-7　使用 `shape-image-threshold` 提高不透明度阈值后，原来图片中半透明的部分在生成形状时被忽略了

3. 形状盒子与边距

除了使用形状函数或图片，还可以使用元素的参照盒子来生成形状。乍一听好像有点不对，毕竟元素盒子都是方形的。不过，形状也能依照圆角生成。

比如，以前面的月亮图片为例，如果我们想改变区块背景的颜色，同时也去掉图片周围的黑色区域（如图 11-8 所示），那么可以在图片上使用 `border-radius` 来创建圆形。

```css
.fig-moon {
  float: right;
  max-width: 40%;
  border-radius: 50%;
}
```

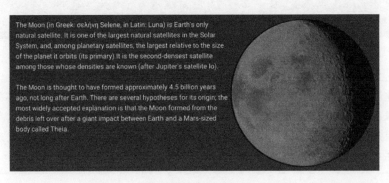

图 11-8　给月亮图片应用 `border-radius`

仅有圆角边框还不能生成形状，还得通过 shape-outside 属性告诉浏览器，以 border-box 作为生成形状的依据。

```
.fig-moon {
  float: right;
  max-width: 40%;
  border-radius: 50%;
  shape-outside: border-box;
}
```

这样外部形状就变成了环绕元素边框盒子的圆形。其他能生成形状的参照盒子还有 content-box、padding-box 和 margin-box。前面已经介绍过参照盒子（以及 box-sizing 和 background-clip 属性），margin-box 是个例外。因为形状是基于浮动区域的，浮动区域也包含外边距，所以这个关键字是专门为形状定义的，并没有 box-sizing: margin-box 这种用法。

对于形状而言，参照盒子为 margin-box 时，形状仍然会参照圆角边框，但这样一来就可以像定义常规的外边距一样，给月亮图片周围添加一些边距了。

```
.fig-moon {
  float: right;
  max-width: 40%;
  border-radius: 50%;
  shape-outside: margin-box;
  margin: 2em;
}
```

这样，文本会环绕着弧形的外边距形状排布。如果在 Chrome 开发者工具中检查图片，可以看到此时形状的样子，还有原始的外边距（见图 11-9）。

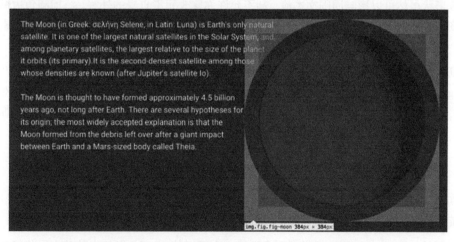

图 11-9　将 margin-box 作为形状的参照后，可以为形状设置外边距

如果想给更复杂的土星图片添加外边距，可以使用另一个属性 shape-margin，这个属性用于给整个形状添加外边距，与创建形状的方法无关（见图 11-10）。

```
.fig-planet {
  max-width: 65%;
  shape-outside: url(img/saturn.png);
  shape-margin: 1em;
}
```

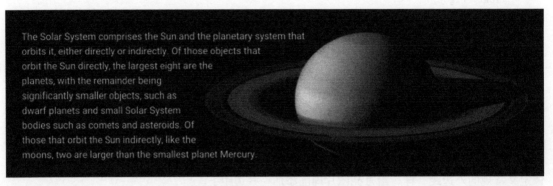

图 11-10　为土星形状添加 shape-margin 属性

4. 浏览器对 CSS Shapes 的支持情况

在本书写作时，CSS Shapes 只得到了基于 WebKit 和 Blink 内核的浏览器支持，包括 Chrome、Opera 和 Safare 7.1 及更高版本（或 iOS 8 及更高版本上的 Mobile Safari）。

11.2　剪切与蒙版

CSS 形状虽然可以影响周围文本流，却不允许你修改元素自身的外观。添加圆角边框只是视觉上改变元素形状的一种方式。实际上，通过把元素的部分区域变透明，是可以影响元素自身形状的。

剪切（clipping）使用路径形状定义硬边界，可以基于该边界完全切换元素的可见性。**蒙版**（masking）不太一样，它用于将元素的某些区域设置为更透明或更不透明。剪切会影响对象的响应区域，而蒙版不会。比如要触发悬停，鼠标必须移到剪切后元素的可见区域。而对于加了蒙版的元素，无论鼠标下面的区域是否可见，只要位于该元素上，都会激活 :hover 状态。

11.2.1　剪切

剪切最早是在 CSS 2.1 中通过 clip 属性引入的。但这个属性只能应用给绝对定位的元素，而且只能把这些元素剪切为矩形（使用 rect() 函数）。没劲！

好在新的 clip-path 属性提供了更多选择。它可以使用 CSS 形状中的基本形状函数定义如何剪切元素。它还能使用 SVG 文档剪切元素，只要通过 URL 引用一个 <clipPath> 元素即可。

下面从使用形状函数定义剪切路径开始。这个特性在本书写作时只有 Blink 和 WebKit 内核的浏览器支持，而且除了不加前缀的属性，还要使用加-webkit-前缀的属性。为简单起见，后面的例子只展示不加前缀的标准属性。

"观星指南"页面中的所有区块都是被剪切过的，因此都有一些向对角线倾斜（见图11-11）。

图 11-11　页面中的所有区块都被剪切过，因此都有点倾斜

每个区块都有一个 stacked 类，其中使用多边形函数指定了剪切路径：

```
.stacked {
  clip-path: polygon(0 3vw, 100% 0, 100% calc(100% - 3vw), 0% 100%);
}
```

这个多边形没有前面土星的多边形复杂，因此可以稍微深入地讲解一下。多边形中的每一个点都对应着一对空格分隔的值，值对之间以逗号隔开。

先从左上角开始，0 3vw 表示 x 轴剪切长度为 0，y 轴剪切长度为 3vw。这里使用相对视口的单位保证角度以视口大小为参照。接下来的坐标是右上角坐标 100% 0。第三个 100% calc(100% - 3vw) 指距右下角 3vw，它不能使用百分比表示，因为这个 y 轴坐标是从上方开始计算的。最后，左下角的坐标是 0 100%。

因为剪切路径只影响元素渲染后的外观，而不会影响页面流，所以剪切后的元素之间会出现透明间隙（见图11-12）。为消除间隙，可以给每个堆叠的区块应用一个负外边距，而且要比 3vm 稍大一些，好让相邻的区块边缘能彼此重叠。但我们只希望在支持 clip-path 的浏览器中应用这个负外边距，这时候正好可以用上@supports 规则。因为这些新的特效只在较新的浏览器中才存在，所以我们可以放心地这么写：

```
@supports ((clip-path: polygon(0 0)) or
          (-webkit-clip-path: polygon(0 0))) {
    .stacked {
        margin-bottom: -3.4vw;
    }
}
```

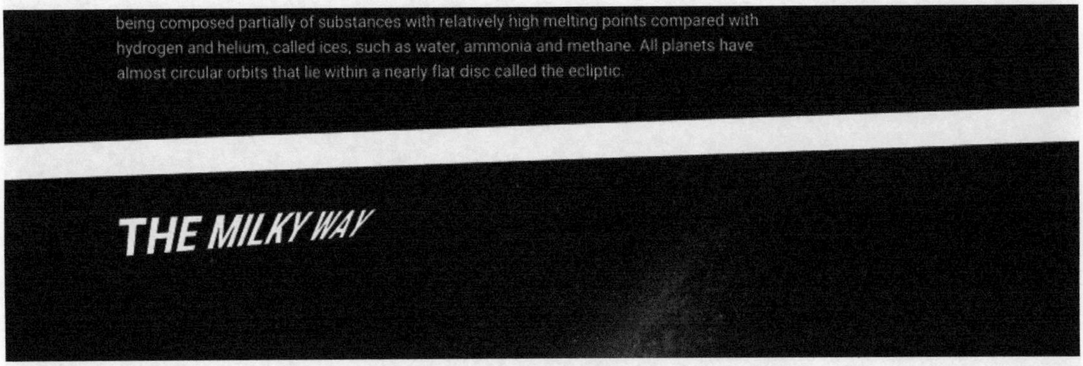

being composed partially of substances with relatively high melting points compared with
hydrogen and helium, called ices, such as water, ammonia and methane. All planets have
almost circular orbits that lie within a nearly flat disc called the ecliptic.
THE MILKY WAY

图 11-12 如果只应用剪切，区块之间会出现间隙

在`@supports`规则块中，我们测试了浏览器是否支持最小的多边形（只有一个点）。

增加这些保障后，区块就可以完美地对齐了。而在不支持 `clip-path` 的浏览器中，区块也会像平常一样上下相接，不会重叠。

1. 使用 SVG

可以使用 `polygon()`、`circle()`、`ellipse()`和 `inset()` 函数创建剪切路径，与创建 CSS 形状一样。对于复杂的形状，建议大家还是使用图片编辑器来创建，然后再将最终的图形作为剪切路径的源。我们在页面导航中使用的形状就是这样生成的，如图 11-13 所示。

The Moon
The Sun
Planets
Galaxy
Universe

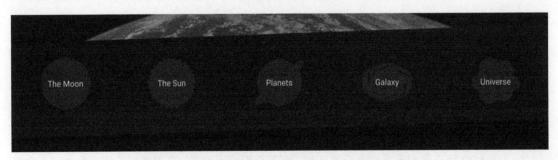

图 11-13 导航区中复杂的形状是基于 SVG 源实现的剪切

使用图形作为**剪切源**，需要先使用 SVG 创建剪切路径，然后再通过一个 URL 引用到形状函数中。首先，要在 Illustrator、Sketch 或 Inkscape 之类的图形编辑器中创建想要的形状。虽然不那

么简单，但还是可行的。

导航区块本身是一个包含页内链接的无序列表：

```
<nav class="stacked section nav-section inverted">
  <ul class="wrapper">
    <li><a href="#moon">The Moon</a></li>
    <li><a href="#sun">The Sun</a></li>
    <li><a href="#planets">Planets</a></li>
    <li><a href="#milky-way">Galaxy</a></li>
    <li><a href="#universe">Universe</a></li>
  </ul>
</nav>
```

在此，我们就不涉及导航本身的样式了，大家只要知道这里用到了 Flexbox 水平布局导航项目，将它们固定为 100 像素见方的方块就够了。

然后，在支持 SVG 的图形编辑器（我们用的是 Adobe Illustrator）中创建一张图片。图片的大小也是 100 像素见方（见图 11-14）。其中的星球由两个黑色的形状构成，一个圆形和一个旋转后的椭圆形。接着把这个图片保存为 SVG 格式，命名为 clip.svg。保存过程因编辑器而异，这里就不说了，我们只关注大体的流程。

图 11-14　使用 Illustrator 创建的星球图形

下面在代码编辑器中打开生成的 SVG 文件，看上去大概是这样的：

```
<svg xmlns=http://www.w3.org/2000/svg width="100px" height="100px" viewBox="0 0 100 100">
  <circle cx="50" cy="50" r="45"/>
  <ellipse transform="matrix(-0.7553 0.6554 -0.6554 -0.7553 -12.053 54.99)" cx="50" cy="50"
rx="63.9" ry="12.8"/>
</svg>
```

为了把这个图片转换为剪切路径，需要把其内容包装在一个`<clipPath>`元素中，并添加一个 ID 属性：

```
<svg xmlns="http://www.w3.org/2000/svg"
    width="100px" height="100px" viewBox="0 0 100 100">
  <clipPath id="saturnclip">
    <circle cx="50" cy="50" r="40.1"/>
    <ellipse transform="matrix(0.7084 -0.7058 0.7058 0.7084 -20.7106 49.8733)" cx="50"
    cy="50" rx="62.9" ry="12.8"/>
```

```
    </clipPath>
</svg>
```

最后，就可以在 CSS 中引用 clip.svg 中的这个剪切路径了：

```
.nav-section [href="#planets"] {
    clip-path: url(img/clip.svg#saturnclip);
}
```

这样就可以把多个剪切源保存在一个 SVG 文件中，然后通过 URL 的片段 ID 分别引用。

可惜的是，要在当前某些浏览器中确保 SVG 剪切源可靠，还得解决两个问题。

❑ 本书写作时，只有 Firefox 支持在 CSS 引入外部剪切源并影响 HTML 内容。不过其他浏览器最终也可能会加入这个行列。

❑ SVG 文件中 `<clipPath>` 的坐标会被解释为像素，因此剪切形状没有伸缩性，不能随着 HTML 内容的缩放而缩放。百分比值是有效的，但浏览器支持不好。

这两个问题都有相应的解决方案，但需要我们调整已有的代码。

2. 行内 SVG 剪切源

不支持引用外部剪切源的浏览器其实支持 SVG 剪切路径，只不过 CSS、HTML 和 SVG 都必须在一个文件中。

如果把 CSS 放在 style 元素中，把 SVG 内容也嵌入同一个文件中，就可以直接通过 ID 引用 `<clipPath>` 元素了。下面就是一个例子：

```
<!-- 以下是想要剪切的元素 -->
<li><a href="#planets">Planets</a></li>

<style>
/* 在同一个 HTML 文件中，包含了 CSS */
.nav-section [href="#planets"] {
  clip-path: url(img/clip.svg#saturnclip);
}
</style>
<!-- 还是同一个 HTML 文件中，内嵌了 SVG 作为剪切路径 -->
<svg xmlns=http://www.w3.org/2000/svg height="0" viewBox="0 0 100 100">
  <clipPath id="saturnclip">
    <circle cx="50" cy="50" r="40.1"/>
    <ellipse transform="matrix(0.7084 -0.7058 0.7058 0.7084 -20.7106 49.8733)" cx="50"
    cy="50" rx="62.9" ry="12.8"/>
  </clipPath>
</svg>
```

这样写具有更好的跨浏览器兼容性，但牺牲了 SVG 的复用性，HTML 也会显得乱一些。

注意   WebKit 内核的浏览器有一个相关的 bug，它们会认为剪切路径中点的坐标相对于页面，而不是相对于被剪切的元素。为确保准确定位，最终的示例还对被剪切元素应用了 transform: translate(0, 0)，表面上看不出什么，但可以解决这个问题。

3. 使用对象边界盒子控制剪切路径大小

第二个问题是剪切路径不会随导航项目的缩放而自动缩放，因为它们的大小都硬编码了，就是 100 像素见方。

为了调整剪切路径的大小，可以使用两个坐标系。默认的坐标系叫"当前用户空间"（user space on use），就是剪切路径要应用的内容。对我们这个例子而言，这意味着剪切路径中的一个单位会被解释为被剪切的 HTML 元素中的一个像素。

另一个坐标系是"对象边界盒子"（object bounding box），这个坐标系会使用一个比例尺，动态地将剪切路径中的单位对应到被剪切内容的大小。这个比例尺中，x 轴的 0 表示被剪切内容边框盒子的最左边，1 表示最右边。类似地，y 轴的 0 表示这个盒子的最上边，1 表示最下边。

对于简单的图形，手动修改这些值就行了。比如 50 像素，在宽和高均为 100 像素的元素中，就要转换成 0.5。但是对于复杂的图形，手工修改很容易出错。更简单的办法是在图形编辑器中把图形边长缩小到 1 像素，然后再导出 SVG。

在我们最终的例子中，还使用了 `objectBoundingBox` 这个值作为行内 SVG 剪切路径。比如土星剪切路径的最终代码就是这样的：

```
<clipPath id="saturnclip" clipPathUnits="objectBoundingBox" >
  <circle cx=" 0.5 " cy="0.5 " r="0.45 "/>
  <ellipse transform="matrix(-0.7553 0.6554 -0.6554 -0.7553 1.2053 0.5499 )" cx=" 0.5 "
  cy=" 0.5 " rx=" 0.639 " ry=" 0.125 "/>
</clipPath>
```

4. 浏览器支持剪切路径的情况

使用行内 SVG 作为剪切路径的方法适用于大多数现代浏览器，包括 Chrome、Opera、Safari 和 Firefox。WebKit 和 Blink 内核的浏览器也支持将基本的形状函数用作剪切路径。但是，IE 完全不支持剪切路径。在本书写作时，Edge 也不支持剪切路径，但其开发路线图显示不久会支持。外部引用作为 SVG 剪切源，在本书写作时只有 Firefox 支持，希望不久的将来所有浏览器都能支持。

11.2.2　蒙版

"观星指南"页面的标题好像半隐于地球大气层的后面（见图 11-15）。这种透明渐隐效果是通过蒙版实现的。

图 11-15　页面标题"Stargazing"通过蒙版实现了渐隐效果

Safari 早在 2008 年就实现了蒙版，使用的是非标准属性 -webkit-mask-image。这个属性允许指定一张图片，并以这张图片作为加蒙版元素透明度层次的来源。作为蒙版的图片中，每个像素都有一个**阿尔法级别**（alpha level），也就是透明度。如果蒙版图片中的像素是透明的，那么加蒙版元素中对应的像素也不可见。相反，蒙版图片中完全不透明的区域，对应的加蒙版元素的区域也会完全可见。蒙版图片的颜色与此无关，因此灰度图常用作蒙版。

除了图片，还可以使用 CSS 渐变来创建蒙版。页面标题的蒙版效果就是这么做的：

```
.header-title {
  mask-image: radial-gradient(ellipse 90% 30% at 50% 50%,
                              rgba(0,0,0,0) 45%,
                              #000 70%);
  mask-size: 100% 200%;
}
```

相信大家都了解这个语法：mask-image 后面的值非常类似 background-image 属性的值，甚至也可以声明多个蒙版。

除了指定蒙版图片，还可以指定蒙版的大小和位置。对于我们这个例子而言，为了把蒙版放到文本底部，我们将它的高度声明为两倍，而没有使用定位。如果我们在这里简单地把渐变图片移动到下面，那么蒙版图片的上半部分就会是透明的，结果就是文本的上半部分不可见。图 11-16 展示了渐变蒙版的大小和位置，以及它与文本的相对位置关系。

图 11-16　蒙版图片看起来就像是位于文本上方

在 WebKit 最初实现的基础上，蒙版相关的属性得以标准化和扩展，同时也支持了对应的 SVG 效果。没错，就像 clip-path 一样，SVG 中的蒙板也可以应用给 HTML 内容。

在本书写作时，WebKit 和 Blink 内核的浏览器支持针对半透明蒙版图片的 -webkit-mask- 属性。而且跟 Firefox 一样，它们也支持以 SVG 中的 <mask> 元素作为蒙版源。除了 Firefox，所有浏览器都需要采用前面剪切路径例子中的内嵌方法。

```
.header-title {
  /*嵌入页面中的 CSS，指向嵌入同一页面中的 SVG <mask>元素*/
  mask: url(#ellipseMask);
}
```

与前面 CSS 渐变等价的 SVG 标记如下：

```
<mask id="ellipseMask" maskUnits="objectBoundingBox" maskContentUnits="objectBoundingBox">
  <radialGradient id="radialfill" r="0.9" cy="1.1">
    <stop offset="45%" stop-color="#000"/>
    <stop offset="70%" stop-color="#fff"/>
  </radialGradient>
</mask>
```

与剪切路径一样，这里也需要使用 objectBoundingBox 坐标系，按照 0~1 的比例尺将蒙版缩放到与元素边界匹配。SVG 蒙版元素本身还有一个 maskContentUnits 属性，这里也将其设置为与蒙版形状相同的坐标系。

SVG 蒙版源使用明度值（luminance）而非阿尔法级别来应用蒙版。这意味着蒙版较暗的区域对应的加蒙版元素区域会较透明，而蒙版较亮的区域对应的加蒙版元素区域会较不透明。在前面 SVG 蒙版的例子中，我们使用了黑白渐变。

浏览器会在你使用蒙版图片时使用阿尔法级别，在你使用 SVG 蒙版时使用明度值。在对标准的建议中，有一个 mask-type 属性可以切换这个应用蒙版的依据值。

另外，-webkit-前缀版与建议的标准版属性之间也有一些差异。可以参考 MDN 中 WebKit 实现的完整属性和语法。

11.2.3　透明 JPEG 与 SVG 蒙版

页面头部有两个地方使用了蒙版，其中一个并不容易发现。除了标题文本之外，地球背景图片（取自 *Apollo Expeditions to the Moon*）也有自己的蒙版。

这是一个分辨率非常高的图片，而头部有一个平滑渐变的背景。在图 11-17 中，我们去掉了文本，同时高亮了渐变，让它看起来更明显。

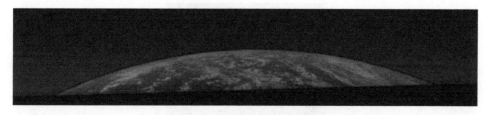

图 11-17　地球背景的头部

带有透明度的图片一般会保存为 PNG 格式。PNG 格式的问题是文件相对较大，这张地球大图差不多得有 190KB。为减少文件大小，我们要通过蒙版使用 SVG，给 JPEG 格式的文件应用阿尔法透明度。使用 JPEG 格式后，文件大小约为 24KB。

1. SVG 中的图片

首先要创建一张 JPEG 图片，仍然保留其背景，如图 11-18 所示。

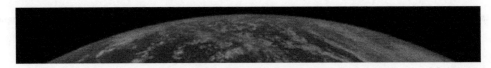

图 11-18　JPEG 图片

然后创建一个 SVG "包装"文件并命名为 earth.svg，用于加载位图。SVG 是一种矢量图格式，但也可以通过 `<image>` 标签加载和使用位图。最终我们会在 CSS 中使用这个 SVG 文件作为头部背景。

接下来要把 SVG 图形设置为跟位图一样大小，使用 `viewBox`、`width` 和 `height` 属性。其中 `viewBox` 属性负责设置图形中的坐标系统，`width` 和 `height` 属性则用于设置外部图片的大小。多数浏览器不需要后面两个属性，但在 IE 中如果没有它们，则会让 SVG 背景变形。

相关代码如下：

```
<svg xmlns="http://www.w3.org/2000/svg" width="1200" height="141" viewBox="0 0 1200 141"
xmlns:xlink="http://www.w3.org/1999/xlink">
  <image width="100%" height="100%" xlink:href="earth.jpg" />
</svg>
```

2. SVG 蒙版

下面创建蒙版。蒙版的形状可以通过放射性渐变来模拟，然后这个渐变经过大小和位置的调整会覆盖地球的天际线。放射线性渐变的四周稍微有些透明。要精确地找到坐标很难，因此可以使用图形编辑器。在图 11-19 中，我们通过 Illustrator 在位图上面绘制了一个巨大的半透明圆形，从而可以方便地获取渐变的尺寸信息。当然也可以绘制一个路径来创建模板，但放射性渐变的边缘过渡更平滑。这个文件只是临时用一下，目的是获取尺寸信息。

图 11-19　我们在图片上绘制了一个巨大的圆形，以便快速获取蒙版坐标

我们很快就知道渐变的半径约为 1224 像素，坐标为 y 轴 1239 像素，x 轴 607 像素。下面在 earth.svg 文件中创建一个 SVG `<mask>` 元素，包含覆盖整个 SVG 视口的矩形，然后用放射性渐变填充。

```
<mask id="earthmask">
  <radialGradient gradientUnits="userSpaceOnUse" id="earthfill" r="1224" cx="607" cy="1239">
    <stop offset="99.5%" stop-color="#fff"/>
    <stop offset="100%" stop-color="#000"/>
  </radialGradient>
  <rect width="1200" height="141" fill="url(#earthfill)" />
</mask>
```

渐变色标由白到黑，边缘有少许的羽化。注意，渐变与剪切路径的尺寸应用算法不同，它们默认是基于 `objectBoundingBox` 的。因此，还需要添加 `gradientUnits="userSpaceOnUse"` 属性。

下面就可以让图片使用我们创建的蒙版了：

```
<mask id="earthmask"><!-- 这里是蒙版的内容 --></mask>
<image width="100%" height="100%" xlink:href="earth.jpg" mask="url(#earthmask)" />
```

3. 嵌入图片

此时，如果只将这个文件作为 SVG 图形单独使用，那就完事了。问题是这个 SVG 背景不能加载其他资源。要加载其他资源，还需要一步：把位图（earth.jpg）转换成 Base64 编码的数据 URI。转换工具有很多，比如 http://duri.me，打开后只要把图片文件拖进去就可以拿到编码字符串。

最后，把原来的图片 URL 替换成这个编码字符串：

```
<image width="100%" height="100%" mask="url(#earthmask)" xlink:href="data:image/
jpg;base64,/9j/4AAQSkZ..." />
```

注意，这个编码字符串非常长。相比于二进制编码，Base64 编码会让图片文件增大 30%。不过，原来的 JPEG 文件大小 18KB，转换后也就 24KB。

现在可以把这个 SVG 图片作为头部的背景图片了，当然还要加上一点渐变：

```
.page-header {
  background-image: url(img/earth.svg),
                    linear-gradient(to bottom, #000, #102133);
  background-repeat: no-repeat;
  background-size: 100% auto, cover;
  background-position: 50% bottom;
}
```

这个技术可以在几乎所有支持 SVG 的浏览器中使用。IE9 和一些根本不支持 SVG 蒙版的旧版安卓是例外。

4. 实现自动化

我们都看到了，创建一个背景图片的工作量还是挺大的，但相比于 PNG 格式的图片，我们最终图片的大小只有原来的 1/10。对我们例子中的图形而言，放射性渐变作为蒙版很合适，虽然

11

要做一些手动工作。

对于更复杂的形状，推荐大家使用一个 Web 服务：ZorroSVG［Zorro 即佐罗，佐罗有 mask（面具/蒙版），明白了吧］。可以上传透明的 PNG 图片，然后得到包含 JPEG 格式的 SVG 模板文件。这个服务的缺点是会把透明数据转换为一个位图蒙版，相比于将其绘制为 SVG 图形，前者占用的空间稍大一些。即便如此，文件瘦身效果也还是非常不错的。

11.3　混合模式与合成

在 Photoshop、Sketch、Gimp 等图形编辑软件中，设计师很早就可以选择两个设计元素叠加时的颜色如何混合了（见图 11-20）。而在 CSS 中，直到最近我们才能实现阿尔法混合，包括 PNG 文件、rgba 背景颜色、opacity 属性、蒙版，等等。不用说，Web 设计师也想在 CSS 中使用图形编辑软件中的那些混合模式。好在这一天终于到来了，这就是 CSS 的 Compositing and Blending 标准。

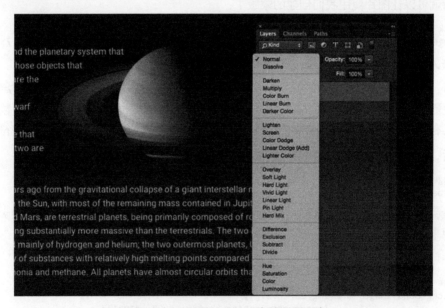

图 11-20　Adobe Photoshop 中的图层混合

图层合并的术语是**合成**（compositing）。混合模式（blending mode）则是合成过程中可能最常遇到的场景。如果你之前没有用过混合模式，或者不知道它们是什么，那只要知道它们是在合成图片的颜色值时不同的数学算法就行了（合成图片时上方图片叫**源图片**，下方图片叫**目标图片**）。

最简单的混合模式可能就是 "正片叠加"（multiply）了，计算方法是源像素每个颜色通道的值乘以目标像素对应颜色通道的值，混合后的图片会变暗。可以借助灰阶来理解这种混合模式，在灰阶中 0 代表黑色，1 代表白色。假设源值为 0.8，目标值为 0.5，那最终相乘后值就是 $0.8 \times 0.5 = 0.4$，偏暗了。

11.3.1　给背景图片上色

　　另一个混合模式是"明度"（luminosity），即从源像素取得亮度级别，将其应用到目标像素的色相和饱和度。我们示例页面中的银河部分有一个背景，其中的蓝色调非常夺目。这是因为我们给这个区块应用了偏紫色的背景颜色，然后又应用了 background-blend-mode: luminosity（见图 11-21）。这会给图片增加色彩，让全图的色调更统一。

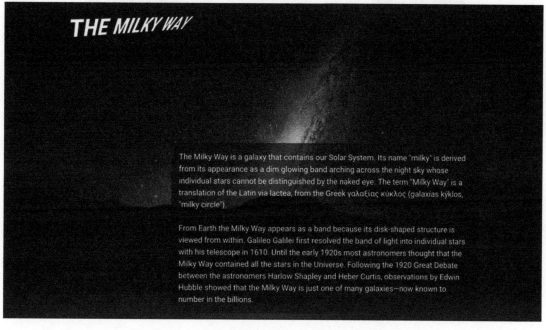

图 11-21　通过明度混合模式为背景图片增加色彩

```
.section-milkyway {
  background-image: url(img/milkyway.jpg);
  background-color: #202D53;
  background-blend-mode: luminosity;
}
```

注意　如果你是用单色屏幕的阅读器阅读本书电子版，或者你的电子版就是单色的，那我们只能说声抱歉了！这种情况下很难演示彩色效果。可以通过本书附带的示例代码看到效果。

　　如果不涉及数学，很难说清楚全部 16 种混合模式的原理。其中有几个混合模式仅在特定场景下有用，比如通过与纯色图片进行明度混合，为图片增添色彩。在图 11-22 中，通过混合相对较暗的蓝色背景图和浅粉色背景色，我们展示了在两个图层差别很大时每种混合模式的效果。

11

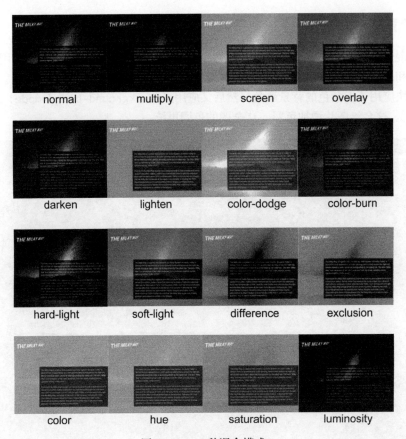

图 11-22　16 种混合模式

如果想深入了解这些混合模式的细节，推荐 Pye Jirsa 的文章和视频 *The Ultimate Visual Guide to Understanding Blend Modes*（https://www.slrlounge.com/workshop/the-ultimate-visual-guide-to-understanding-blend-modes/）。

第 5 章讨论过，一个元素可以有多个背景图片，这些背景会按照它们声明的次序逆序叠加在一起。如果你有多个图层，那么就可以声明一个逗号分隔的背景混合模式列表，把它们依次应用到每一层（及其下一层）。

注意，背景层不会与元素后面的内容混合，无论背景是否透明。如果只有一个背景颜色层，那么设置 background-blend-mode 也没用。如果要混合元素的内容，还要使用另外一个属性，接下来会介绍。

11.3.2　混合元素

与混合背景层类似，你也可以混合**元素**与它们的背景。元素的混合可能是静态定位的子元素与其父元素混合，也可能是绝对定位的元素与页面另一部分的叠加。但要注意，不同的堆叠上下文中的元素不能相互混合。稍后会讨论这个问题。

混合元素与混合背景层的语法类似，只不过属性是 mix-blend-mode。我们页面中的土星图片使用了 screen（滤色）混合模式，以便更好地与页面的背景色相融合（见图 11-23）。

图 11-23　土星图片使用了 screen 混合模式，以更好地与背景融合

```
.fig-planet {
  mix-blend-mode: screen;
}
```

滤色（screen）也是一种比较有用的混合模式。这个名字源于把两张图片投影到同一块屏幕上，会得到整体偏亮的图像。如果一张图片不够亮，那么第二张图片上的光线会透过来，反之亦然，最后就是整体变亮。

换句话说，白色的源会完全不透明，但黑色的源会变透明，因此很适合作为蒙版使用。利用这一点，可以实现有趣的"镂空"效果。

1. 文字镂空

示例页面的"The Observable Universe"标题实现了"穿透"效果，如图 11-24 所示。

图 11-24　使用 screen 混合模式实现镂空效果

　　标题文字显示在白色背景上，白色背景定位于背景图片之上。这个效果也包含所谓的"版式锁定"效果，也就是通过加空和调整大小使文字适应容器大小。通过 CSS 实现这个效果有点麻烦。这是因为要用到视口相关的单位，但即使如此也做不到完美。比如，视口相关的单位并不相对于元素自身，因此还必须把它们锁定到最大断点。

　　为此，我们在例子中使用了 SVG 文本来实现相对元素大小可伸缩的文本。标题中包含一小段 SVG 代码：

```
<h2 class="universe-title">
  <svg viewBox="0 0 400 120" role="presentation">
    <text>
      <tspan class="universe-span-1" x="6" dy="0.8em">The Observable</tspan>
      <tspan class="universe-span-2" x="3" dy="0.75em">Universe</tspan>
    </text>
  </svg>
</h2>
```

SVG 文本自身也很复杂，但我们可以简单地分析一下这段代码。

❑ SVG 文本很像图形对象，不会像 HTML 内容一样流动。换行也不是自动的，因此每行都要包含在相应的<tspan>元素中并手动定位。

❑ 每个<tspan>元素都通过 x 属性相对于 SVG 视口的左侧水平定位。

❑ 文本则相对于行盒子的**底部**垂直定位。要想保持文本的可伸缩性，就得相对于它们的大小垂直定位每一行，给它们一个相对偏移值，有点像行高一样，这就是 dy 属性的作用。

❑ 行内 SVG 中的文本应该允许屏幕阅读器无障碍访问，理论上是这样的。而在实践中，某些辅助技术会存在问题，但添加 role="presentation"能确保最大的可访问性。

　　因为<svg>是在 HTML 中的，所以可以通过常规 CSS 给它添加样式。注意，SVG 中的文本颜色是通过 fill 而非 color 属性控制的。

```
.universe-span-1 {
    font-size: 53.2px;
}
.universe-span-2 {
    font-size: 96.2px;
}
.universe-title text {
    fill: #602135;
    text-transform: uppercase;
}
```

　　每个<tspan>元素都通过像素指定为恰好能填充相应空间的大小。应该明确一下，这里的像素大小是相对于 SVG 片段的坐标系统而非 HTML 的坐标系统的。这意味着当 SVG 随页面伸缩时，其中文本的大小也会随之伸缩，保持锁定状态。

　　为保证<svg>元素本身能跨浏览器一致，可以使用第 5 章用过的屏幕宽高比的小招术。相关细节请大家自己去看示例代码吧。然后把整个标题绝对定位于图片的上方。

最后，给标题应用混合模式：

```
@supports (mix-blend-mode: screen) {
  .universe-title {
    mix-blend-mode: screen;
  }
    .universe-title text {
        fill: #000;
    }
}
```

SVG 中的文本最开始是深红色的，这个颜色与它后面图片的颜色很搭。我们把这个颜色作为在不支持 `mix-blend-mode` 属性的浏览器中的一个后备选项（见图 11-25）。在`@supports` 规则内，我们应用混合模式的同时，也将文本的填充颜色改为黑色，让它完全透明。

图 11-25 在不支持 `mix-blend-mode` 的 IE9 中标题的样子。不过 SVG 的尺寸即使在旧版浏览器中也没有任何问题

一般来说，遵循渐进增强的原则，实际应用混合模式也没有那么难。但混合模式的效果多数情况下不会很明显，如果变化确实很大，那就考虑使用`@supports` 规则。元素的混合模式得到了最新版 Chrome、Opera 和 Firefox 的支持，还有 Safari（Mac 从 7.1 版本开始，移动设备从 iOS 8 的 Mobile Safari 开始）。不过，Safari 不支持 `luminosity`、`hue` 和 `color` 混合模式。IE、Edge、Opera Mini 和安卓平台的 WebKit浏览器在本书写作时都尚不支持元素混合模式。

2. 隔离

除了混合模式，合成中可以通过 CSS 控制的另一方面是**隔离**（isolation）。实际上，隔离就是创建元素分组，把混合控制在分组内部。前面我们提到过，位于不同堆叠上下文（参见第 3 章）中的元素不会相互混合。

在图 11-26 中，有两组元素，都使用了 `multiply` 混合模式。这两组元素位于同一个背景图案之上。左边一组的混合模式是没有应用隔离的，因此每个元素同时也都跟背景混合在了一起。右边一组则应用了 `opacity: 0.999`，这会强制生成一个新的堆叠上下文，从而隔离混合。

11

图 11-26　左边一组一直混合到了背景，右边一组的混合被隔离了

```
.item {
  mix-blend-mode: multiply;
}
.group-b {
    opacity: 0.999;
}
```

group-b 中的元素相互混合，但都没有跟背景混合。

可以不必通过 opacity 属性间接地创建新堆叠上下文（从而隔离混合），而是使用新的 isolation 属性。像下面这样也可以实现同样的效果：

```
.group-b {
    isolation: isolate;
}
```

11.4　CSS 中的图像处理：滤镜

接下来要介绍的一个 CSS 工具同样源于图形编辑软件，即给元素应用图形滤镜。滤镜会应用给元素及其子元素。其效果很像给网页某一部分截图，然后将该图片放到 Photoshop 里做一番处理。（事实上，这个比喻还真与浏览器对这个过程的实现相差不多，第 12 章还会谈到这一点。）WebKit 和 Blink 内核的浏览器 Safari、Chrome、Opera，以及 Firefox 和 Edge 都支持滤镜。可用的滤镜有 10 种，还可以通过 SVG 自定义滤镜。下面先从 CSS 预定义的滤镜说起。

11.4.1　调色滤镜

通过滤镜可以给元素（按序）应用一种或多种特效。其中一部分滤镜与颜色有关，可用于调整亮度、对比度和饱和度等。以下代码的用途应该是不言自明的（结果见图 11-27）。

```
.universe-header {
  filter: grayscale(70%) brightness(0.7) contrast(2);
}
```

图 11-27 应用了几个滤镜之后的头部

我们将整个元素的颜色去掉了 70%，又将其亮度（从正常亮度 1）调低到 0.7，并将对比度提升为正常值的 2 倍。

多数滤镜既可以接受百分比值，又可以接受数值。对于可双向调节大小的值，比如 constrast()、brightness() 和 saturation() 接受的值，默认值为 100% 或 1。而对于 grayscale()、invert() 和 sepia()，它们的默认值为 0，上限为 100% 或 1。任何大于上限值的值都会被截取为最大值。

还有一个 opacity() 滤镜，其默认值为 1（或 100%），最小值为 0。这个滤镜与 opacity 属性的区别在于，前者的实际效果取决于它在滤镜链条中的位置。相对而言，opacity 属性则总是在所有滤镜应用完之后才起作用。本章后面会讨论滤镜应用次序的问题。

最后，还有几个滤镜的原理没那么直白，下面我们通过"观星指南"页面中的例子来逐一说明。

1. 色相旋转

太阳及其黑子的图片实际上是一张带黑色背景的黑白照片。这样的视觉效果并不理想，在把图片放到页面上之前，多数情况下都应该先用图形编辑器处理一下，就算考虑性能也该如此。但为了演示滤镜的使用，我们假设自己没有机会编辑图片，只能通过 CSS 处理它。正如前面给背景图片上色的例子一样，我们需要用 CSS 给太阳图片上色，并让它更加明亮。图 11-28 展示了没有应用滤镜时的样子。

11

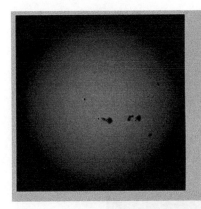

The Sun (in Greek: Helios, in Latin: Sol) is the star at the center of the Solar System and is by far the most important source of energy for life on Earth. It is a nearly perfect spherical ball of hot plasma,with internal convective motion that generates a magnetic field via a dynamo process. Its diameter is about 109 times that of Earth, and it has a mass about 330,000 times that of Earth, accounting for about 99.86% of the total mass of the Solar System.

The Sun is a G-type main-sequence star (G2V) based on spectral class and it is informally referred to as a yellow dwarf. It formed approximately 4.567 billion years ago from the gravitational collapse of matter within a region of a large molecular cloud. Most of this matter gathered in the center, whereas the rest flattened into an orbiting disk that became the

图 11-28 原始的太阳天文图片，不怎么耀眼

可以通过给 hue-rotate() 滤镜传递一个度数值来旋转图片的整体色相，以标准色轮为参照。明黄色大约在色轮的 40 度位置（从顶部开始算），因此 hue-rotate(40deg) 就可以了。但问题在于，这张图片是黑白的，根本没有色相信息，色相旋转不会有任何效果！

因此，可以先使用另一个滤镜 sepia()，通过它先用位于色轮大约 30 度位置的褐色给图片上色。然后再连缀使用一个 10 度左右的色相旋转，就可以得到想要的黄色。最后，还需要降低对比度，提高亮度，让太阳发光。这需要在色相操作**之前**完成，否则黄色会显得过于苍白。记住，滤镜的应用是有顺序的。

```
.fig-sun {
  filter: contrast(0.34) brightness(1.6) sepia(1) hue-rotate(10deg);
}
```

接下来，通过前面介绍的 SVG 蒙版技术将黑色背景遮住，得到图 11-29 所示的结果。

```
.fig-sun {
  filter: contrast(0.34) brightness(1.6) sepia(1) hue-rotate(10deg);
  mask: url(#circlemask); /* 指向我们创建的圆形 SVG 蒙版 */
}
```

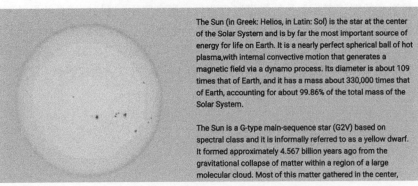

The Sun (in Greek: Helios, in Latin: Sol) is the star at the center of the Solar System and is by far the most important source of energy for life on Earth. It is a nearly perfect spherical ball of hot plasma,with internal convective motion that generates a magnetic field via a dynamo process. Its diameter is about 109 times that of Earth, and it has a mass about 330,000 times that of Earth, accounting for about 99.86% of the total mass of the Solar System.

The Sun is a G-type main-sequence star (G2V) based on spectral class and it is informally referred to as a yellow dwarf. It formed approximately 4.567 billion years ago from the gravitational collapse of matter within a region of a large molecular cloud. Most of this matter gathered in the center,

图 11-29 加了滤镜和蒙版之后的太阳图片

2. 剪切形状的阴影

接下来要介绍的滤镜是 drop-shadow()。这个滤镜很像 box-shadow 和 text-shadow 属性，但也有局限和不同的花样。

我们知道，box-shadow 会应用到元素矩形的边框盒子，而 drop-shaodw() 滤镜则会应用到元素透明的轮廓。应用范围包括基于阿尔法透明度给图片应用阴影，保持阴影与轮廓吻合，或者给通过 clip-path 剪切的元素添加阴影。

在"观星指南"页面的导航菜单中，每个导航项都被剪切成不同的形状，并通过 drop-shadow() 滤镜应用了阴影（见图 11-30）。其语法非常像 text-shadow 属性，要传入 x/y 轴偏移量、模糊半径和颜色。换句话说，box-shadow 属性中的范围（spread）参数在这里不见了。

```
.nav-section li {
  filter: drop-shadow(0 0 .5em rgba(0,0,0,0.3)) ;
}
```

图 11-30　导航菜单项被剪切的形状周围有匹配的阴影。右边的形状在悬停或聚焦时，
周围阴影颜色会浅一些，形成光晕效果

在应用 CSS 滤镜效果时，浏览器会优先使用图形芯片（GPU）。这样 drop-shadow() 滤镜就有了性能优势。举例来说，如果要给阴影加动画，那最好不要使用 box-shadow，而要使用 drop-shadow() 滤镜。第 12 章将深入讨论开发者工具，届时大家将看到如何测试渲染 CSS 属性的性能。不过，接下来要介绍的滤镜在性能方面可以说乏善可陈。

3. 模糊滤镜

blur()滤镜给元素应用高斯模糊，接受一个表示模糊半径范围的长度值。在图 11-31 中，我们给土星图片应用了半径为 10 像素的模糊：

```
.fig-planet {
  filter: blur(10px);
}
```

11

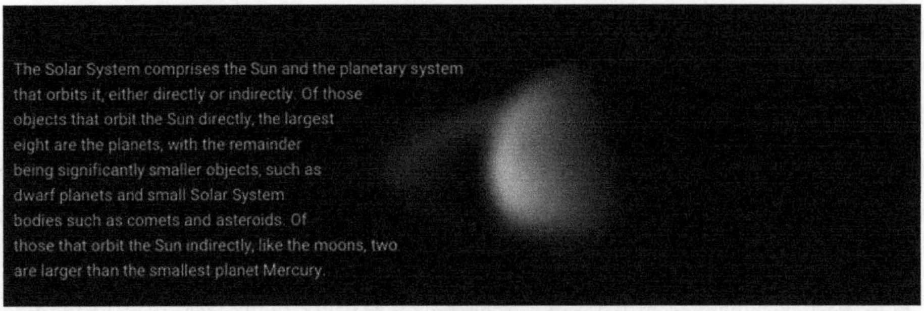

图 11-31　模糊的土星图片

从性能方面来说，`blur()`滤镜很不友好，至少在当前实现中是如此，因此要小心使用。这确实有点遗憾，毕竟模糊是一种非常常见的效果。通过模糊背景来突出焦点，是界面设计中常用的吸引注意力的技术。

4. 背景滤镜

说到背景，CSS 也提供了相关的滤镜。在示例页面的银河部分，我们使用了 Level 2 Filter Effects 规范中的实验性属性 `backdrop-filter`。

`backdrop-filter` 的原理与 `filter` 属性相似，只不过是给元素背景及其后页面的合成结果应用滤镜。利用它可以实现类似"毛玻璃"的效果（见图 11-32）。

```
.section-milkyway .section-text {
  backdrop-filter: blur(5px);
  background-color: rgba(0,0,0,0.5);
}
```

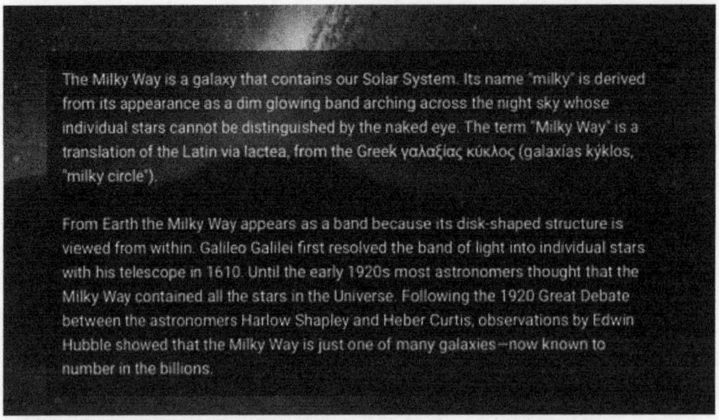

图 11-32　给半透明元素后面的背景应用模糊效果

这个属性在本书写作时只有最新的 WebKit 浏览器支持，如 Safari 9（通过 `webkit-backdrop-filter`）。在 Chrome 中还是实验性特性。

5. 通过图片滤镜函数为背景图片应用滤镜

Filter Effects 规范规定，通过 CSS 加载的图片的时候也可以使用滤镜。要给背景图片加滤镜，可以把图片传给 `filter()`函数。这个函数的参数与 `filter` 属性的值一样，可以连缀传递，只不过是在加载图片时使用。第一个参数是图片，然后是空格分隔的滤镜链。

比如，可以修改背景图片的不透明度，并将其转换为黑白图片（见图 11-33）。

```
.figure-filtered {
  background-image: filter(url(img/saturn.png), grayscale(1) opacity(0.4));
}
```

图 11-33　提高背景图片的不透明度，同时去掉其颜色

然而，浏览器对这个滤镜的支持并不好。在本书写作时，只有最新版的 WebKit 浏览器支持这个功能。由于种种原因，其他浏览器在实现滤镜时都忽略了这个滤镜。

注意　Safari 9 确实有一个带前缀（但文档中并没提）的 `filter()`函数，但是不能用，因为背景图片大小会出问题。因此，还是不要使用带 `-webkit-`前缀的这个函数了。

11.4.2　高级滤镜与 SVG

Instagram 等图片应用支持给照片应用预合成的滤镜，这些滤镜基本上就是颜色叠加和前面看到的滤镜函数的几次操作的组合。开发者兼设计师 Una Kravets 将 Instagram 滤镜整合为一个小型 CSS 库，即 CSSgram，其中巧妙地使用伪元素、CSS 渐变和混合模式实现了颜色叠加（见图 11-34）。

CSS 滤镜最强大的地方在于，我们可以使用 SVG 创建这些自定义滤镜，而且对滤镜效果的复杂度没有限制，CSS 代码量也不大。

CSS 版滤镜最初是在 SVG 中出现的。与本章介绍的大多数其他特效一样，滤镜一开始的目标也是与 HTML 相结合。最早将其付诸实践的浏览器是 Firefox，可以让我们直接把 SVG 滤镜应用到 HTML 内容上，方法也和前面介绍的剪切和蒙版类似。之后直到 2011 年，CSS 滤镜的规范才出来，由 Adobe、Apple 和 Opera 共同编写。这个规范基于 SVG 滤镜，并加入了我们看到的简单易用的简写滤镜函数。

11

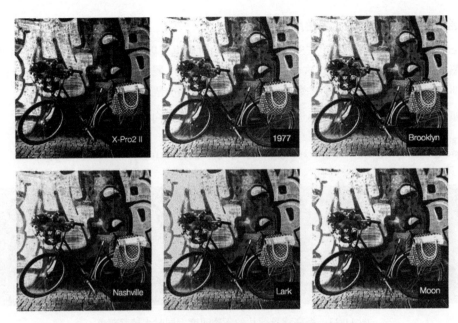

图 11-34　CSSgram 库提供的几款滤镜效果的截图

事实上，我们看到的所有 CSS 滤镜都是以对应的 SVG 滤镜作为范本实现的。比如，`filter:`
`grayscale(100%);`声明对应的就是下面这个 SVG 滤镜：

```
<filter id="grayscale">
  <feColorMatrix type="matrix"
    values=".213 .715 .072 0 0
            .213 .715 .072 0 0
            .213 .715 .072 0 0
            0 0 0 1 0" />
</filter>
```

前面的滤镜声明只包含一个**滤镜原语**（filter primitive），由一个"颜色矩阵"滤镜效果元素
（`<feColorMatrix>`）表示。这个颜色矩阵滤镜是一个通用工具，支持将输入的颜色以多种方式
映射为输出。其实不用知道具体每个值是如何转换的，只要知道 `grayscale` 本身并非底层机制，
而是通常颜色操作的结果即可（至少对 SVG 来说是如此）。

还有其他几种滤镜原语，而多数滤镜效果都是这些原语组合的结果。比如，`drop-shadow()`
滤镜由高斯模糊（Gaussian Blur）、偏移（Offset）、泛光（Flood）、合成（Composite）和合并（Merge）
等滤镜原语组成。

关键在于，现在我们可以创作自己的滤镜，并将其应用到 HTML 内容。换句话说，我们的
滤镜可以想要多复杂就有多复杂，只要通过 SVG 定义然后将其指定为滤镜源即可。指定滤镜源
要在 `filter` 声明中使用 `url()` 函数，与剪切和蒙版类似。图 11-35 展示了一个稍微复杂一些的
例子，这是我们在 SVG 中实现的 CSSgram 中的"1977"滤镜。

图 11-35　左边是原始图片，右边是加滤镜后的效果

在 CSSgram 的实现中，这个滤镜有 3 个操作：contrast(1.1) brightness(1.1) saturate(1.3)。此外，还有一个将 opacity 设置为 0.3 的颜色叠加伪元素，以及一个值为 screen 的 mix-blend-mode。因为在规范中这些滤镜都是以 SVG 形式定义的，所以很容易查到怎么写以及如何计算值。结果我们发现，需要两个 feComponentTransfer 滤镜（对比度和亮度）和一个 feColorMatrix 滤镜（饱和度）。至于颜色叠加，可以使用 feFlood 滤镜创建一个纯色填充层。然后再使用一个 feBlend 滤镜，把所有这些合并到一起，此时应用混合模式 screen。

```
<filter id="filter-1977" color-interpolation-filters="sRGB">
  <feComponentTransfer result="contrastout">
    <feFuncR type="linear" slope="1.1" intercept="-0.05"/>
    <feFuncG type="linear" slope="1.1" intercept="-0.05"/>
    <feFuncB type="linear" slope="1.1" intercept="-0.05"/>
  </feComponentTransfer>
  <feComponentTransfer in="contrastout" result="brightnessout">
    <feFuncR type="linear" slope="1.1"/>
    <feFuncG type="linear" slope="1.1"/>
    <feFuncB type="linear" slope="1.1"/>
  </feComponentTransfer>
  <feColorMatrix in="brightnessout" type="saturate" values="1.3" result="img" />
  <feFlood flood-color="#F36ABC" flood-opacity="0.3" result="overlay" />
  <feBlend in="overlay" in2="img" mode="screen" />
</filter>
```

SVG 滤镜支持类似"管道"的传递不同滤镜结果和滤镜原语的操作，只要通过 in 和 result 属性，指定相应的输入和输出对象的名字即可。第一个滤镜原语没有 in 属性，默认使用图片本身作为输入。

```
.filter-1977 {
  filter: url(#filter-1977);
}
```

SVG 滤镜是可以连缀使用的。可以创建一个噪点滤镜，加上增光效果，再根据自己的喜好操作颜色通道。唯一的限制就是你的想象力，以及是否愿意拥抱它们有点神秘的语法。但要注意性能问题：浏览器还没有对 SVG 效果实现硬件加速，因此自定义滤镜要尽量少用。

11

再重申一次：有些浏览器会限制使用外部 SVG 片段标识符，因此目前最好考虑"全包含的 HTML 文件"。

在本书写作时，除 Edge 之外，只要是支持简写 CSS 滤镜的浏览器，都支持将 SVG 滤镜应用到 HTML 内容。另外，IE10 和 IE11 虽然支持 SVG 中的滤镜，但不支持将其应用到 HTML 内容。

11.5 应用特效的次序

为保证正确的结果，我们要遵循应用剪切、蒙版、混合和滤镜的标准次序。

所有剪切、蒙版、混合和滤镜都会在其他属性之后应用，包括 `color`、`width`、`height`、`border`、背景属性等设置元素基本外观的属性（`opacity` 除外，稍后再说）。然后是"后处理"阶段，即应用特效，此时的元素及其内容会被当成一张图片。

首先，按声明次序应用滤镜。接着剪切元素，然后应用蒙版。注意，因为先应用滤镜之后才会应用剪切和蒙版，所以不能直接对剪切后的形状应用 `drop-filter()` 滤镜。在"观星指南"页面导航的例子中，我们的办法是给项目元素应用 `drop-shadow()`，而把剪切路径放到项目中的链接里。

最后一步是合成，也就是应用混合模式。这一步同时会应用 `opacity` 属性，因为它实际上也是一种混合模式。

11.6 小结

本章很大程度上跳出了沉闷单调的页面盒子世界。我们探讨了如何通过 CSS 形状美化页面中的元素，以及如何通过剪切路径画出视觉边界。使用蒙版则可以进一步控制界面中元素的可见性。

然后我们学习了使用 CSS 混合模式来再现图形编辑软件中常用的图层混合特效。

CSS 滤镜能够在浏览器中实现更多平面设计软件中的特效。

通过这些特效的学习，我们也看到了 SVG 与 CSS 结合的威力，也极大扩展了我们未来设计的想象空间。

在结束这一章关于特效的讲解之后，我们会转而从软件设计的角度来审视 CSS，介绍如何编写模块化、可读性强、容易维护的 CSS 代码。

第 12 章

品控与流程

本书涉及很多 CSS 技术、规范和属性。在整个学习过程中，我们时不时地谈到了一些确保我们的解决方案可靠的思路和方法。本书最后一章会深入介绍其中一些方法，并分析它们的优劣。

精通 CSS 意味着不仅能写出可用的标记和样式，还能让代码好阅读、便移植、易维护。本章就围绕这几个方面分别深入探讨。

本章的主要篇幅不会放在新标准上，而会更多地展示理论与实践相结合的例子。本章最后还会介绍一些能提高工作效率的工具，并展望一下 CSS 的未来。

本章内容：

- 浏览器如何把 CSS 样式表应用到网页上
- 如何利用开发者工具优化渲染性能
- 通过限制选择符类型及深度来控制层叠
- HTML 与 CSS 中的命名及平衡复杂性
- 使用 Linter、预处理器和构建工具处理复杂 CSS
- 自定义属性、HTTP/2 和 Web 组件等未来标准

12.1 外部代码质量：调试 CSS

本节将解释浏览器如何处理 HTML 和 CSS，在此基础上就可以理解如何优化渲染性能。

这方面通常可以归为“**外部代码质量**”，也就是用户能体验到的最终结果，主要有以下几方面。

- **正确性**。代码是否如期运行？CSS 属性名都写对了吗？浏览器能否支持？
- **可用性**。代码运行后的结果不仅看起来没问题，而且还能使用？无障碍访问就是要解决这部分问题。
- **健壮性**。万一出错以后会怎么样？比如，可以声明两套属性，其中一套用作旧版浏览器的后备。
- **性能**。页面加载快不快？动画和滚动是否平滑？

这几个方面中，有一些只要在动手写码之前有一个正确的认识就能做好。本书各章都尽可能

对如何保障可用性和健壮性给出了相应示例。在实际项目开发中，应该清楚地知道性能和正确性对每个组件而言意味着什么。为此，必须对浏览器的开发者工具善加利用。

本书前面提到过，如何使用开发者工具查看元素应用了哪些属性，或者调试动画。浏览器一直在不断改进开发者工具，其功能远不止这些。比如，图 12-1 展示了如何在 Firefox 中利用开发者工具找到某个元素使用的字体文件，而不仅仅是一个字体栈。

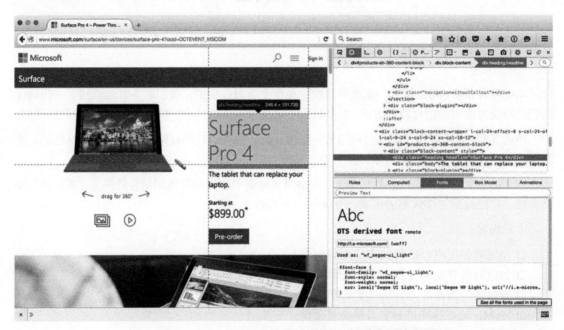

图 12-1   通过 Firefox 的开发者工具找到特定元素使用的字体文件

好好看看这些开发者工具，那些面板和按钮的后面提供了更多功能和信息。你不仅能看到应用了什么样式，还能看到何时以及如何应用的。为了用好开发者工具，有必要先了解一下浏览器如何解析 CSS。

12.1.1 浏览器如何解析 CSS

接下来大家即将看到一个简短的教程，讲解从 CSS 到屏幕显示效果的整个过程，目的是让大家更好地理解 CSS。以下步骤描述的是每次浏览器加载页面时都会经历的一个简化流程，不过有些（甚至全部）步骤也可能会在响应用户操作时发生。

1. 解析文件及构建对象模型

浏览器在加载一个网站时，首先会收到网址对应的一个 HTML 文件。然后浏览器把这个 HTML 文件解析为一个对象（节点）树。比如，body 节点是 html 节点的后代，而 p 和 h1 节点包含在 body 节点中。这就是文档对象模型（DOM，document object model），如图 12-2 所示。

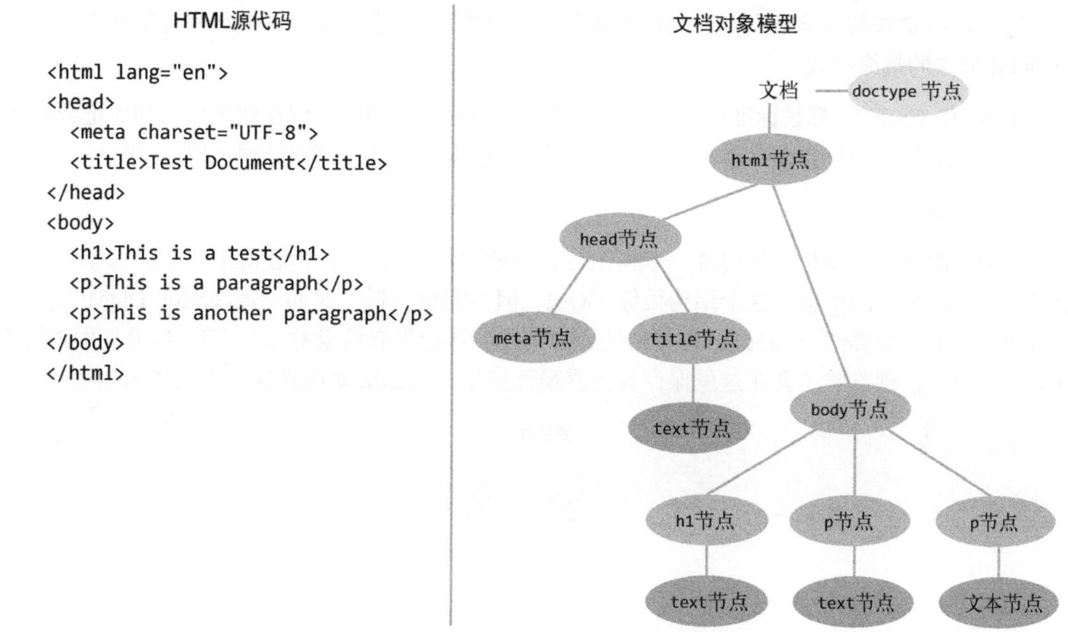

HTML源代码
<html lang="en">
<head>
<meta charset="UTF-8">
<title>Test Document</title>
</head>
<body>
<h1>This is a test</h1>
<p>This is a paragraph</p>
<p>This is another paragraph</p>
</body>
</html>
文档对象模型
文档
doctype 节点
html节点
head节点
meta节点
title节点
text节点
body节点
h1节点
p节点
p节点
text节点
text节点
文本节点

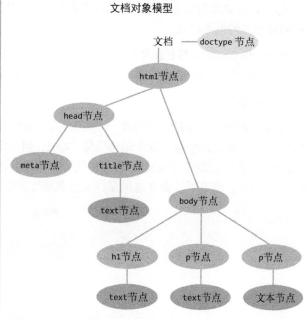

图 12-2 文档对象模型展示了浏览器对网页的理解

浏览器在碰到 HTML 中指向 CSS 文件的链接时，会获取并解析 CSS 文件。类似于把 HTML 转换成 DOM，CSS 文件会被浏览器转换为 CSS 对象模型（CSSOM，CSS object model）。不仅是外部 CSS，内部 `style` 元素或行内 `style` 属性中的 CSS 也会被解析并添加到 CSSOM 中。和 DOM 类似，CSSOM 也是一个树形结构，包含页面中样式的层次结构，如图 12-3 所示。

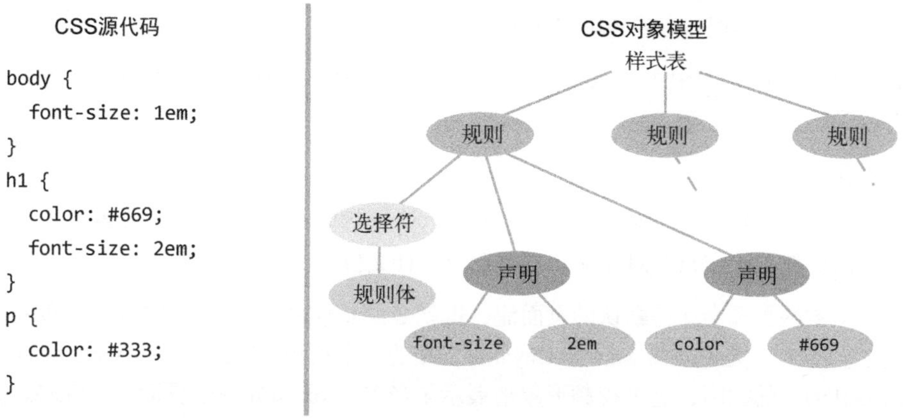

CSS源代码
body {
font-size: 1em;
}
h1 {
color: #669;
font-size: 2em;
}
p {
color: #333;
}
CSS对象模型
样式表
规则
规则
规则
选择符
规则体
声明
声明
font-size
2em
color
#669

图 12-3 表现样式表结构层次的 CSSOM 树

　　每个 CSS 选择符都会匹配一个 DOM 节点，然后浏览器会基于层叠、继承和特殊性来计算每个 DOM 节点的最终样式。

　　DOM 和 CSSOM 都是标准化的，在任何浏览器中都应该相同。但在此之后，如何把数据转换成屏幕显示就由浏览器自己掌握了。当然，所有浏览器这时候也都遵循类似的步骤。

2. 渲染树

　　渲染页面的下一步是构建另外一个树结构，一般叫作"渲染树"。在渲染树中，每个节点表示要渲染到屏幕上的信息。这个结构很像 DOM，但不完全一样。比如，被隐藏的 DOM 节点不会出现在这里，而类似::before 之类的伪元素则可能在这里有渲染对象，但在 DOM 里没有节点。除了节点，浏览器还会在这里保存其他表现性信息，比如滚动块或视口（见图 12-4）。

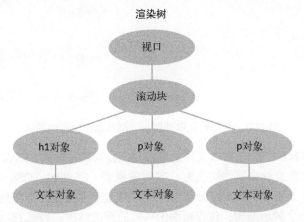

图 12-4　假想的简化渲染树。head、title、meta 等元素在这里并没有渲染对象。另外 display: none;的元素也没有

　　在构建完成的渲染树中，节点都应该知道了自己是什么颜色、文本使用哪种字体显示，以及是否有明确的宽度，等等。

3. 布局

　　接下来，计算每个渲染对象的几何属性。这个过程叫**布局**（layout）或**重排**（reflow）。浏览器会遍历渲染树，确定每个对象显示在页面上的什么位置。

　　由于多数网页都会保持默认的页面流，也就是说元素之间会相互"推挤"，布局过程会变得非常复杂。图 12-5 是开发者 Satoshi Ueyama 发布的一个视频（https://www.youtube.com/watch?v=dndeRnzkJDU）的截图，这个视频形象地展示了当 Firefox 布局一个页面时，Gecko 引擎的重排操作。

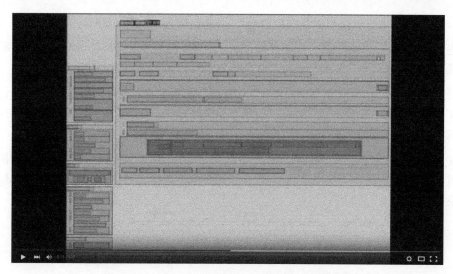

图 12-5 Firefox 打开维基百科时缓慢的重排过程

有时候，带有自己渲染属性的额外渲染对象需要在这个阶段构建出来。比如，文本在使用某种字体时会换行，因此原来的一个行盒子必须拆分两个匿名行盒子。而增加行盒子势必会影响父元素高度，以及它们周围的其他元素。

最终，浏览器会计算出每个渲染对象的位置，接下来就是把它们显示在屏幕上了。

4. 绘制、合成与呈现

简单地说，这一步就是浏览器基于渲染树中的信息，把元素准确地呈现到屏幕上。实际过程并没那么简单。

确定了每个渲染对象的位置和属性后，浏览器可以计算出它们在屏幕上占据的像素数，这个过程叫**绘制**。但除此之外，浏览器还要做一些别的工作。

浏览器如果发现最终图像的某一部分不影响页面其他内容的显示，也可能决定把绘制拆分成不同的任务，每个任务负责绘制页面上特定的部分，或者叫**层**。

有些复杂元素，比如经过三维变换的元素，可能需要通过 GPU 进行硬件加速。其他应用了滤镜或混合模式的元素，需要确定如何与其他层混合。这个先拆分为层，再组合起来的过程就叫**合成**（compositing）。如果把页面想象成描图纸，合成就相当于先在不同的纸上画出各层内容，然后再把它们对齐并粘成一张图。

最后就可以把页面发给屏幕去显示（或呈现）了。走起！

12.1.2 优化渲染性能

如果页面上有了任何变化，那么浏览器就需要重复之前的步骤。为保证屏幕上的页面能平滑变化，最好能在 16 毫秒以内完成重绘。16 毫秒对应的屏幕刷新率为 60Hz。

有些变化几乎不会影响性能，比如滚动页面。这时候浏览器只要把整个渲染结果重新绘制到不同位置即可。如果某些变化会导致页面上的样式改变，那么就可能会影响性能。

如果通过 JavaScript 改变了某个元素的 `width` 和 `height`，浏览器就需要重新布局、合成和绘制。只改变文本颜色不需要重新布局，只会触发绘制及合成。总之，最不会影响性能的操作，就是那些能在合成阶段完成的操作。

建议大家看一看这个网站：https://csstriggers.com/。其中给出了哪个属性对应哪个渲染阶段的表格（见图 12-6）。这个网站（由 Paul Lewis 创建）目前跟踪着 Blink、Gecko、WebKit 和 EdgeHTML 中的渲染操作。

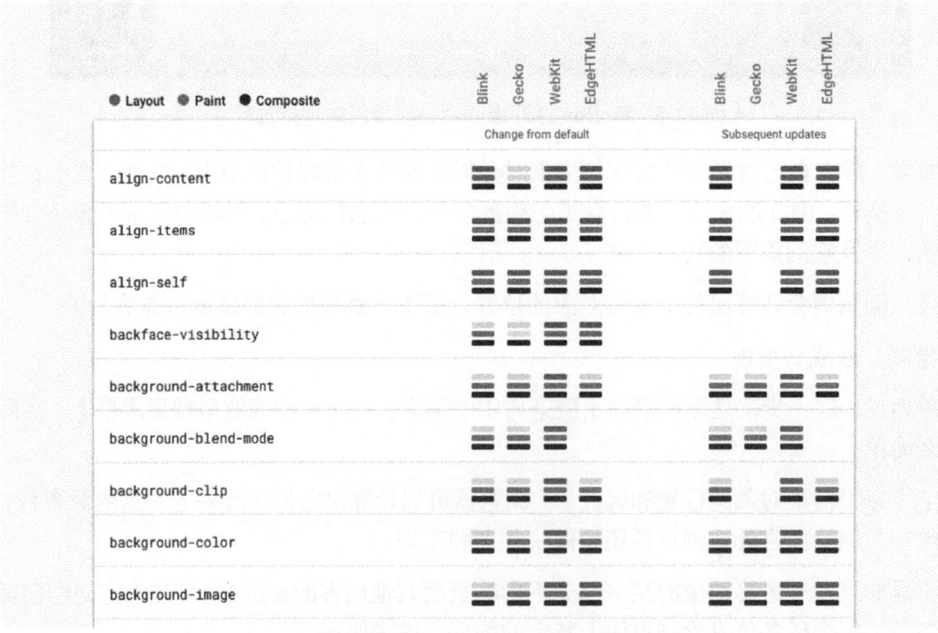

● Layout　● Paint　● Composite	Blink	Gecko	WebKit	EdgeHTML		Blink	Gecko	WebKit	EdgeHTML
	Change from default					Subsequent updates			
align-content	▦	▦	▦	▦		▦		▦	▦
align-items	▦	▦	▦	▦		▦		▦	▦
align-self	▦	▦	▦	▦					
backface-visibility	▦	▦	▦						
background-attachment	▦	▦	▦			▦	▦	▦	
background-blend-mode	▦	▦	▦			▦	▦	▦	
background-clip	▦	▦	▦			▦	▦	▦	
background-color	▦	▦	▦	▦		▦	▦	▦	▦
background-image	▦	▦	▦	▦		▦	▦	▦	▦

图 12-6　CSS 属性及其会触发的浏览器工作量

我们还可以通过开发者工具看到浏览器执行以上步骤的过程，以及最终的性能如何。在 Chrome 开发者工具中打开“性能”（Performance）面板，可以查看并记录交互操作是否会触发特定的渲染步骤。其他浏览器也有类似的功能，但 Chrome 开发者工具一直是功能最完善的。图 12-7 记录了一个 1.5 秒的时间线，在此期间我们滚动了页面，固定定位的头部以动画方式进入视图。

可以把个别的帧放大，以便了解浏览器中当前正在进行的操作。每一条都表示一个渲染帧，每一条中的彩色部分都表示一个渲染操作。在这个例子中，绿色表示绘制操作。在时间线下方还列出了每项操作，点击每一行可以看到更详细的信息。

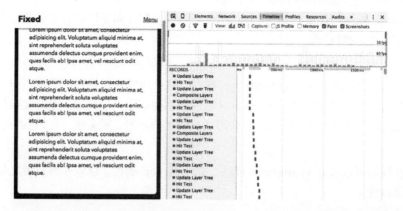

图 12-7 Chrome 开发者工具中的时间线（新版 Chrome 已将时间线集成到"性能"面
板中）

正如时间线所示，有些变化会导致每一帧中都有绘制操作。虽然不严重，但在配置低的机器
上可能导致滚动不够顺畅，因此该变化不应该在滚动时发生。为找出原因，可以在"渲染"
（Rendering）标签页中勾选"Enable paint flashing"。然后，在我们与页面交互时，浏览器就会高
亮显示重新绘制的区域（见图 12-8）。

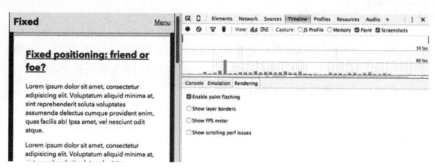

图 12-8 启用绘制高亮，可以发现滚动时重新绘制了固定的头部

固定的头部会在滚动时不断被重绘，因为它会影响下方的滚动内容。好在浏览器会优化重绘
的区域，而不会重绘整个页面。但我们还可以进一步优化，即强制浏览器在一个独立的层里渲染
固定的部分，让滚动时只会触发合成。当前头部的样式大致如下：

```
.page-head {
  position: fixed;
  top: 0;
  left: 0;
  width: 100%;
  transition: top .25s ease-in-out;
}
.page-head-hide {
  top: -3.125em;
}
```

12

这里的 .page-head-hide 是通过 JavaScript 切换的，即在向下滚动时把头部移出视口，在向上滚动时再把它移进视口。

避免绘制的方法是强制浏览器为渲染头部创建一个独立的硬件加速层，然后只将它与页面其他部分合成起来。这里要使用 will-change 属性，这个属性可以提示浏览器当前元素会在将来更新 transform 属性。单独一个 transform 属性并不会创建一个新层，但给变换加上动画会这样。因此，当浏览器看到头部将来会以动画形式出现的提示时，就会从一开始就为它单独创建一个层。

这意味着我们可以过滤 transform 属性，而不是 top 属性，以收一箭双雕之效：同时提高滚动性能和动画性能。

新样式如下：

```
.page-head {
  /* 为简单起见，省略了一些样式 */
  transition: transform .25s ease-in-out;
  transform: translateY(0);
  will-change: transform;
}

.page-head-hide {
  transform: translateY(-100%);
}
```

再回到开发者工具中的时间线面板，这次会看到，在滚动时没有发生绘制。另外，通过启用 Rendering 标签页中的 "Show layer borders" 选项，也可以验证浏览器是否创建了一个独立的层。此时头部周围会出现一个彩色边框（如图 12-9 所示）。

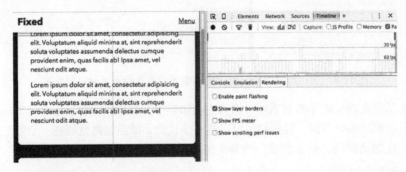

图 12-9　时间线显示没有发生绘制操作。开启 "Show layer borders" 选项，会看到头部层周围出现了彩色边框

注意　will-change 属性已得到 Firefox、Safari、Chrome 和 Opera 等浏览器的支持。如果希望实现更可靠的向后兼容，可以使用三维变换来移动头部，这样也可以强制浏览器创建一个独立的层。

像这样通过开发者工具对浏览器内核进行调试，是最近才有的事。能帮助我们看到后台运行情况的工具也在快速改进。在实际项目开发中，虽然不必对每条规则都如此深究，但理解 CSS 的工作原理（以及为什么有些操作更费时间）并掌握浏览器渲染流程及调试还是非常重要的。

12.2 内部代码质量：以人为本

作为开发者，我们应该首先考虑用户的感受，而不是自己方不方便。因此，我们始终要关注代码的外部质量。

然而，也有人认为代码的**内部**质量其实更重要。那么代码的内部质量需要从哪几个方面来衡量呢？

- **复用性**（DRY，don't repeat yourself）。一个问题能否在一个地方解决掉？如果要修改某个方案，是不是需要修改很多地方？
- **可读性**。其他人阅读你的代码时，是否能很快读懂？
- **可移植**。你写的一段代码是可以独立使用，还是必须依赖项目的其他代码才能用？
- **模块化**。能否将你的代码以不言自明的方式组织起来，放到其他地方重用？

这些方面之所以如此重要，关键在于它们会影响一个人如何编写和修改代码。如果外部质量出了问题（如 bug），而又没人能看懂代码，找不到问题的根源，那么问题怎么修复？外部质量高往往是内部质量高的结果；反之，内部质量不高的话，外部质量也很难高到哪儿去。

内部代码质量更主观，往往取决于个人偏好和项目特点。好，下面我们就以批判的心态开始探索之旅。

12.2.1 理解 CSS

CSS 的设计反映了几个设计原理，其中最重要的原理之一就是简单：CSS 很容易学会。掌握 CSS 不必非得学过计算机专业不可。作为一个设计师，应该能做到拿起一个网页就可以给它应用样式。换句话说，使用它不需要多高深的软件编写知识。

1. 把 CSS 当成软件

CSS 其实**也是**软件。作为软件，就不能仅仅停留在够用的层面。如果只是做一个原型草稿，那么代码质量倒无所谓，能用就行。然而，一旦涉及线上的产品，代码质量就可能产生深远影响。它关系到维护成本的高低，出现 bug 的可能性，以及新人上手的难易。

即使你做的只是一个单人项目，那也应该假设是两个人在参与这个项目：你和**未来的你**。几个月甚至几年之后，当你需要修复某个 bug 时，不可能还记得当初创造这些代码时都想过什么。

2. 自己引入结构

CSS 经常被称为**声明式**语言。简单点说，你要通过它告诉计算机去**做什么**，而做什么由这门

12

语言限定。相对而言，很多通用的编程语言都是**命令式**的，也就是你会通过代码告诉计算机完成某个任务的每一步，或者说告诉计算机**怎么做**（以及按什么顺序去做）。

很多命令式编程语言都会内置几种语法，以便你能针对自己的代码写出相应的控制结构和逻辑。但 CSS 没有这些，它虽然提供可以调用的函数，如 url()，但你不可能在 CSS 里定义函数。

所有 CSS 都会被汇集到一个文档中，而且共享同一个全局作用域。如果你为选择符 p 定义了规则，那么这条规则就会被用于计算所有段落元素的样式，无论它来自哪里，也不管浏览器是怎么把它加载进来的。选择符决定了每条规则的作用域，而样式表与文档的联系始终是全局的。举例来说，我们写了一个包含 p 选择符的 CSS 文件，但我们无法以某种方式把它加载到文档中，并让这个文件的样式只应用到页面的某一部分。（这种模型在 Web 组件中**的确**存在，但还不成熟。本章最后会再讨论 Web 组件相关的话题。）

限域属性

有一个办法可以把隔离的样式应用到页面中的某一部分，那就是在 style 元素上使用 scoped 属性。这个办法很笨，浏览器厂商实现起来也很犹豫（目前只有 Firefox 实现了）。

带有 scoped 属性的 style 元素定义的样式，只能应用给父元素及其包含的子元素。比如下面的标记，只有内部的 p 是红色的：

```
<p>I will not be red</p>
<div>
  <p>I will be red.</p>
  <style scoped>
    p { color: red; }
  </style>
</div>
```

虽然这个概念很好，但它很难做到向后兼容，因为不支持它的浏览器会把这个样式解释为全局样式。

很多编程语言都有**命名空间**的概念，用于隔离代码，使其不影响其他代码或者不被其他代码影响，除非明确地将其导入或导出。这样就能方便组织代码，不至于出现意料之外的问题。

CSS 本身的简单性意味着，想要给它增加结构，就必须从编写规则上做文章。本章下一节将通过一个简单例子归纳出几条编写高质量 CSS 的原则。

12.2.2　代码质量的例子

图 12-10 展示了几条警告消息，它们长得都一样，但实现不同。看一看它们的源代码，前面关于代码质量的理论就会更加清晰易懂。

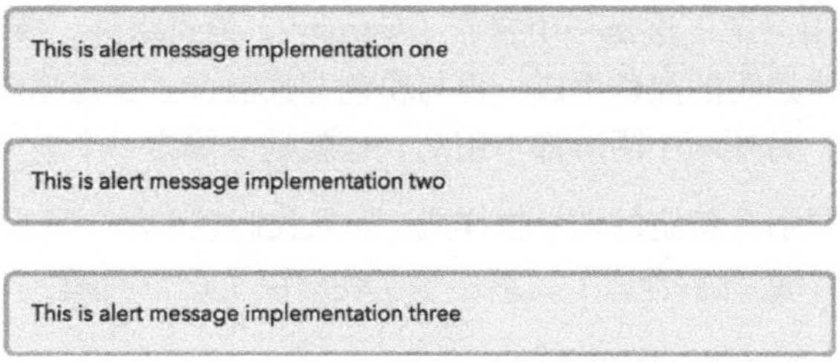

图 12-10 一样的警告消息，不一样的实现方式

第一条警告消息使用了如下 HTML 和 CSS 代码：

```
<div id="pink-box">
  <p>This is alert message implementation one</p>
</div>
div#pink-box {
  border-radius: .5em;
  padding: 1em;
  border: .25em solid #D9C7CC;
  background-color: #FFEDED;
  color: #373334;
}
```

首先注意这里使用了 ID 选择符。ID 选择符是不能复用的，这个限制完全没必要。ID 属性本身没什么问题，但它们主要是用于页内链接，或作为 JavaScript 的接入点。当然把它们用作 CSS 选择符也完全可行，但 ID 选择符的高特殊性（如第 2 章所讨论的）导致难以覆盖它们的样式。像警告框这种消息组件，其样式很可能经常要被覆盖，因此这里的 ID 选择符绝对是个问题。

另外，选择符前面还加了 div，目的是限定 ID 选择符。但这个限定完全没必要，而且还增加了特殊性。这种元素与 ID 或类选择符共用的情形也很常见，但通常是用于覆盖某些太过特殊的选择符的。通常，这种问题的解决方案不是一步步地提高特殊性，而是重新思考命名策略。

还有一个问题是 ID 属性的名字，#pink-box，它描述了警告消息框的特定属性。如果我们以后想把消息框改成白色背景，里面有一个红色图标，那这个名字就对不上了。

至于样式声明，其本身也没什么问题：相对于字体大小的 border、padding 和 border-radius 属性，以及给文本、边框、背景的颜色值。不过我们还可以改进，下面是第二个实现，看看有什么不同：

```
<div class="warning-message">
  <p>This is alert message implementation two</p>
</div>
.warning-message {
  border-radius: .5em;
  padding: 1em;
  border: .25em solid rgba(0, 0, 0, 0.15);
  background-color: #FFEDED;
  color: rgba(0, 0, 0, 0.8);
}
```

12

这里，类名的意思很清楚：这是一个警告（warning）消息组件。颜色的定义方式不同：文本和边框的阴影都通过半透明的黑色生成，再与粉色背景混合。这意味着以后要修改背景颜色，只要改一个地方就行了，另外两个阴影都不用动，也就是少修改一个地方。

可是这个类名还是只适合特定的消息框样式。如果我们想显示一条成功消息，并覆盖文本颜色，这个名字中的 warning 就不合适了。第三个实现解决了这个问题：

```
<div class="message message-warning">
  <p>This is alert message implementation three</p>
</div>
.message {
  border-radius: .5em;
  padding: 1em;
  border: .25em solid rgba(0, 0, 0, 0.15);
  background-color: #ffffed;
  color: rgba(0, 0, 0, 0.8);
}
.message-warning {
  background-color: #FFEDED;
}
```

乍一看，这个例子的代码多了一点。但仔细看看，这里的 .message 规则实际上已经变成中立的了，文本颜色是浅黄色。而 .message-warning 规则通过追加一个背景色，把通用的消息变成了警告消息。

这样，再创建其他类型的消息就简单了，只要另建一个特殊规则就行了，比如绿色背景的 .message-success（见图 12-11）：

```
.message-success {
  background-color: #edffed;
}
```

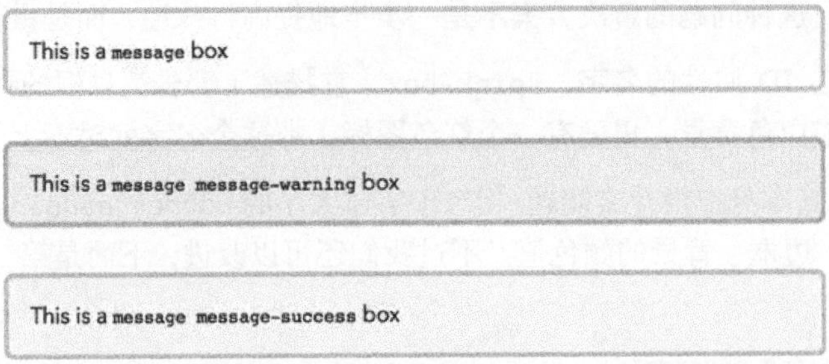

This is a message box

This is a message message-warning box

This is a message message-success box

图 12-11 巧妙的结构让创建其他类型的消息框更便捷

通过这样组织代码，可以获得如下的一系列好处。

❑ 半透明的文本和边框让创建新变体更容易，只要改一个地方就行。

❑ message 这个名字反映的是组件功能，而不是最终结果（一个彩色的盒子）。而且，这个名字让新加入的开发者也可以一目了然。

❑ 组件变体的命名以 `.message` 这个共享类名开头，并在 CSS 文件中把它们的规则放在一起，从而通过看代码就很容易发现它们的关系和作用。

开始的三个消息框变体都可以使用，而且在浏览器中呈现的样子也没什么差别。写 CSS 时如果能像这样考虑引入结构化机制，权衡不同的命名方案，选择应用属性的方式，那么最终的代码质量一定会有实质性的改观。本章剩下的篇幅将主要探讨编写高质量 CSS 相关的常见模式、方法和工具。

12.2.3 管理层叠

从前面消息框的例子中，我们可以归纳几条有助于提升代码质量的原则：

❑ 以类名作为应用样式的主要手段；
❑ 类名要能顾名思义，清晰明了；
❑ 通过拆分出单一用途的规则来避免不必要的重复；
❑ 不要把元素类型和样式规则绑定在一起。

这几条原则有一个共性，即限制层叠效应，主要是通过控制特殊性实现的。

为什么要限制 CSS 中这个强大的特性呢？某种意义上说，这个问题本身就是答案。正如很多工具使用说明中都会有一句："使用时请远离身体。"层叠在 CSS 中是有特定用途的，即用于混合不同来源（用户代理默认样式、作者样式和用户样式）的样式规则，从而得到文档的最终表现形式。

我们这里使用"文档"这个词是有原因的，因为在 CSS 刚刚问世时，网页主要被看作一种共享文本文档的技术。通过层叠和继承机制，CSS 能够很好地保持文档外观的一致性。同时，CSS 也提出了用户样式表的概念。如果用户想要增强网页内容的对比度，他们可以用自己的样式表覆盖作者样式。

虽然网页底层仍然架构在文档模型基础上，但现在的 Web 应用已经需要支持非常高级的视觉设计和用户界面。在实践中，这意味着作者样式表的重要性日益增高。随着 CSS 复杂度的增加，就有了希望把样式表拆分开的呼声，让它们更方便重用、更自成一体，也更容易掌控。前面的几条原则只是实现这一目标的起点。下一节会从另一个角度观察 CSS，看看如何进一步把这些原则付诸实践。

12.2.4 结构命名与 CSS 方法论

在前面消息框的例子中，我们的类名都以 `.message` 开头。这个"前缀"不光是为了让代码更容易理解，也是为了以类似命名空间的方式来组织代码。

不少个人和组织都在探索能把迄今为止公认的品质原则付诸实践的方法，以便为 CSS 作者提供指南，而这些方法往往都会涉及上述结构化的命名方案。可能有读者听说过 OOCSS、SMACSS 或 BEM，这些方法论已经流行好几年了。

12

1. OOCSS

OOCSS 表示 object oriented CSS，即面向对象的 CSS，由 Nicole Sullivan 在 2009 年提出，是一种编写 CSS 的方法。应该说，这个方法的提出代表人们已经把 CSS 当成可维护软件的软件来看待了。Nicole 在 OOCSS 中借鉴了面向对象编程的思想，可重用的类名与 CSS 中恰当定义的规则成为创建层次化对象的手段。

在 OOCSS 中，类名（在语义正确的 HTML 标记基础上）成为传达组件在 UI 中用途的主要载体。Nicole 称其为"可视化语义"。

OOCSS 中最有名的一个例子可能就是"媒体对象"了（参见第 3 章），即左边是图片、视频或其他媒体，右边是一段文本的这么一个组件（见图 12-12）。通过把这个模式提炼为一个对象，然后在必要的地方添加一些类名，很多重复的代码可以从 CSS 中剔除掉。Nicole 的工作就展示了这一点。

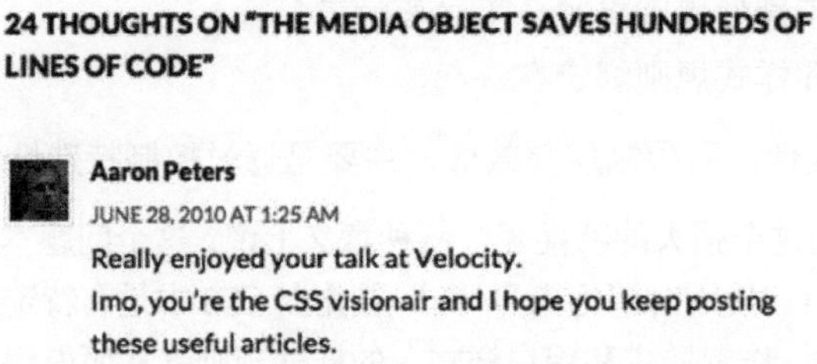

24 THOUGHTS ON "THE MEDIA OBJECT SAVES HUNDREDS OF LINES OF CODE"

Aaron Peters
JUNE 28, 2010 AT 1:25 AM
Really enjoyed your talk at Velocity.
Imo, you're the CSS visionair and I hope you keep posting these useful articles.

图 12-12   Nicole Sullivan 的文章"媒体对象"中用户评论的截图，其中的评论反映了这个模式的原理

OOCSS 包含"从结构中分离出皮肤"及"从内容中分离出容器"的建议。从结构中分离出皮肤，意味着尽量不要把字体、颜色（即皮肤）和定位、浮动（即结构）的样式写在一起。此时，最好给这两类样式分别创建规则和类名。比如，"媒体对象"是一个包含浮动图片及相关文本的布局，而字体和颜色可以追加到这个组件上。以下博客导读片段展示了标记中类的组合运用：

```
<article class="media-block post-teaser">
    <div class="media-body post-teaser-body">
        <h2 class="post-title">Media object</h2>
        <p>Article text goes here...</p>
    </div>
    <img class="media-fig" src="" alt="">
</article>
```

这里的 post- 类可以代表组件的"皮肤"，而媒体对象模式则有自己的类名。

"从内容中分离出容器"的例子见于第 7 章的网格策略。通过给一个技术上显得多余的外部元素（.col）应用决定组件如何适应布局的样式，可以避免这些样式与组件本身的样式产生冲突：

```
<div class="row row-trio">
  <div class="col">
    <article class="media-block post-teaser">
```

```
        <div class="media-body post-teaser-body">
          <h2 class="post-title">Post teaser heading</h2>
          <p>Article text goes here...</p>
        </div>
        <img class="media-fig post-fig" src="" alt="">
      </article>
    </div>
    <!-- 其他 post-teaser -->
</div>
```

2. SMACSS

SMACSS 即 scalable and modular architecture for CSS（CSS 可伸缩及模块化的架构），是由 Jonathan Snook 在 Yahoo!工作时创造出来的。SMACSS 与 OOCSS 有很多地方很类似，比如推崇以类名和专注组件的规则，并将其作为创建 UI 元素层级及避免特殊性冲突的主要手段。Jonathan 的 SMACSS 理论有自己的观点，主要是提出了一种如下的规则分类法。

- 基本样式，为 HTML 元素提供默认样式，同时基于元素属性提供不同版本。
- 布局样式，网格系统和其他布局的辅助，类似第 6 章看到的抽象（"行""列"等）。
- 模块样式，包含网站特定组件（产品、产品列表、网站头部等）的所有样式，大部分样式都属于这一类。
- 状态，用于改变已有模块的外观，如菜单项有激活和未激活状态。

坚持这套分类法的同时，SMACSS 还提倡思考命名方式，而且要区分场景。正常情况下，以上规则应该按照上述顺序包含在样式表中，即从最通用到最具体。这是避免特殊性冲突以及合理应用层叠的另一方面。

除了对样式进行分类，SMACSS 还提倡给类名加前缀，让类名能更清晰地传达其用意。我们在第 6 章中提到了布局辅助类，使用了 .row 和 .col 这样的类名。SMACSS 推荐在这些类名前面加上能够反映其本质的前缀，比如用 .l- 表示布局（layout）：

```
.l-row { /* 行容器 */ }
.l-row-trio { /* 包含 3 个权重相同的"列"的行 */ }
.l-col { /* 列容器 */ }
/* 其他 */
```

类似地，可以给状态加上 is-前缀。这样，禁用状态的 .productlist 组件就会变成类似于 .is-productlist-disabled 或 .productlist-is-disabled 的形式。组件本身不使用前缀，但组件的名字可以充当子组件的前缀：

```
.productlist { /* 产品列表容器的样式 */ }
.productlist-item { /* 列表项的容器 */ }
.productlist-itemimage { /* 产品列表项中的图片 */ }
```

3. BEM

如果说 OOCSS 和 SMACSS 更像一种结构化的 CSS 框架，同时融合了一些经验规则，那么 BEM（block element modifier）则更像一个严格的 CSS 编写和命名体系。

BEM 最早源于搜索引擎公司 Yandex，是作为一个应用开发方法提出的。BEM 包含一些约定、

12

库和工具,用于在大规模 Web 应用中实现结构化 UI。这些应用中使用的命名约定已经具有了 BEM 在 HTML 和 CSS 这个上下文中的含义。

BEM 是 block、element 和 modifier 的首字母缩写。其中,块(block)是最高级抽象,对应于 SMACSS 中的模块或 OOCSS 中的对象。任何自成一体的东西都可以描述为块。元素(element)是块的子组件——不要跟 HTML 元素混淆,它们不是一样的概念。最后,修饰符(modifier)是块或元素的不同状态或变体。

BEM 中的块、元素和修饰符全部小写,以连字符分隔:

```
.product-list { /* 这是一个块名 */ }
```

块中的元素由两个下划线分隔:

```
.product-list__item { /* 这是产品列表中的项目元素 */ }
```

修饰符前面要加一个下划线,用于修饰块或元素:

```
.product-list_featured { /* 产品列表的变体 */ }
.product-list_featured__item { /* 重点产品列表中的项目 */ }
.product-list__item_sold-out { /* 常规产品列表中售罄的项目 */ }
```

这个语法也有一些变体。开发者 Harry Roberts 会在修饰符前面加两个连字符:

```
.product-list__item--sold-out {}
```

Harry 在自己的网站(https://csswizardry.com/)上写了很多关于这种命名方法的文章,包括组合 BEM 语法和前缀的不同方式。(他还写过一个文档 *CSS Guidelines*,为编写高质量 CSS 提出了一些建议,其中涉及构建和命名,参见 https://cssguidelin.es/。)

不管选择哪种语法,BEM 的核心思想就是让某个类名的相关规则能够一目了然,当然前提是得先知道命名模式。这也有助于保持代码专注。如果让一个类承担太多责任,那么它就会与其名字对应的用途相冲突。这是一个提示你需要重新思考抽象的信号。你可以按照自己的意图,把复杂的块拆分成可嵌套的块,而这些块还可以进一步重用。

12.2.5　管理复杂性

前面介绍的所有指南或方法论,归根结底都是为了**管理复杂性**。任何不能一目了然的场景都可能迅速复杂化,因此我们可以实施大范围限制(只允许更简单的设计),也可以把复杂的部分化整为零。

使用命名模式及类名来表示 UI 行为,能让 CSS 更容易理解,但复杂性依然存在。这样做只不过把复杂性转移到了 HTML 上。转移的比例或许不同,转移的目标可能各异,但转移肯定会发生。要明白为什么会如此,我们需要沿时光轴往回移动,回溯到 CSS 问世的时候。

1. 关注点分离

在网页告别了 `<font>`、`<center>` 标签,迈入由 CSS 负责表现的时代后,有很多公司都致力于使用 CSS 来保证 HTML 的纯粹。仅凭 HTML 完全看不出来文档将会展示出来的效果。

　　CSS Zen Garden（见图 12-13）这一类的网站让很多设计师和开发者认同了语义标记和 CSS 的威力。将表现与底层文档的标记解耦，反映了软件设计中**关注点分离**（SoC，separation of concerns）的思想：标记中不应该包含表现性信息，也不应该依赖表现层，这两层之间的交集应该始终尽可能保持最小化。Web 本身就是这样：即使没有 CSS（包括 JavaScript），网页本身也足以传达自身的信息。

图 12-13　CSS Zen Garden 展示了一个 HTML 页面通过更换 CSS（有时候辅以伪类的
　　　　　　巧妙运用）能够变换出多少种风貌

　　责任分离既有助于用户使用网站，也有助于我们构建网站。无论用户自身情况如何，也无论 CSS 能否有效加载，用户都应该能正常使用 HTML 中的内容。开发者应该只关注 CSS，不应该为更新设计而去修改某个特定的 HTML 元素。

　　如果类名只涵盖一种特定的表现形式，比如水平布局中的 row 和 col（第 7 章用到过）：

```
.row {
  margin: 0 -.9%;
  padding: 0;
}
.row:after {
  content: '';
  display: block;
  clear: both;
}
.col {
  float: left;
```

12

```
box-sizing: border-box;
margin: 0 .9% 1.375em;
}
```

那么，即使把它们重命名为没那么形象的 `group` 或 `block`，也不会改变它们的用途，即作为应用样式的渠道。但这样做已经在 HTML 中添加了表现性信息，并且别无选择。这与 SoC 原则相悖，但可以接受，为什么？

SoC 原则本身出现在 Web 诞生以前，由计算机界的传奇人物 Edsger Dijkstra 于 1974 年提出。他在一篇关于推动软件工程发展的文章 *On the Role of Scientific Thought* 中首次提及了这一原则。

如何应对日益复杂的软件开发？Dijkstra 的文章指出，要"把关注点放在某些方面"，而不是"同时处理各个方面"。因为我们需要同时考虑 HTML 和 CSS，所以我们一上来就违背了这条原则。

情况是这样的：我们可以在代码的不同层面上应用"关注点分离"原则，虽然一方面牺牲了理论上的纯粹性，但可以在另一方面弥补回来。正所谓"失之东隅，收之桑榆"嘛。

类似 `.row` 这种规则的单一目的，体现的正是 Dijkstra 所谓的"聚焦"。在某个地方解决了基于列的布局这个通用问题之后，就算是大功告成了。即使将来有了更好的命名方案，也不必在 CSS 中替换所有使用了原方案的名称。

有一个需要权衡的地方，即类名改变时，我们需要修改 HTML，或者代码中特定的部分，以便不再使用该方案。支持采用这种命名方案的人认为在 HTML 中替换类名比重构混乱的 CSS 文件更容易。

2. HTML 语义与类语义

以下是 HTML 规范中关于类名的描述：

> 作者给 `class` 属性赋什么值并没有限制，但我们推荐使用能够描述内容本质而非描述内容表现的名称。

至于 CSS，CSS 2.1 规范中对类名的描述如下：

> CSS 为 `class` 属性赋予了太多能力，作者可以完全自主地设计他们自己的"文档语言"，以几乎没有什么表现性倾向的元素（如 HTML 中的 `div` 和 `span`）为基础，并通过 `class` 属性指定样式信息。作者不应该这样做，因为文档语言的结构化元素通常具有公认的含义，作者定义的类则没有。

首先，我们要注意以上表述中的措辞："推荐""应该""通常""可以"。使用带有表现性信息的类名并没有被禁止，因其不会导致验证错误，也不会影响结构化的语义或文档的无障碍性。类名及其他标识符很大程度上是为开发者而非用户准备的。因此，我们应该能明确地区分两者：HTML 及其属性的语义与作者定义值（比如类名）的语义是截然不同的。

关于设计你自己的"文档语言"的那部分描述很重要。使用看起来像按钮的 `<span`

class="myButton" onclick="myFunction()">click me!</span>，与使用 <button>Click me!</button>相差甚远。<button>标签创建的元素可以获得焦点，可以通过键盘访问，默认可以应用与操作系统 UI 一致的样式，而且通常会在一个表单里。同样的原则也适用于 HTML 中其他任何带有语义的元素或属性，它们应各得其所。

这个规范**没有**说的是，我们不能把类作为正确使用这些元素的扩展，或者通过一些语义上无意义的额外元素来辅助表现，以此增强文档。

开发者 Nicolas Gallagher 在一篇名为 *About HTML Semantics and Front-end Architecture* 的文章中提出要重新评估类名的语义，文章发表于 2012 年。这篇文章梳理了将表现性类名看成有效（但不一定推荐的）工具而非反模式的思路。

3. 找到平衡点

通过与表现无关的名字来降低样式与结构的耦合度，显然是个不错的努力方向。但即使类名表示"可视化的语义"，我们也能将其表现性倾向控制在最低程度。

如果彻底放开使用表现性类名的限制，那么 `arial-green-text` 没准也会成为不错的选择。也许你会发现某种字体和颜色的组合是可以重用的，因为公司品牌指南里有明确规定。**如果你因此要创建一条规则**，想让实现与名字脱钩，那么 `brand-primary-text` 会不会更好一点？这样，当指南中的字体和颜色改变时，即使不能让所有使用该样式的地方都及时同步，至少也可以避免修改类名的麻烦。

当然也必须记住，无论怎样命名类或结构化规则，都没有必要做非此即彼的选择。任何元素除了可以有描述内容的类名，**也可以**有描述它们在 UI 中功能的类名。

类似地，我们也可以让标记中尽量看不到类名，特别是从非开发者的角度来考虑。作为应用的 UI 层，标记中可能充斥着各种属性，而博客内容可能就是一个内容管理系统生成的纯 HTML。

如果你为基本的版式写好了规则，而且不会基于上下文添加太多样式（实际上主要是基于类名），那么问题会迎刃而解。另一方面，利用你写的代码的人，可能多少会适应标记的复杂性。

在 *Code Refactoring for America* 这篇文章里，Jeremy Keith 写了他和 Anna Debenham 在完成一个模式库项目 Code for America 时，为什么会选择放弃使用复杂的类名。简而言之，依照这个模式库来创建页面的人，不一定是写 CSS 的人或理解所用命名约定的人。因此，能帮到他们的是更为简短易懂的 HTML，而不是 CSS。

12.2.6 代码是写给人看的

总而言之，在技术没问题的前提下，评价 CSS 和 HTML 写得好不好，最终都要考虑人的因素。如果你或者你所在的团队发现某些做法能极大地降低复杂性，那就别犹豫。如果你们的做法带来重重阻碍，那就得考虑放弃这种做法。

12

12.3　工具与流程

　　把 CSS 看作软件，就要考虑如何写好代码并优化性能。这时候，我们经常需要借助一些工具来更好地掌握工作流。近几年，预处理器和构建系统不断涌现，简直让人眼花缭乱。本节将简单介绍一些这样的工具。

预处理器与 Saas

　　本章开头提到过，CSS 故意没有设计类似通用编程语言的那些语法。循环、函数、列表、变量，这些都没有。正如前面所说的，CSS 这么设计是合理的。但另一方面，那些有编程经验的人会感觉用起来不方便。这是因为命令式语言的那些语法很容易创建可重用的代码，而且应该也能提升创建和维护样式的效率。

　　有人为 CSS 写了另一种语言，叫**预处理器**，实现了上述机制。预处理器能把基于这些机制编写的样式转换成 CSS。目前常见的预处理器有 Sass、Less、Stylus、PostCSS 等。在本书写作时，Sass（syntactically awesome style sheets，语法超帅的样式表）是最流行的。我们会通过简单的例子示范一下这个预处理器的使用方法。

　　编写 Sass 最常用的方式是使用 CSS 的超集，叫 SCSS。换句话说，SCSS 支持一切有效的 CSS 语法，此外又加上了 Sass 特有的功能。

安装和运行Sass

　　Sass编译器有几种形态，有独立的程序，也有代码编辑器插件。在代码编辑器中，可以设置对.scss文件进行自动编译。

　　打开Sass安装页面（http://sass-lang.com/install），可以找到各种平台的安装说明，以及目前支持的编辑器插件的下载链接。

　　以下代码节选自两个文件，其中使用了 Sass 的大量功能。这两段代码远远不能代表 Sass 的能力，只为了让读者对其语法有个了解而已。如果你不能马上看懂，也不必担心。

　　首先是来自 library.scss 的代码：

```
$primary-color: #333;

$secondary-color: #fff;


@mixin font-smoothing($subpixel: false) {
    @if $subpixel {
        -webkit-font-smoothing: subpixel-antialiased;
        -moz-osx-font-smoothing: auto;
    }
    @else {
        -webkit-font-smoothing: antialiased;
```

```
        -moz-osx-font-smoothing: grayscale;
    }
}
```

接下来是来自 main.scss 的代码：

```
@import 'library';

body {
    color: $primary-color;
    background-color: darken($secondary-color, 10%);
}
.page-header {
  color: $secondary-color;
  background-color: $primary-color;
  @include font-smoothing;
}
.page-footer {
    @extend .page-header;
    background-color: #14203B;
    a {
        color: #fff;
    }
}
```

浏览器不能直接使用这些代码，因此 .scss 文件要通过预处理器转换为常规 CSS。转换结果如下：

```
body {
  color: #333;
  background-color: #e6e6e6;
}
.page-header,
.page-footer {
  color: #fff;
  background-color: #333;
  -webkit-font-smoothing: antialiased;
  -moz-osx-font-smoothing: greyscale;
}
.page-footer {
  background-color: #14203B;
}
.page-footer a {
  color: #fff;
}
```

main.scss 中的很多代码你应该很熟悉，出现了选择符、规则、属性/值，等等。而 library.scss 被导入到了这个文件，使用的是 @import 语句。对 Sass 编译器而言，这意味着输出结果中要包含这个文件。在这个例子中，library.scss 中的代码并未包含所要输出的全部内容，只有一些支持性的代码。

举例来说，Sass 支持**变量**，可以重用。那么 $primary-color 和 $secondary-color 就可以用来保存颜色值。

library.scss 中包含了**混入类**（mixin），其中包含一组可以重用的 CSS，可以输出到任何地方。这里的 font-smoothing 用于切换浏览器特定的属性，依据是对文本开启了哪些抗锯齿方法。

在 main.scss 内部，我们也在 .page-header 规则中用到了这个混入类，以包含字体平滑属性。混入类使用 @include 语法调用。

12

`.page-footer` 规则又使用了另一个功能，@extend，用于扩展它后面的选择符。换句话说，`.page-footer` 会共享`.page-header` 的样式。

最后是**嵌套**。在`.page-footer` 中，又嵌套了一个选择符 a：

```
.page-footer {
  /* 页脚的规则 */
  a {
    /* 页脚中链接的规则 */
  }
}
```

然后，Sass 编译器会自动把嵌套的规则编译成如下这样：

```
.page-footer {}

.page-footer a {}
```

嵌套可以节省敲键盘的时间，但过度嵌套也会导致编译后的输出很难覆盖。比如，有人可能会把一个组件的所有样式都层层嵌套在一起：

```
.my-component {
  /* 规则 */
  .subcomponent {
    /* 规则 */
    .nested-subcomponent {
      /* 规则 */
      h3 { /* 规则 */ }
    }
  }
}
/* 会输出为 */
.my-component { /* 规则 */ }
.my-component .subcomponent { /* 规则 */ }
.my-component .subcomponent .nested-subcomponent { /* 规则 */ }
.my-component .subcomponent .nested-subcomponent h3 { /* 规则 */ }
```

最好经常看一看生成的 CSS，以免生成的样式文件太臃肿。

1. 预处理器的长处

预处理器对编写 CSS 的方式影响很大。随着代码越写越复杂，预处理器能帮你实现代码的一致性和结构化，同时还能提高效率。

习惯使用预处理器之后，即使很小的项目也会受益。你可能已经有了自己的约定、混入类和函数等，这些都可以在项目间共享。

2. 预处理器的短处

然而，使用预处理器之前还是需要好好考虑一下。首先是学习成本，既要学会，也要用好。如果你写的代码要交给别人维护，那么你也要保证他们会使用你选择的预处理器。还要注意的是，语言随时可用，但支持不一定及时到位。

回头再看看本章开头关于代码质量的部分，里面提到好代码的主要敌人是复杂性。同样的规则在这里也适用：不要认为预处理器可以让代码一直都易于组织，但如果你觉得它有帮助，那就可以试试。

除了预处理器，还有别的工具能帮到你。下一节就会介绍几个这样的工具。

12.4　工作流工具

无论你用不用 CSS 预处理器，在开发期间总有一些事需要反复去做。好在计算机最擅长的就是反复做一些事。本节我们就来学习几个这样的工具。

12.4.1　静态分析及 Linter

说到代码正确，很多代码编辑器都会内置语法检查功能，会高亮可能有错的选择符或样式声明。这种错误检查通常称为"静态分析"，也就是在你的代码运行之前发现问题。

如果想加强静态分析，那么还有工具能帮你发现语法错误之外的问题。这种工具叫 Linter，英文 lint 是"线头"的意思，这些工具就是要帮你找出代码中不应该存在的"线头"。对 CSS 而言，有 CSS Lint 和 Stylelint。它们既能检查语法错误，也能检查选择符或声明中可疑的模式（见图 12-14）。这两个工具都可以配置，也支持自定义规则。

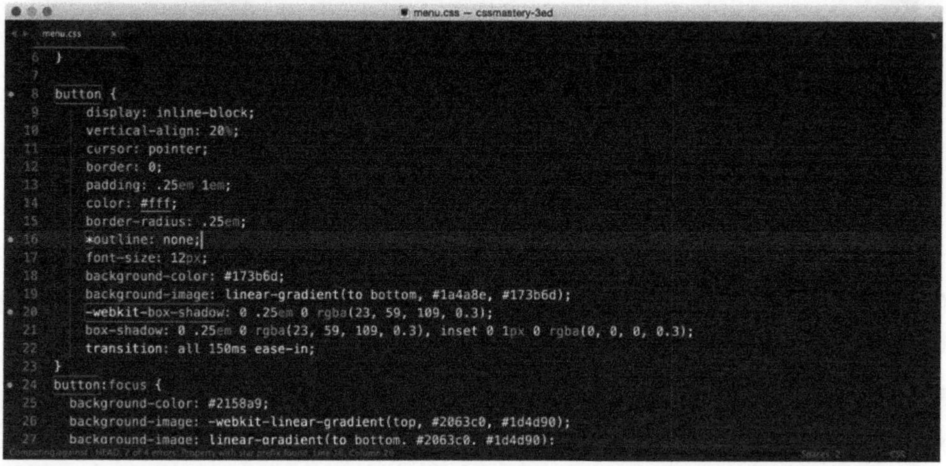

图 12-14　在 Sublime 中使用 CSS Lint。左侧行号边的圆点表示此行代码可能有问题，问题描述显示在底部状态栏

12.4.2　构建工具

开发网站时，在编辑器之外，还有很多别的事情要反复去做：

❑ 预处理 CSS；

❑ 拼接 CSS（如果有多个较短的 CSS 文件）；

❑ 压缩 CSS，删除注释空白以节省空间；

❑ 优化 CSS 中的图片；

❑ 运行开发服务器；

❑ 刷新浏览器以显示变化。

好在也有工具能帮我们做这些任务，既有在命令行中运行的高级工具，也有像 Koala（见图 12-15）这样可以通过图形用户界面简单控制的工具。

图 12-15　Koala 是一个构建工具 GUI，支持 Winodws、Mac 和 Linux

还有很多工具可以通过代码配置实现项目构建。这些工具的配置相对麻烦一些，但配置文件可以在开发者和项目间共享，因此有助于保持开发环境一致性和快速切入。

使用 Node 和 Gulp 构建 CSS 工作流

Node 是 JavaScript 在浏览器之外的实现，可用于任何需要编程实现的任务。自从 Node 问世以来，大量前端开发工具都是基于 JavaScript 的，正所谓"一客不烦二主"。

说到前端工作流，有很多 Node 工具，像 Grunt、Gulp、Broccoli，都是专注于实现构建任务的。这些工具都是可配置的，而且多任务之间可以连缀输出，共同实现完整的流程。

我们的工作流示例将采用 Gulp，用 Node 自带的 NPM 工具来管理。NPM 是一个命令行工具，因此下面例子中的所有命令都在终端窗口中运行。

注意　如果想快速学习命令行，推荐看看这个教程：http://learnpythonthehardway.org/book/ appendix-a-cli/introduction.html。跟着教程做做例子。可能一开始会比较难入门，但只要坚持下来，就能掌握很多使用计算机的高级技术以及相关工具。

首先，最重要的是安装 Node。打开 https://nodejs.org，下载适合自己计算机的版本。然后，切换到第 12 章示例文件的 workflow-project 目录。

这个目录里有个文件叫 package.json，用于记录项目运行所需的依赖。所有依赖都保存在 https://www.npmjs.com 上面一个中心化的代码库中。一般来说，新建项目时需要运行 npm init 来创建你自己的配置文件，但这次你就用我们给你准备好的吧。

运行 npm install，安装依赖，然后下列程序就会被下载到你的项目目录下。

❑ Gulp：任务运行程序，把程序组合起来。
❑ Gulp-sass：Sass 预处理的一个第三方库。
❑ Browser-sync：运行轻量级开发服务器的工具，能同步刷新浏览器；也有调试器，支持移动设备调试。
❑ Autoprefixer：非常有用的一个库，基于你想支持的浏览器，能自动为 CSS 添加前缀和后备属性。
❑ Gulp-postcss：PostCSS 预处理器的一个版本，用于运行 Autoprefixer。

这些依赖都会保存在项目目录中的 node_modules 目录下。如果你在开发中使用了版本控制工具，那就应该告诉它忽略这个目录。这是因为它里面包含太多文件，而你随时可以通过 package.json 来重新安装它们。

接下来要准备 gulpfile.js，其中包含如何使用安装的这些包的指令。我们这里不解释具体细节，只给出一个例子，即预处理 CSS 的部分代码：

```
gulp.task('styles', function(){
  var processors = [autoprefixer()];
  gulp.src(['*.scss'])
    .pipe(sass())
    .pipe(postcss(processors))
    .pipe(gulp.dest('./'))
    .pipe(browserSync.reload({stream:true}))
});
```

这是告诉 Gulp 程序，在运行 styles 任务时，首先取得同一目录下的所有.scss 文件，然后把它们交给 Sass 来编译，再把编译结果交给 PostCSS 去添加前缀。添加前缀是基于 http://caniuse.com/ 中给出的浏览器支持情况进行的。默认情况下会支持所有主流浏览器的最近两个版本，再加上大约占市场份额 1%的浏览器，但这些都是可以配置的。最后，把 CSS 保存到磁盘，然后通过 Browser-sync 程序告诉相关的浏览器刷新页面。

我们使用 NPM 来运行任务。在 package.json 里，有一个对目标应用的映射。因此，只要运

12

行 npm run gulp，就可以让 Gulp 运行所有默认任务。而且此后只要保存文件，Gulp 就还会自动重新运行，除非我们把它停止。

我们机器上默认的浏览器也会打开一个新标签页，展示当前项目目录下的 index.html 文件。只要 CSS 文件有变化，浏览器（包括打开相同地址的其他浏览器）就都会刷新。

配置任务运行程序和工作流时很容易遗忘一些步骤，但只要你把它们完整地写到文件里，就可以在不同项目中共享或重用。新加入的小伙伴只需要安装 Node 并运行 npm install，就可以像你一样运行这些任务了。对多数人来说，配置开发工具可能是最没意思的事了。但从长远来看，这些工具配置完之后，能为你节省大量时间，因此这类工作也算是"一劳永逸"。如果想深入学习（比如使用 Grunt 替代 Gulp），推荐阅读 Chris Coyier 的文章 *Grunt for People Who Think Things Like Grunt are Weird and Hard*。

12.5 未来的 CSS 语法与结构

综观全书，我们用到的 CSS 特性受浏览器支持的程度并不一致。而且我们也不断强调，在使用新特性时要考虑渐进增强这一原则。也就是说，尽管很多特性已经得到普遍支持，但对于确实不支持它们的浏览器，应该也有相应的备用实现。这种做法多数情况下有效，但也有例外。

针对 CSS 到底该怎么写这个基本的问题，已经有了一些建议，而且其中有的建议已经得到了实验性支持。然而，这些特性很难以渐进增强的方式在实践中应用。我们很可能要等上几年才能将其实际应用到日常的工作流中。不管怎么样，还是有必要了解一些 CSS 未来的走向。

12.5.1 CSS 变量：自定义属性

长时间以来，给 CSS 增加变量的呼声一直没有停过。相应的规范也已经制定好几年了，最近该规范终于进入了候选推荐阶段。在本书写作时，Chrome 和 Safari 即将发布支持它的新版本。Firefox 已经支持变量有一段时间了。

严格来讲，CSS 变量应该叫"自定义属性"，它跟 Sass 中的变量很像，但也有一些不同之处。

声明自定义属性的方式类似声明带前缀的属性，只不过厂商的名字为空，因此就剩两个连字符了。要定义全局变量，可以把它们放到 :root 选择符下面。此外，可以在特定的选择符中定义（或重新定义）变量。

```
:root {
  --my-color: red;
}
.myThing {
  --my-color: blue;
}
```

可以在任何有层叠关系的地方使用自定义属性。具体语法是使用 var() 函数，其中第一个参数是要使用的自定义属性，第二个参数是后备的值。在下面的代码中，color 属性的值最终是 blue，因为变量的值已经在 `.myThing` 祖先选择符中设置好了：

```
.myThing .myInnerThing {
  /* 第二个 (可选的) 参数是后备 */
  color: var(--my-color, purple);
}
```

使用 var() 引入的自定义属性也可以作为其他属性的一个值：

```
:root {
  --max-columns: 3;
}
.myThing {
  columns: var(--max-columns, 2) 12em;
}
```

有人可能会问，既然预处理器都支持变量，那我们为什么要在客户端直接使用变量，而不是通过脚本或服务器端来提前处理呢？因为自定义属性是在浏览器中求值的，而不是提前处理好的，所以能够访问实时的 DOM 树以及整个层叠结构。如果有什么变化，那么相关样式也会重新计算。如果我们在页面加载后使用 JavaScript 设置 html 元素的 --my-color 变量，那么所有依赖该颜色值的元素都会立即更新。

在浏览器普遍支持之前，很难大规模使用自定义属性。任何后备的方案都一定会导致很多重复声明。但无论如何，自定义属性确实会让 CSS 更强大。

12.5.2 HTTP/2 与服务器推送

我们今天在项目中使用的很多优化模式，其实都是基于当下的 HTTP 协议的。具体来说，当前的 HTTP/1.1 在同时获取多个资源时的速度比较慢，所以我们需要把所有样式打包到一个文件中，以避免额外请求。

然而在 HTTP/2 中，底层协议的改进完全支持同时获取多个小型资源。一个连接也可以传输多个文件，从而消除了重新建立连接的消耗。关于如何发送网页，HTTP/2 内置了很多巧妙的机制。比如，使用"服务端推送"可以在一个响应中包含 HTML 和 CSS，除非浏览器中已经缓存了相应的 CSS 文件。

在新的协议下，之前的内嵌样式、图片精灵等优化手段都可以退出历史舞台了。@import 语句这个长期以来被认为是反模式的语法也会满血复活。我们可以放心地通过它导入多个文件，而不必担心请求过多。

HTTP/2 已经得到了很多浏览器的支持，今天已经完全可以使用了，即使浏览器不支持，也会退回到之前的协议。除了浏览器，HTTP/2 还必须得到服务器的支持。因为很多基础设施的更新需要时间，所以 HTTP/2 要成为主流，尚需一定时日。

12

12.5.3   Web 组件

Web 组件指的是一组规范，可以让开发者把 HTML、CSS 和 JavaScript 打包成一个真正完备、可重用的组件，就像原生的元素一样。Web 组件可以直接放到项目里使用，不必担心样式或脚本会发生命名冲突。

如果我们创建一个假想的 Web 组件，它包含来自 Internet Movie Database 的缩略图预览，那么只要通过 JavaScript 告诉浏览器，我们想使用一个自定义的 `imdb-preview` 元素，这个元素就可以像这样在 HTML 中调用：

```
<imdb-preview>
  <a href="http://www.imdb.com/title/tt0118715/>The Big Lebowski</a>
</imdb-preview>
```

页面上就会得到如图 12-16 所示的结果，由几个部分构成。

图 12-16   假想的调用 `imdb-preview` 元素的结果

在后台，自定义组件元素可以基于链接的 URL 取得数据，然后用自己隐藏的 DOM 片段（Shadow DOM）替换其内容。标题、评分和图片在这个 DOM 片段中都有对应的元素。在某种意义上，它很像 `iframe`，即内容与页面常规 DOM 树隔离，有自己独立的脚本和样式运行环境。

在 Shadow DOM 片段中，`style` 元素的作用域会自动限定为该 Web 组件的根元素，就像使用 `scoped` 属性一样。父元素的样式也不会渗透到组件中，因此组件的样式是被完全封装的。关键在于，自定义属性**能够**通过层叠传入组件，因此组件作者可以指明哪些属性是你可以覆盖的。有了这个机制，可以轻松地调整版式和配色这样的样式，以匹配使用组件的网站。

Web 组件建议的很多特性都尚未得到支持，但 Shadow DOM 封装在`<video src="...">``</video>`之类的元素中早就出现了。即使元素在标记中为空，它也有隐藏的元素用于显示播放控件。比如，在 Chrome 开发工具里打开 "Show user agent Shadow DOM" 选项，你就可以看到其背后的细节（见图 12-17）。

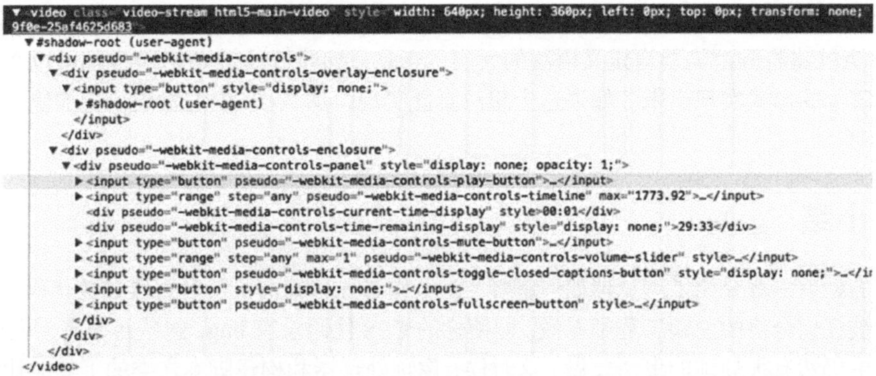

图 12-17   如果打开检查 "Shadow DOM" 选项并检查一个 video 元素，会看到它实
际上由很多元素构成，比如音量控制、播放按钮，等等

在 Web 组件的设计中，可以看到很多其他方法论追求的东西，比如模块化和组合性。这些
不仅限于 CSS，而在于 HTML、CSS 和 JavaScript 的融合。所有主流浏览器都已经开始致力于实
现 Web 组件，只是围绕着一些具体的特性和语法还有一些争论。

至于 Web 组件会在多大程度上影响我们编写 CSS 的方式，现在还不好说。Web 组件可能会
彻底颠覆我们构建网站的方式，也可能只是让我们多了一种选择而已。

12.5.4   CSS 与可扩展的 Web

Web 组件背后的一个思想是，它可以作为某种新的原生功能的试验场。如果某个组件成为了
创建某种部件或内容的事实方式，而且已经被用于上百万个网站，那么这个组件是否应该写入
HTML 标准呢？

将事实应用纳入标准并不是新鲜事。比如，使用 CSS 选择符来选择 DOM 元素的 JavaScript
库 jQuery 极其流行。今天，JavaScript 中就有了原生的 querySelectorAPI，与 jQuery 类似：

```
// jQuery 代码：
jQuery('.myThing p');
// 标准的方式：
document.querySelectorAll('.myThing p');
```

同理，预处理器也会影响CSS未来的发展。现在已经有人对CSS标准提出了加入原生@extend
指令、原生嵌套和自定义媒体查询的建议。

Web 社区有一份由各路牛人签名的文件，叫《可扩展 Web 宣言》(*The Extensible Web Manifesto*)，
宣称 Web 标准的方向是为开发者敞开浏览器内核中低级特性的大门，以便催生新的 Web 构建方
法。他们的主张很快就反馈给了标准组织，用于指导较高层特性的标准化。

这种想法与当前的情形不同，当前情形是浏览器厂商和其他行业相关机构提出高层建议标
准，而开发者只能等到浏览器实现之后才能试用。

12

对 CSS 来说，"可扩展 Web" 的思潮并不意味着该语言的发展会受到低级特性的阻碍。相反，JavaScript API 将打开渲染及自定义语法的大门，于是任何建议的新 CSS 特性都可以在构思阶段就以腻子脚本的形式实现出来。如果这个想法真能实现，那么 CSS 的发展只会加快。还是提早做好准备吧！

12.6 小结

本书的最后一章介绍了浏览器如何解释 CSS，作者如何编写灵活和可维护的代码，以及如何让代码能被任何合格的前端工程师看懂。即使你的 CSS 代码没有 bug，封装得很好，维护也方便，开发过程中仍然有很烦琐的事情要做。这时候，像预处理器和构建脚本之类的工具能让开发流程彻底改观，但注意不要让它们变得太复杂。毕竟，能力越强，责任越大。

最后，我们简单概括了一些新兴的 CSS 特性，讨论了如何迎接未来。摆在我们眼前的开发任务还有很多，而本书限于篇幅，不可能面面俱到。本书第 1 版面世时，有些观念看似放之四海而皆准，并且难以改变，但如今随着这门语言（以及人们对它的期待）的成熟，它们已变得很难说清，同时也更为复杂。

最好的 CSS 作者总是能兼顾当下和未来，他们永远都不会停止思考一个问题：今天的趋势会不会变成明天的瓶颈？不要把自己的精力都放在某个特定的工具或技术上，而要时刻想着理解底层的原理。这才是精通 CSS 的不二法门。

技术改变世界 · 阅读塑造人生

CSS 揭秘

◆ CSS一姐Lea Verou作品
◆ 全新解答网页设计经典难题
◆ 涵盖7大主题，47个CSS技巧

书号： 978-7-115-41694-0
定价： 99.00 元

响应式 Web 设计：HTML5 和 CSS3 实战（第 2 版）

◆ 第1版重印14次
◆ 浅显易懂，涵盖响应式Web设计核心内容

书号： 978-7-115-44655-8
定价： 59.00 元

CSS 重构：样式表性能调优

◆ 探索如何编写结构合理的CSS，通过重构让代码性能更高、更易于维护

书号： 978-7-115-46978-6
定价： 39.00 元

技术改变世界 · 阅读塑造人生

你不知道的 JavaScript

◆ 深入挖掘JavaScript语言本质，简练形象地解释抽象概念，打通JavaScript的任督二脉

（上卷）书号：978-7-115-38573-4　定价：49.00 元
（中卷）书号：978-7-115-43116-5　定价：79.00 元
（下卷）书号：978-7-115-47165-9　定价：79.00 元

JavaScript 高级程序设计（第 3 版）

◆ 一幅浓墨重彩的语言画卷，一部推陈出新的技术名著
◆ 全能前端人员参阅之经典，全面更新知识储备之佳作

书号：978-7-115-27579-0
定价：99.00 元

前端架构设计

◆ Red Hat公司真实案例分析，系统总结前端架构四核心，让前端架构可持续优化、可扩展

书号：978-7-115-45236-8
定价：49.00 元